L'ODYSSEE DES FOURMIS
Audrey Dussutour, Antoine Wystrach

アリの放浪記

多様な個が生み出す驚くべき社会

オドレー・デュストゥール
アントワーヌ・ヴィストラール
丸山 亮 訳
丸山宗利 日本語監修

アリの放浪記

多様な個が生み出す驚くべき社会

L'ODYSSEE DES FOURMIS

熱意あふれる冒険家、ラファエル・ブレとクリスチャン・ペータースを偲んで

目次 CONTENTS

はじめに

マチュー・ヴィダール

出発前、足元には特に注意するよう念を押された。

私たちはガボン共和国の深い森に分け入った。着いたばかりの西洋人の目には、この原生林に潜むあらゆるものが敵意を持っているように映る。危険なのは、巧妙に風景に溶け込んだ毒蛇や、薄暗い洞窟の奥に暮らすオレンジ色の体をしたワニや、木陰から突然姿を現し突進してくる象だけではない。本当の危険は別の場所にある。

私たちはエボラウイルスを媒介するコウモリについてのドキュメンタリー番組を撮影していた。そんな私たちに、ガイドはある恐ろしい生き物の存在を警告した。サスライアリ、いわゆる軍隊アリの一種である。サスライアリの女王は現在確認されているアリの中で最も大きく、体長は五センチ、体重は二グラムにもおよぶ。目が見えないサスライアリは主にフェロモンによって交信し、長い行列をなして頻繁に引越しをする。一つの巣には二〇〇〇万匹もの個体が暮らしている。つまり、狩りや引っ越しのために移動中の二〇〇〇万匹のアリと遭遇する可能性があるということだ。その上、一度移動し始めたアリたちは、何があっても決して止まらない。肉食性のサスライアリは、通り道にいるいかなる生き物にもためらいなく襲いかかる。それがたとえ自分よりはるかに大きな相手でもだ。ネズミ、ニワトリ、ヘビ、さらには小柄なワニまでもがその餌食となる。

この頑固なアリがいる場所では、一瞬の気の緩みや不注意が命取りになる。事件はカメラマンがあるシーンを撮影するために立ち止まったときに起こった。あろうことか、サスライアリの道を塞ぎ、行進を妨害してしまったのだ。

アリはすぐさま反応した。道を変えるつもりなど毛頭ないこの生き物たちは、防衛のための武器、すなわち噛まれた相手に激痛を与える鋭い大あごを行使した。獲物の襲撃が日課であるサスライアリの鋼の牙を振りほどくのは至難の業である。カメラマンは被害を食い止めるため、私たちの目の前でシャツとズボンを引き裂きながら大股で駆け回った。数分におよぶ闘いの後、ほとんど全裸になった私たちの仲間は何とか平静を取り戻し、撮影を続けることができた。身をもって知ったサスライアリの恐ろしさは、後の教訓として大いに役立つことになった。

この先の本編にも描かれているように、人々から恐れられるサスライアリという生き物は、一部のアフリカの民族にとっては敬意の対象ともなっている。それはサスライアリが家を掃除し、シロアリを退治してくれるからだ。サスライアリが村を通ると、住民は戸を開け放ち、この住居の守り神たちが害虫やネズミやゴキブリを一掃するのを手助けする。恐ろしい昆虫が人間社会に益をもたらす格好の事例である。

人間がこれほどまでにアリに惹かれるのは、アリが非常に統率のとれた社会を形成するからだろう。アリの社会は、アリのようにうまく集合知と自己犠牲を活用できない多くのホモ・サピエンスを嫉妬させてやまない。たとえばアリは渋滞を起こさずに往来する名手であるし、悪天候による災害時の対応において、アリの右に出るものはいない。本書では、地球上に二万種存在するともいわれているこの昆虫の専門家であるオドレー・デュストゥールとアントワーヌ・ヴィストラールの両名が、アリの魅惑的な社会生活を紹介してくれる。その膨大な種の数からも、並外れた能力を備えたアリの驚くべき多様性がうかがえる。地球上に生息するアリの総重量は、人類の総重量の一・一倍といわれている。個体数が多い分、特殊な力を備えたアリが出現する機会にも恵まれているのである。

「働きもの」という言葉ひとつでは、アリの仕事ぶりを到底表現しきれない。実際、アリは社会がうまく機能するように自分の役割を果たすことしか考えていないように思える。そしてそのために、農家、看護師、育児係、兵士などといった数多くの資質を備えた専門家がアリ社会には存在している。

アリのコロニーは数千匹の個体によって構成される。その集団生活は、移動、進路決定、分業、巣の防衛にいたるまで、あらゆる個体の知性を動員する「超個体」にも比すことができる。

コロニーの維持には食糧の探索が欠かせない。だがこの活動に携わるアリの生活は、決して平穏なものではない。

本書の著者たちがここに描くのは、わくわくするようなアリの一大放浪記である。読者は壮大な冒険に心躍らせるとともに、想像だにしなかったアリの能力を発見することになる。

これからこの本を読み始める読者にも、ぜひアリの世界を旅する喜びを分かち合ってもらいたい。ただし旅の道中、足元にはくれぐれもご注意を！

序章

真っ暗な部屋で生まれ、母親から離れた場所で兄弟や姉妹とともに育ち、歩けるようになったらすぐに仕事に駆り出され、家族の世話、部屋の掃除、食糧の貯蔵、坑道の掘削にいそしむ……そんな人生を想像してみてほしい。しかもそこは光が一切差し込むことのない住居で、外界およびそのあらゆる苦難から隔離されている。さて、人生も円熟期に差しかかったころ、唐突に姉妹たちから「家族を養うために外に出て、獲物や木の実を探してきてほしい」と言われたら、あなたならどうするだろう？　生まれてから一度も家を出たことがないあなたは、突如として壁のないまぶしい世界に、どれをとっても恐ろしい無数の獣がひしめきあう世界に放り出される。この大宇宙で食糧を見つけるには、ジャングルや砂漠で道に迷わず何十キロも歩き回らなければならない。ティラノサウルス顔負けの捕食者から逃れなければならない。クジラほどの大きさもある獲物を捕まえなければならない。同じ獲物を狙っている、歯まで武装した他民族の攻撃をかわさなければならない。隣の集落に住む人さらい集団にも警戒を怠ってはならない。捕まったら最後、死ぬまで奴隷にされてしまうからだ。この恐ろしい世界に一人で立ち向かうも、はたまた姉妹たちと一緒に立ち向かうもあなたの自由だ。けれども、もしこの最初の大遠征から運よく無傷で帰ってこれたとしても、餌を玄関先に届けたら、またすぐに出発しなければならない。日ごとに大きくなる家族が食べ物をせがんでいる。この情け容赦のない世界の往復は、あなたが死ぬまで続く。もちろん、これはホラー映画のシナリオでも、ＳＦ小説の話でもない。単なるアリの日常の一コマである。

この本では、巣の外を探索する「採餌アリ」の暮らしに焦点を当てている。この勇敢なアリはコロニーに属する個体の五パーセントから一〇パーセントを占めるにすぎないが、それにもかかわらずコロニー全体の食糧調達をまっとうしている。

採餌アリは驚くべき記憶力と並外れた力を備えている。人間には見えないものが見え、人間が人間の尺度で解決に苦しむ難題も、協力して解決することができる。要するに、採餌アリは正真正銘のスーパーヒロインなのだ——あるいは、見方によっては大悪党《スーパーヴィラン》かもしれない。

アリの悪事にうんざりして、キッチンを歩き回るアリを一掃したとしても、実際にはコロニーのほんの一部しか駆除できてはいない。床下に潜み卵を産み続ける女王が健在である限り、すぐに別の厄介者たちが送り込まれてくる。採餌アリは、壁や屋根裏や戸棚の中をうごめく「超個体」の手足のようなものだ。せわしなく動き回る手が砂糖入れを空にしている間も、影に潜んだ体は見えないところで巨大化し続ける。ほとんどの場合、採餌アリの役目を務めるのは最年長の個体たちである。食糧調達はこのアリたちの最後の仕事となる。巣を離れるたびに、採餌アリたちは無事に帰れる保証のない放浪の旅に乗り出すのだ。

この作品は、家族を生かすために命をなげうってあらゆる危険に立ち向かう勇敢なアリたちに捧げられている。水泳選手、重量挙げ選手、医者、飼育員、薬物中毒者、特攻隊、忍者、泥棒、戦士、滑空の名手、奴隷——ほかにも様々なアリとの出会いが、この先のページであなたを待ち受けている。

オドレー・デュストゥール

放浪記のヒロインたち

コロニー、超個体、集合知

オドレー・デュストゥール

アリのコロニーとは、個体の大半がメスで構成された一つの巨大な家族のことである。女王アリはコロニーを形成すると、卵を産むことに専念する。コロニーの機能を維持するのは、その娘の働きアリたちだ。働きアリたちは買い物に出かけたり、ごみを出したり、母親や子どもたちに食事を運んだり、住居の建築や修理を行ったり、侵入者を追い払ったりする。それに、ラ・フォンテーヌ〔一六二一―一六九五、フランスの詩人。「セミとアリ」をはじめとする『寓話』の著者として知られる〕がいかにアリの勤勉さを讃えようと、なかには何もしない個体もいる。多くのアリの種に共通して言えることだが、働きアリには生殖能力がない。また仮にあったとしても、産卵は女王によって禁じられている。

　卵がかえると、動かないウジ虫のような見た目をした幼虫が生まれる。自力で移動することができない幼虫は、働きアリに餌を運んでもらう。その際、幼虫は頭をしきりに動かして餌をねだる。成長の最終段階に入ると、幼虫はチョウと同じように蛹《さなぎ》になり、おなじみのアリの姿へと変態する。この変態をもってアリは成虫となる。アリの将来はここで決定し、以後大きくなることはない。アリの運命のほとんどは、幼虫期の食事によって決まる。簡単に言えば、成長過程で餌をあまり与えてもらえなかった幼虫は働きアリになり、タンパク質の豊富な餌をたっぷり与えられて育った幼虫は女王アリになる。ベルナール・ウェルベル〔一九六一－、フランスの作家。『蟻』三部作の著者〕の小説では、一〇三六八三号（通称一〇三号）と呼ばれる働きアリが女王になるが、現実にはアリが自らの運命を変えることなど不可能なのだ。

ではアリの性別はどうかというと、これは卵に含まれる染色体の数によって決まる。メスは受精卵から生まれ、人間と同じように父親と母親の両方から受け継いだ染色体を持つ。これを二倍体生物という。一方、オスは未受精卵から生まれ、母親から受け継いだ染色体しか持っていない。これを一倍体生物という。つまり、オスには母親はいても父親はおらず、娘は持てても息子は持てないということだ。とはいえ、遺伝物質は娘に受け継がれるので、孫が男の子になる可能性はある……なんだかややこしい話である。

ほとんどの種において、オスのアリは翅《はね》を持ち、メスに比べて貧相で、よくコバエに間違えられる。極端に小さな頭部には、周囲三〇〇度を見渡すことのできる巨大な眼が張り出している。コロニーではオスは一切何もしない。唯一の使命を果たすために巣から出るその日まで、衣食住すべての面倒を見てもらう。その使命とは、生殖である。端的に言えば、オスのアリとは双眼鏡のついた空飛ぶ睾丸のようなものなのだ。王女様と恋に落ち、コロニーに革命を起こす勇敢なオスの働きアリ、そんな映画『アンツ』〔一九九八年に公開されたアメリカのアニメ映画〕の主人公のようなアリは、残念ながら現実には存在しない……。

気象条件が整うと、処女のメスアリ（女王となるアリ）とオスアリは伴侶を求めて巣を離れる。多くの種においてメスアリとオスアリには翅《はね》が生えており、両者は空中で交尾する。初夏に見られる有名な「結婚飛行」である。交尾が終わると、オスには悲しい運命が待ち受けている。一部のオスは、生殖器と腸の先端部をメスの体内に残し、メスが別のオスと交わるのを予防する。他ならぬこの独占欲によって、オスは命を落とすことになる。それ以外のオスたちも、飢えて行き倒れになったり、飛行するアリの群れに惹き寄せられた鳥に食べられたりして死んでしまう。

メス（以下女王）はというと、地面に降りた後に自ら翅をむしり取り、巣に適した場所を求めて旅立っていく。地面のくぼみ、木の裂け目、あるいは木の葉に覆われた隠れ場所――種によって棲み家の好みははっきりと分かれる――を見つけると、女王はそこに潜り込んで子どもを産む。以後、女王は日の光を浴びることも、異性と遊びに出かけることもない。ひとたび地中に潜ると、子どもが成虫に達するまでの数週間、女王は食べ物を一切口にしない。蓄えた脂肪と、不要になった翅を動かすための筋肉を栄養にして、最初の産卵を行う。ときには自分が生き延びるため、成虫になる前の子どもを食べてしまうこともある。女王は受精嚢《じゅせいのう》に貯めておいた精子を使って卵を受精させる。オスは交尾が終わるとすぐに死ぬが、その精子は何年も生き続ける。長い一生の間、女王はこの受精嚢に貯めた精子を使い続ける。人間のように、精子をマイナス一九六度の液体窒素で冷凍する必要もない。最初に生まれてくる働きアリたちは、痩せてはいるがきちんと仕事をこなす。娘の働きアリたちはすぐさま食糧調達に出かけるので、母親はようやく産卵に専念できるようになる。女王アリの寿命は数十年と長く、実験室では約三〇年生きた個体もいる。寿命の長い昆虫ランキングでは、五〇年生きるシロアリ（オオキノコシロアリ属）の女王とタマムシ（クロタマムシ属）の幼虫に次いで第三位である。では働きアリはどうかといえば、こちらは数ヶ月間で死んでしまう。種によっては数年生きるものもある。

かれこれ二世紀以上も昔から、生物学者たちは、コロニーの存続と拡大のために一致団結して働くアリの協調精神に目を奪われてきた。社会内におけるアリ同士の連携は、一つの器官を形成する細胞間の相互作用を思い起こさせる。一九一一年、アメリカのアリ学者ウィリアム・モートン・ホイーラー〔一八六五－一九三七〕は、アリの社会が一個の独立した生命体のようなものを形づくっているという説を唱え、これを「超個体」と名づけた。ときに、人間社会の基準をもってアリの組織構造を考えてみたくなる気持ちも理解できる。ベルギーの随筆家モーリス・メーテルリンク〔一八六二－一九四九〕は、著書『蟻の生活』の中で次のように自問している。

「一体誰がアリの街を支配し、統治しているのだろう？　頭脳や精神といったものはどこに潜み、議論もなしに与えられる指示はどこからやってくるのだろう？（…）このような相互理解と、そこから生じる政治体制を何と呼べばよいだろう？（…）単なる反射反応によって成り立つ共和政だろうか？（…）『統制のとれた無政府状態』あるいは『蓄積されゆく集団』だろうか？（…）神権政治や王政はまずありえないので、除外するとしよう。残すは民主政と寡頭政、そしてより妥当性が高いと思われる貴族政と長老政だ。(…)堅牢かつ揺るぎない直感の声に従って、人はそれを『最良の思想に基づいた臨時政府』と呼ぶだろう」。

人間はしばしば、社会性昆虫の暮らしに平和と調和が統治する理想化された社会を見出そうとする。昆虫を人間に見立て、そこに理想的な共同生活の像を見て取るのだ。たとえばフロイト〔一八五六－一九三九、オーストリアの精神科医〕は、社会性昆虫の間では個体の意志が集団の意志に従属すると考えていた。この精神科医の目には、働きアリが集団の利益のために自身の自由を放棄しているように映ったのである。「人間の世界では起こりえないことだ」と彼は書いている。また無政府主義《アナーキズム》の著作家ピョートル・クロポトキン〔一八四二－一九二一、ロシアの思想家〕は、著書『相互扶助論』の中でアリの行動を理想的な社会のモデルとして取り上げている。このロシアの思想家によれば、社会性昆虫は相互扶助と個体同士の信頼関係を優先するために争いを放棄し、卓越した知性を獲得するにいたった。個体同士の心が通じ合うことで統治がなされる完璧な社会のイメージは、『バグズ・ライフ』や『アントマン』など多くのアニメ映画にも反映されている。

たしかに遠目では、アリのコロニーは調和によって統治されているように見える。食糧収集であれ、建設であれ、子どもの世話であれ、あらゆる仕事は集団によって組織的に行われる。「各個体はコロニー全体の利益のために身を粉にして働いている」と考えてしまうのも無理はない。だが目を凝らしてみれば、そんな思い込みもすぐに崩れるだろう。個体レベルで観察していると、まったく何もしないアリはもとより、他のアリの仕事を邪魔したり、台無しにしたりする個体を見かけることも珍しくはない。集団で餌を運搬するアリたちを注意深く観察してみれば、このことはすぐに確かめられる。餌を発見した直後のアリたちは、アメリカのブラックフライデー〔感謝祭の翌日に開催される大規模なセール〕を思わせる混乱ぶりを見せてくれる。アニメ映画『ミニスキュル―森の小さな仲間たち』に描かれた、角砂糖入りの箱を運搬するアリたちのような規律の整った光景とはほど遠い。だがこの点にこそ、アリという生き物の面白さがある。アリは無秩序から秩序を生み出すことができるのだ。

アリのコロニーは非常に入り組んだ構造物を建設するだけでなく、複雑な物流の問題にも対応できる。それも、事前の計画なしにである。日本の北海道にある石狩海岸では、三億匹近くの働きアリと一〇〇万匹の女王アリを擁するエゾアカヤマアリ（*Formica yessensis*）のスーパーコロニーが確認されている。四万五〇〇〇個ものアリの巣が、全長数百キロにもおよぶ連絡通路で互いに結ばれているのだ。この巨大都市はおよそ二七〇ヘクタールにわたって広がっている。これはニューヨークのセントラルパークと同等の広さだ。このコロニーは一九七一年に動物生態学者の東正剛教授によって紹介されたが、アリの街自体は千年以上も昔から存在していた。巣と巣を結ぶ交通網がどれほど複雑なものであるか、想像してみてほしい！　人間の常識に照らし合わせれば、食糧の供給、貯蔵、分配を司る物流機能の存在を想定せずにはいられない。ところが、この連合都市のどこを探ってもそんなものは存在しないのである。

アリの行動を理解するには、人間社会の機構をいったん忘れる必要がある。現場監督、建築家、部長、総裁、管理者、社長、大佐——そのような役職は、この小さな生き物たちの社会には存在しない。アリたちは、情報を集約し、チームの誰が、何を、いつ、誰と、どのように処理するかを指示するリーダーなしに、集団で働く。コロニーの組織は完全な分業型であって、階層型ではない。コロニーは、絶え間なく情報を共有し合う自立した個体によって形成されている。それはつまり、コロニーの一員が欠けてしまうような不幸に見舞われたとしても、巣の機能には一切支障をきたさないということだ。仮に、住宅の建設現場から建築家を追い出したとしたらどうなるだろうか？　言うまでもなく、工事はそこでぴたりと止まってしまうだろう。

コロニーに暮らすアリの行動は、体の状態および仲間や環境との関係によって変わってくる。たとえば、巣の入口近くをうろついている空腹のアリは、巣の奥で寝転がっている満腹のアリに比べ、狩りに出かける集団に加わる可能性が高い。コロニーは「自己組織化」と呼ばれる原則にしたがって動いている。「自己組織化」とは、一九四七年にイギリスのサイバネティクス研究者ウィリアム・ロス・アシュビーが提唱した概念で、もともとは無秩序なある体系から、外的な統制を受けることなく、メンバー同士の交流によって一つの組織が作り上げられるプロセスを指す。無料のインターネット百科事典「ウィキペディア」などは、自己組織化されたシステムのよい見本だろう。一元的な管理がほとんどないにもかかわらず、多くの人が共同で編集する記事の中には、『ブリタニカ百科事典』に匹敵するものや、それを凌駕するものさえある。

一言でいえば、アリのコロニーとは統制のとれた混沌《カオス》なのである。

一匹のアリ、一つの脳、個の知性

アントワーヌ・ヴィストラール

アリのコロニーは特筆すべき集合知を備えているし、だからこそ人間はアリに注目しているといえる。ただし集団行動に長けているからといって、一匹では役立たずというわけでは必ずしもないはずだ。けれども個々の知性という点では、アリの評判は決して芳しいものではない。多くの人がアリのことを、単なる反射によって行動する小さなロボット、あるいは遺伝子やコロニーの命令に逆らうことのできない囚人だと考えている。実際には誤りだらけのこの直感には、人間の自己中心的な物の見方が如実に表れている。対象の生物が進化系統樹上で人間から遠くなればなるほど、人間はその生物に対して何らかの知性の存在を認めたがらなくなるのである。最も知的な生物は何かと聞かれれば、大半の人が人間と答えるだろう。次いで人間に近い霊長類の名が挙げられる。「サルのようにずる賢い」という表現からも、人間が人間以外の霊長類に高度な知性の存在を認めていることがうかがえる。霊長類以外の哺乳類の中にも高い評価を得ている生き物はいる。たとえばイルカの知性、キツネの狡猾さ、ゾウの優れた記憶力などはよく話題に上る。

一方で哺乳類以外の脊椎動物の話になると、少しずつ軽蔑の念が見え隠れし始める。鳥類を引き合いに出したフランス語の表現などは、お世辞にも誉め言葉とはいえないものが多い。「スズメの脳みそ」、「ムネアカヒワのおつむ」、「ノスリ野郎」などがそれだ。爬虫類についても同じことがいえる。劣等な脳を指す「爬虫類脳」〔アメリカの神経科学者ポール・マクリーンが唱えた三位一体脳説に由来。反射を司る最も原始的な脳とされている〕という概念が濫用されているほか、有名な「自分の尻尾を噛む蛇」のイメージも、爬虫類の知能の低さを彷彿させる。さて魚に関する表現はといえば、魅力のない人を指す「マグロ」であれ、ふしだらな女性を指す「タラ」であれ、忘れっぽさを嘲《あざけ》る「金魚の記憶力」であれ、悪口の大海原と言わんばかりである。しかし、本当に軽蔑が根深くなるのは脊椎動物の系統を過ぎてからだ。ミミズやヒトデやコバエの段になると、もはや意識の存在すらも認められなくなる。たしかにホタテ貝の神経系は特別発達しているわけではないが、それでも多くの人が想像するよりもはるかに複雑である。たとえば、この軟体動物が調理されて運ばれてくる前、貝殻のふちに沿ってついた数十個もの眼で世界を認識していることをご存じだろうか？　事実、対象がどのような種であれ、相手の行動について学べば学ぶほど、その種が持つ思いがけない認知力に驚かされることになる。つまり動物に対する人間の軽蔑の念は、人間の無知、すなわち理解不足に起因しているということだ。数名の研究者の努力によって、ここ数十年の間にコウイカやタコの評価がぐんと高まったのも、そうした理由からなのである。

では昆虫はどうだろうか？　これまでに確認されている一三〇万種の動物のうち、実に八五パーセントを昆虫が占めていることに留意しておこう（これに対し、哺乳類の割合はわずか〇・三パーセントにすぎない）。この観点から見れば、この小さな無脊椎動物たちは地球上に存在する動物の中で最も成功を収めた部類ということになる。そもそも昆虫たちは、ほとんどすべての生態系の維持に重要な役割を果たしている。それにもかかわらず、通常人間は昆虫に対し、わずかばかりの関心さえ示さない。昆虫を踏みつぶしてしまっても、私たちの心にはさざ波すら立たない。これは、私たちが地球に対して大きな思い違いをしている証拠でもある。昨今地球に起きている急激な変動を鑑みれば、いまこそ昆虫に対する理解を深めるとともに、昆虫に相応の地位を認めてやるときであるように思えてならない。この本を書くことに決めた理由の一つにも、そのような思いがある。昆虫について知り始めること、これこそが最良のスタートではないだろうか？

はじめに、昆虫にもれっきとした脳があることを記しておこう。乾燥したクスクス〔北アフリカ地域で常食される小麦粉を粒状にした食材〕の粒ほどの大きさだが、こと神経細胞に関してサイズは重要ではない。一世紀以上も前から、科学者たちはこの極小の謎を観察し、描き取り、探求してきた。遺伝子操作、免疫組織染色、神経回路のトレース、共焦点レーザー顕微鏡など、現在では昆虫の脳の調査方法は無数に存在する。これらの調査によって一つはっきりしたことがある。それは、私たちの先入観がまるで的外れであったということだ。こんなにも小さな脳がこれほど複雑な構造になっていようとは、誰一人想像していなかったのである。

厳密な意味での昆虫の脳、すなわち頭部の内側に収まっている脳について書き始める前に、昆虫の全身に鎖状に連なった神経節について触れておこう。これは人間でいうところの脊髄のようなものだ。神経節とは数万個のニューロンが集合してできたもので、体の各部位を動かす個別のプロセッサーのような働きをする。たとえば昆虫の胸部にある神経節は、脚や翅《はね》の動作を可能にする複雑な計算を処理している。言い換えれば、アリは脚や翅を正しく動かすために頭を悩ませる必要はないということだ。そういった不毛な仕事を神経節に任せることで、脳は別の考え事に専念することができる。もっとも、人間の体も同じような原理で動いている。人間は歩行時に六〇〇個以上の筋肉を連動させているが、バランスを取りながら道を歩くという非常に複雑なはずの仕事も、特に意識せずにこなすことができる。体の部位の連動はそのほとんどを脊髄神経節が担っているため、脳はより認知力を要する仕事、たとえば携帯電話での通話などに集中することができるのだ。

では昆虫の脳内では何が起きているのだろうか？　人間の場合と同様、昆虫の脳も神経節と比べて格段に精巧なつくりになっている。昆虫の脳にも右脳と左脳があり、それぞれがおよそ三〇もの異なる脳領域——目を疑うような数字である——に分けられる。これらの脳領域は「ニューロパイル」と呼ばれ、さらに下位の領域に（ときにはそのまた下位の領域に）分けられる。それら下位の領域には、「上方前大脳中間右部」や「キノコ体傘部左周縁部」といった可愛げのない名前がつけられている。正直に白状するが、昆虫の脳の構造に関する研究論文にはどうもわかりづらいものが多い。

これら様々な脳領域は、互いに密接に結ばれている。よって、視覚、嗅覚、味覚、聴覚、触覚、あるいは深部感覚〔体の各部位の位置や状態を感知する感覚〕、温度感覚、痛覚などを通じたあらゆる感覚的情報は、複数の中枢へと送られることになる。さらにこれらの情報は各中枢で処理され、細分化され、測定され、他の情報と結合され、過去の体験と比較される。そうしてようやく一つの決断が下されるのである。たとえばアリに関する最近の研究では、アリが複眼でとらえた視覚情報が、およそ三〇本もの異なる神経伝導路を伝って脳の様々な部位に送られていることが判明した。アリが世界を見ているとき、その脳内では実に多くの処理が行われていることがおわかりいただけるだろう。単なる反射によって引き起こされる動作とは、似ても似つかないのである。

数字でいえば、アリの脳には五万から一〇〇万個の神経細胞があり、種によってその数は大きく異なる。人間の脳を構成する八〇〇億個のニューロンに比べれば取るに足らない数字に思われるかもしれない。だがこれについては、次のようなダーウィンの的確な指摘を引用しておこう。

「二頭の動物あるいは二人の人間の知性を、頭蓋骨の体積をもとに正確に測定できるなどとは誰も考えない。絶対量が極小の神経物質からも、卓越した精神活動が生じうることは確かだからである。(…)後者の視点に立てば、アリの脳は世界に存在する最も驚異的な物質の一片といえるのである。ひょっとすると、人間の脳すらも凌駕するかもしれない」。

事実、昆虫の脳はコンピュータのトランジスタにも引けをとらない微小な回路の宝庫なのである。一つひとつの神経細胞は、隣り合った細胞や遠くにある細胞も含め、一〇万個以上もの異なる神経細胞と接続されている。一〇〇万個のニューロンにこの一〇万の接続をかけ合わせれば、まち針の頭よりも小さな脳の中にどれほど広大なネットワークが広がっているかが想像できるだろう。さらに、神経細胞同士の接続は固定的ではなく「可変的」である。これこそが機械とは決定的に異なる点だ。神経細胞は、接続を新たに作り出したり、増強したり、解除したりすることができるのだ。昆虫は個々の経験にしたがって、環境に適応し続けていく。

つまりアリは、遺伝子情報に導かれて動く小さなロボットなどではなく、絶えず迅速に物事を学習していく「個」であるということだ。環境は個々のアリの成長に大きな影響を与える。その証拠に、コロニーに所属するすべての働きアリが同じ遺伝情報を共有する種においても、個々の成長には大きな差が生じることがわかっている。成長するにつれて高圧的になる個体もいれば、従順になる個体もいる。狩りに長けた個体もいれば、保育の上手な個体もいる。ついにはアリの「個性」に言及する研究者まで現れた。人間と同じく、アリの成長も個々の歴史にまつわる偶然の出来事と切り離せないのである。

これらアリの脳に関する研究に照らし合わせれば、アリにある種の知性の存在を認めないわけにはいかなくなる。しかしながら、脳の物質という単なる物理的な分析を超えてアリの知性を総合的に把握するには、アリの行動を理解することが不可欠になってくる。アリが暮らしている環境に赴いて、アリを観察するのだ。本書の著者二人が、餌を求めて果敢にも巣から飛び出す採餌アリに焦点を当て、できるだけ近くからこのアリを観察する旅へと読者を誘うのも、そのような理由からである。外の世界に飛び出したアリたちには、数々の試練が待ち受けている。創意工夫を尽くすことを余儀なくされたアリたちは、個体あるいは集団の知性をいかんなく発揮する。この小さな生き物たちにとって、またその秘密の一端を解明するにいたった研究者や博物学者や自然科学者たちにとって、この旅はまぎれもない「放浪記」なのである。

第一の試練　巣を出て、方向を見定める

森の呼び声

アントワーヌ・ヴィストラール

放浪記の幕開けを飾るのは、巣の中では集団生活を送り、巣から出ると単独行動に臨むアリたちだ。頼れるのは自分の力と脳だけである。単独での冒険は、実は古くから存在する手法だ。一億年以上前に出現した最初のアリたちが用いたこの探索方法は、現在でも多くの種によって実践されている。そのような探索を行うすべての採餌アリが備えていなければならない重要な能力があるとすれば、それは方向感覚だろう。アリにとって、道に迷って巣に帰れなくなることは致命的であり、死に直結する。そうならないよう、アリは進化の歴史の中で道に迷わないための効率的な方法を発達させてきた。さて、一体どのような方法なのだろうか?

意外に思われるかもしれないが、動物の方向感覚を研究する科学者の大半は、保育園でよく見る三角や四角や円筒形のカラーブロックで毎日遊んでいる。実験室ではこれらの道具は、動物がどのような情報をもとに方向を見定めているのかを探るための指標になるのだ。そうした実験は一般に、実験室で育てられたマウスや魚、ハトといった脊椎動物を対象に行われるが、アリ相手に行われる場合もある。なかでも人気者は、ハードロックの歌詞に出てきそうないかめしい名前がつけられた、熱帯地方原産の体長一センチほどのアリ、メダマハネアリ（*Gigantiops destructor*）だ。

一九二二年、当時ハーバード大学の教授だったウィリアム・ホイーラーは次のように書いている。「*Gigantiops destructor* という名は、巨眼の貪欲な怪物を想起させる。ちょうど昆虫とジャガーを融合させたような、とてつもなく巨大なアリの姿が目に浮かぶ」。*Gigantiops* という名はギリシャ語の「gigas」と「opsis」に由来し、「巨大な目」を意味する。このアリは、現在知られているアリの種の中でも最も大きな眼をしており、それぞれの眼にはおよそ四〇〇〇個もの個眼〔複眼を形成する個々の目〕が備わっている。

これに対し、「破壊者」を意味する *destructor* という命名にはどうも首を傾げさせられる。一八〇四年にデンマークの動物学者ファブリシウスがつけた名だ。ホイーラーはこの学者が「この昆虫の習性を何も知らなかったに違いない」と書いている。たしかに、このアリは無害であるばかりか、とてもかわいらしい生き物にさえ見える。実験室を訪れる人は、数秒もすればたちまちこのアリの虜《とりこ》になってしまう。この小さな生き物たちは、長い脚で体を支え、ちょこちょこと横歩きしながら、バンビを思わせる大きな眼でじっと見つめてくるのだ。部屋の中を行き来すれば、何十匹もの小さなアリの頭がこちらを向いて視線を送ってくる。試しにそのうちの一匹に手を指しのべてみよう。この好奇心旺盛なかわいらしい生き物は、たちまち指に飛び移ってきて、新しい環境をおずおずと探検し始めるのだ。学生たちは大概このアリに一目惚れしてしまう。

と、ここまでは人間の感想である。当然ながら、他の動物が意見を異にする可能性は大いにある。電子顕微鏡で拡大してみると、この動物の裏の顔が見えてくる。二本の金切りノコギリのような鋭い大あご、その大あごを覆う前方に突き出した尖ったひげ、さらにその上についた二つの巨大な眼。顕微鏡越しに見ると、もはやバンビの面影はどこにもない。巨大な目はむしろ、噛み砕く対象を睨《ね》めつける悪魔の目を思わせる。メダマハネアリは紛れもない捕食者であり、獲物にとってみればまさに悪夢のような存在なのだろう。その意味では、ファブリシウスは間違っていなかったのかもしれない。このアリにはやはり *Gigantiops destructor* という名がお似合いなのだ。

このアリのすさまじい能力を目の当たりにすれば、誰もが驚きを禁じえないだろう。迷路を攻略させてみると、一〇回以内の試行で計八つの分岐路を記憶してしまう。さらには細い縦線や太い縦線といった抽象的な視覚情報を目印に、左右の分岐を覚えることもできる。周囲に新たな目印を配置すれば、たちどころにその配置を記憶し、道案内に役立てる。目印をすべて取り上げてしまうと、今度は思いもよらぬものを手がかりにして方向を判断するようになる。たとえば、実験室の形状や天井の蛍光灯の配置などだ。

だがここまでの結果も所詮は実験室の中、つまり人工的な空間の中で得られたものであることを心に留めておこう。このアリたちの真の実力は、生まれ故郷である薄暗いアマゾンの密林の中でこそ測ることができるのだ。アマゾンの熱帯林には、アリよりも研究者の方が苦しめられることになる。第一に、幾重にも折り重なった枝をかき分けてメダマハネアリの巣を探さなければならない。探し方はこうだ。まずシロアリの巣を見つけ、まるまると太った働きアリを数匹捕獲する。次に、どんな小さな動きも見落とさないよう、注意深く葉の表面や地面を観察する。動くものが目に留まったら、あとはそれが周囲に生息する何百種もの別の虫ではなく、散歩をしているメダマハネアリの採餌アリであることを祈るだけだ。もしそうなら、そっと近づいてシロアリを何匹か近くに置いてみよう。太ったシロアリが大好物のメダマハネアリは、即座に獲物に飛びつくはずだ。採餌アリは獲物をしっかりと大あごで挟むと、ちょうど飼い主が投げた棒を追って駆け出す犬のように、ある方角に向かって一目散に走り出す。あとはこのアリを追っていけば、無事巣まで辿りつけるという寸法だ。この野外調査を通じて、人間は三つのことを発見できる。

一つ目の発見は、メダマハネアリを熱帯林の中で追いかけるのは容易でないということだ。葉から葉へ飛び移ったり、枝を高速道路代わりにして加速したり、足早に水面に降り立って水たまりを横断したり、地面の細かなくぼみに潜り込んだり、倒木の下をくぐって反対側に抜け出したりと、このアリは長い脚を巧みに使って縦横無尽に動き回る。人間ではとてもこうはいかない。葉の後ろに隠れたトゲに服をとられ、絡み合った枝をくぐり抜けようと体を無理な方向にねじり、沼のような水たまりにふくらはぎの中ほどまで足を飲まれ、よじ登ることすら困難な倒木に迂回を余儀なくされる。それに加え、人間には決して急いではならないという制約がある。警戒心の強いアリは、少しでも急な動きを感知すると、すぐに落ち葉の下に潜り込んでしまうからだ。その名のとおり、この種は非常に優れた「視覚」を備えており、特に動く物体に対しては敏感に反応する。研究者にとって何よりも厄介なのは、服の上から刺してくる何十匹もの蚊を叩けないことだ。実験室でメダマハネアリを追いかける方がはるかに楽である。

二つ目の発見は、人間の方向感覚は熱帯林ではまるで役に立たないということだ。視界はとてつもなく入り組んでいる上、絶えず変化していく。一〇メートルもアリを追いかけてふと顔を上げると、来た道さえも分からなくなり、冷や汗をかくなどということもある。実際に私の同僚二人はこの災難に見舞われた。キャンプ地を探して途方に暮れながら、仏領ギアナ〔南米北部にあるフランスの海外地域圏〕の森の中を何時間もさまよったのだ。彼らはGPSを持ってはいたが、電波は高く伸びた木々に阻まれて地上にまで届かなかった。二人は位置情報を知るために、一定間隔ごとに木によじ登らなければならなかった。入り組んだ自然環境のもとで方角を把握するのは、容易なことではない。そのことを二人は身をもって知ったのである。

三つ目の発見は、メダマハネアリが決して道に迷わないということだ。通常、巣の入口は落ち葉の下や木の根の隙間に隠されているのだが、アリたちは寸分の迷いもなく確実にこの小さな穴を見つけ出すことができる。それも、移動距離が数十センチに限られる実験室内ではなく、二〇メートル以上も森の中を探索してから戻ってくるのである。体長一センチほどのアリにとっての二〇メートルという距離は、人間に置き換えれば数キロメートルにも相当する。おまけにアリの生きる小さな世界では、地面に落ちた無数の枝葉なども、道順を複雑にする巨大な障害物と化す。現地で行われた簡単な実験によって、このアリが視覚を頼りに森を歩いていることが証明された。その実験とは、巣に戻る途中のメダマハネアリの周囲数メートルを大きな布で覆ってしまうというものだ。研究者たちが布を張ると、アリはぴたりと足を止め、道に迷ったかのように辺りをきょろきょろと見回し始めた。布をどけると、アリは何事もなかったかのように再び巣を目指して進んでいった。メダマハネアリは、森の入り組んだ景色や移動距離の長さにもかかわらず、他種のアリのようににおいの道しるべを残したりはせず、視覚を頼りに探索を行うのである。しかも、どこぞの研究者たちよりもはるかに高い精度で……まち針の頭よりも小さな脳みそにしては、上出来ではないか！

残る謎は、このアリがどのような視覚情報をヒントにして巣に戻るのかという謎である。すでに述べたように、従来動物の方向感覚に関する仮説は、実験室にて、あらかじめ定められた目印（特定の道具、実験装置の色、壁に描かれた幾何学模様など）を用いて検証されてきた。だが森のように複雑な自然環境下で、何を目印にすればよいだろう？　実験室の単純化された環境とは異なり、アマゾンの森には形や大きさのパターンが無数に存在し、距離と方向もまちまちだ。近距離かつ無限小の世界から、遠距離かつ無限大の世界まで存在する。ためしに何か一つ目印を決めてみるとしよう。それが木であれシダ植物であれ、辺りには似たような植物が何十種類と生えているため、すぐに自分の居場所がわからなくなってしまうだろう。実験室での研究がいかに見事なものであっても、そこで立てられた仮説が自然環境下で通用するとは限らない。それらの仮説のほとんどは、純粋に人間の思考から生じたものでこそあれ、研究対象である動物の性質を考慮したものではないからだ。悲しいかな、実験室で行われる研究が探し求めているのは、アリの知性ではなく、アリに見られる人間の知性の断片なのである。

生息地においてアリたちが見せる行動は、実験室で観察できるものに比べ、はるかに豊かさと多様性に富んでいる。このことから、四つ目の教訓を得ることができる。それはあらゆる生物が、自らが進化を遂げてきた生息環境と、まるで見えない糸で結ばれているかのように特別な関係にあるということだ。ある生物が十全にその能力を発揮する上で、この関係は非常に重要なものとなる。脳や形態の進化は他ならぬ生息地という環境が引き起こしたものであり、そこから切り離した状態で動物を研究するだけでは、その動物を本当の意味で理解することはできない。人間の目を通してアリを理解しようとするよりも、アリの眼を通して世界を見ようとするほうがよほど有意義だろう。アリたちの世界を理解すること——次章からは早速この課題に取りかかるとしよう。

ダーティ・ダンシング

アントワーヌ・ヴィストラール

いまから一世紀以上も昔、フランスの博物学者ジャン＝アンリ・ファーブル〔一八二三－一九一五〕はある種の昆虫がもつ帰巣能力に目を丸くしていた。彼は有名な『ファーブル昆虫記』の中で、ハナダカバチと呼ばれる小さな狩りバチの仲間について、次のように書いている。

「どこからともなく戻ってきたハナダカバチは、事前に周囲を調べたりもせず、一直線にある地点へと降り立った。人間の目には他の砂地とまったく同じに映るその場所こそが、隠れた巣穴の入口だった。ハナダカバチは、何の目印もなしに巣の入口を見つけ出した。まるで場所を見分ける直感が備わっているかのように。未知であるがゆえに名づけることもできない、不可解な能力だ」。

当時、この昆虫の類まれなる能力はこのように紹介されたため、そこには人知のおよばない謎めいた力が働いていると考えるのが自然になっていた。

現在、科学者たちはこの小さな生き物にそのような離れ業《わざ》が可能な理由を解明しようとしている。ここで、オーストラリアの森を闊歩《かっぽ》するある特徴的な昆虫に目を向けてみよう。その昆虫とは、キバハリアリ属（*Myrmecia*）のアリだ。このアリは通称「雄牛アリ」、あるいは「ブルドッグアリ」と呼ばれている。その評判は名前が物語るとおりだ。第一に、このアリの体は並外れて大きい。なかには体長三・五センチにまで成長する、小さめのスズメバチよりも大きな個体もいる。体は頑丈で筋肉質、前方に突き出した巨大な一対の大あごには細かな突起がついており、大きな二つの眼は、視線が合った相手を脅しているような印象を瞬時に与える。第一印象はときに正しいこともある。というのも、この昆虫の気性は決して温厚とはいえないからだ。大抵のアリが逃げ出すような局面でも、キバハリアリは攻撃してくる。たとえ自分より一〇〇〇万倍も体重のある人間が近寄ってきたとしても、闘う準備はできていると言わんばかりに、このアリは大あごを開いて邪魔者を待ち受ける。キバハリアリはその極端な攻撃性と刺し傷が引き起こす激痛から、オーストラリアでは広く知られている。一九八〇年から二〇〇〇年にかけて、キバハリアリの一種 *Myrmecia pyriformis* の攻撃により四名の死者が出た。以来、この種は「世界で最も危険なアリ」として、ギネス世界記録に登録されている。四名の死因はいずれもアレルギー反応であったことを、念のためつけ加えておこう。

ドイツの哲学者アルトゥール・ショーペンハウアー〔一七八八－一八六〇〕は、普遍的な破壊欲求の存在を示すためにこのアリを引き合いに出し、次のように書いている。「このアリの体を二つに切断すると、頭と尻尾が争いを始める。頭は尻尾に噛みつこうとし、尻尾は果敢にも毒針でこの攻撃から身を守ろうとする」。実際には、これは死後の闘争反応によるものだ。たとえ体を両断されたとしても、このアリは残された最後のエネルギーを振り絞って、敵に痛手を負わせようとするのである。死後もなお存続するように見えるこの攻撃性の兆候は、幼少期、すなわち幼虫の段階ですでに現れる。キバハリアリの幼虫は大あごが生えたウジ虫のような見た目をしており、おとなアリたちが運んでくる様々な餌をたらふく食べて過ごすが、食べ物が足りなくなると、この恩知らずな幼虫たちはときとして育ての親にまで襲いかかるのだ。幸いなことに大事には至るほどではない。

アリの祖先は単独生活を送る狩りバチであるが、キバハリアリはこの祖先の性質を色濃く受け継いでいるように思える。とりわけ目を引くのが、同種のアリと没交渉である点だ。このアリは単独で狩りに出向き、成虫同士では同じコロニーの仲間とさえ食糧を分かち合わない。通常、社会性昆虫のコロニーでは、最も年老いた個体が巣の外に出る役目を負う。理由は単純で、巣の外が危険だからだ。捕食者、悪天候、落下物などの危険がつきまとう外の世界では、探索中に命を落としてしまう可能性が高い。若者を安全な巣の中での仕事に従事させ、できるだけ長生きさせることは、コロニーの利益に直結するのである。そのため、命がけで外に出るのは年寄りの役目となる。

食糧を分け合わないキバハリアリの場合、これとは少し事情が異なる。各個体は成虫になると、めいめいが腹ごしらえをしに、週に何度も外出する。巣の外に顔を出した新米アリの眼は、このとき生まれて初めて日の光に晒されることになる。この新たな刺激によって、脳には大変動が引き起こされる。わずか数十時間のうちに、特定の脳領域の体積が著しく増加するのである。こうしてアリの学習能力は飛躍的に向上する。この最後の「変態」は、想像しうる限り最も過酷な任務である餌探しに備えて行われる。幼少期を光の差し込まない核シェルター内で過ごし、思春期を終えて大人になったら、外へと続くはしごを登って出口の蓋を押し開け、生まれて初めて日の光を眼に浴びる……その瞬間、あなたならどう反応するだろうか？

不思議なことに、キバハリアリは外の世界に出てくると、焚火を囲んで踊るアメリカ先住民さながらに舞いを踊り始める。数歩進んでくるりと周り、また進んでは回転する。これを繰り返しながら、数十秒かけて巣の周囲をめぐり、巣に戻っていく。成虫になった個体は一日ないし二日かけて、三回から七回このような舞いを踊る。この儀式が終わって、ようやくアリは冒険に出発する。これほどの武器と凶暴性とをあわせ持つアリが踊るとは、ちぐはぐな印象を受けるかもしれない。だが実際には、この儀式は他の何にも増して重要なのである。その意味を理解するには、少し寄り道をして、アリがどのように世界を見ているのかを知る必要がある。

アリの眼はまさしく自然の神秘の結晶だ。それぞれの眼は、何百あるいは何千もの個眼《こがん》と呼ばれる小さな六角形の眼により構成されており、それらの個眼はミツバチの巣房のように隣り合わせで並んでいる。個眼は、極小のレンズおよび光を奥に送り込むためのフィルターと鏡を備えた顕微鏡用カメラのような働きをする。大きさは一〇マイクロメートル程度と、髪の毛の太さほどしかない。エンジニアもうらやむ正真正銘のミニチュアの宝石である。眼が複数あるからといって、しばしば芸術作品の題材となる万華鏡のような視界が構築されるわけではない。隣り合った個眼同士は隣接する方角を向いているため、あくまで全体で一つの像が形成されるだけである。

とはいえ、やはりアリの視界は人間のそれとは大きく異なる。第一に、アリは視力がとても弱い。アリは一般的な人間と比べてかなり目が悪く、その視界はぼやけている。昆虫の眼の解像度を計算する数式というのもあるが、それは割愛するとして、もしキバハリアリが人間の視力検査を受けたとしたら（もちろんアリが壁にかけられた検査表を読めると仮定しての話だが）、結果はよくて〇・〇四程度だろう。つまり検査表に近づかないと、一番大きな記号も判別できないということだ。おまけに、キバハリアリは昆虫の中でも特に目がいい部類に入る。他の昆虫が検査を受けたとしたら、その大部分は〇・〇一未満という結果になるだろう。二つ目の違いは視野の広さだ。アリの視野は人間の視野の二倍ほどもあり、その視界はほぼ三六〇度におよんでいる。ある種のアリなどは、自分の体の真下以外の全方位を視野に収めている。アリに気づかれないようそっと後ろから近づいても無駄ということだ。アリの背中には文字どおり目がついているのである。三つ目の違いは色の見え方だ。人間でいう色覚異常と同様に、ほとんどのアリには赤色が見えていない。その代わりに、緑色と紫外線（こちらは人間の目には見えない）を検知する高感度の視覚受容体を備えている。

オーストラリア国立大学の研究者たちは、紫外線も含む幅広い光の波長を感知できるパノラマカメラを片手に数日間地面に這いつくばりながら、昆虫の視点から見た世界を撮影した。撮影した画像を複眼モデルと組み合わせることで、アリが自然環境の中で見ている情報の分析が可能になり、その世界の謎に一歩迫ることができた。「アリの視界」を人間の目で見ると、最初は困惑させられる。まるでピントのずれた写真のようで、何も判別することができないのだ。物体は消失し、細部はまったく把握できない。ぱっと見ただけでは、アリの視覚は欠点だらけにしか思えない。では、このド近眼かつ色覚異常の小さな生き物たちは、複雑な自然環境の中でどのように進むべき方角を見定めているのだろうか？　土台不可能な話だと思うなら、それはとんでもない間違いである。こと方角の把握に関して、アリの眼が持つ特徴は理想的なのだ。紫外線と緑色のコントラストは、空と大地の境界線を浮き上がらせる最良の手段であり、またこの境界線こそが、自分の位置を知るために役立つ情報を提供してくれるのである。意外かもしれないが、よく考えてみると、高解像度の視覚には、位置を把握するのに不要な情報も多く拾ってしまうという欠点がある。道を知るのに、葉の一枚一枚を見分ける必要があるだろうか？　解像度が高いと、本当に必要な情報が枝葉に紛れてしまうため、そこから信頼できる不変の目印を見つけ出すのが困難になる。もちろん、解像度が低すぎれば、何も見分けがつかなくなる。高すぎず低すぎず、平凡で、目に映ったものの大まかな輪郭だけが判別できるような、ちょうどいい解像度というものが存在する。そのような解像度であれば、全体としての風景は問題なく認識され、かつ鬱陶《うっとう》しい細部の情報が入ってこないため、移動効率は向上する。昆虫はまさにそのようなちょうどいい解像度の眼を通して世界を見ているのである。「低いほうが良い《レス・イズ・モア》」こともある——高解像度の魅力を常々謳《うた》い文句にしているカメラの販売員には申し訳ないが、われらがヒロインのアリたちはこうして人間に謙虚さを教えてくれるのである。これは低解像度を享受している視力の悪い人たちにとっては朗報かもしれない。そう、道を歩くのに眼鏡は必要ないのだ！

人間との比較はかなり興味深いので、少し話は逸れるがもう少しだけ続けよう。意外かもしれないが、実は、人間も低解像度の恩恵を受けている。眼科のグラフを見れば一目瞭然だが、人間の視野の九八パーセントはアリと同程度の低い解像度で世界をとらえている。脳が錯覚を起こさせているのだ。世界がはっきり見えているという幻想は、網膜の残り二パーセントによって生み出されている。「中心窩《か》」と呼ばれるこの小さな領域は、非常に高い解像度を誇る。しかしながら、この領域で見ることができるのは視野の中心部のみであり、その範囲は、腕をピンと伸ばした先に見える親指の爪の範囲ほどでしかない。そのため、人間の眼球は常に小刻みに動くことで視界を維持している。つまり人間も昆虫と同じく、基本的にはぼやけた世界を見ているということだ。このことはとても簡単に実証できる。正面の一点を注視しながら、その点のわきにこの本がくるように、本を持った腕を伸ばしてみよう。本は周辺視野に映るものの、ご覧のとおりタイトルを読むことはできない。正面の一点を注視したまま、今度は伸ばした腕を少しずつその点に近づけていってみよう。どれほど視野の中心に近づけないとタイトルが読めるようにならないか、おわかりいただけるはずだ。驚く方も多いのではないだろうか？

網膜全面を高解像度にすると神経細胞に多大な負荷がかかるので、周辺視野の解像度が低いのは「必要悪」であるという考えが、研究者たちの間では広く共有されている。しかしアリの研究からわかったことは、これとは別の考え方を提供してくれる。単純に、空間内で位置を把握する際には、低解像度のほうが景色を記憶しやすいということである。たとえば黄斑変性《おうはんへんせい》――周辺視野には影響をおよぼさず中心窩《か》だけを蝕む病気――にかかった人は、物の見分けなど細部の認識は困難になるが、空間内での位置の把握には支障をきたさない。つまり、場所を認識するのに中心窩は必ずしも必要ではないということだ。反対に、眼ではなく風景の認識にかかわる脳の領域に疾患を抱える人は、物の認識は問題なくできるが、場所の認識が困難になってしまう場合が多い。場所の認識において非常に重要な役割を果たすこの脳領域は、「海馬傍回領域《かいばぼうかい》」というものものしい名称で呼ばれており、周辺視野からの情報、すなわち昆虫と大差ないぼやけた画像を受け取っている。そういうわけで、人間は、たとえ道路標識やお寺や街角のパン屋を目印に場所を記憶できるにしろ、直感的には、アリと同じような方法で場所を把握しているようなのだ。人間は風景全体を把握する上で、無意識のうちに低解像度の情報をあてにしているのである。

昆虫の眼で世界を見ようとすることで、新たな発想が浮かんでくる。直感に反する奇妙なものも少なくないが、不思議なことに、そうして得られた新しい発想が、今度は人間を理解するための手がかりとなるのである。

キバハリアリに話を戻そう。なぜこのアリは、初めて外に出た際に巣の周りで踊るのだろうか？　一つ目の理由は、視覚系を調整するためだ。全方位に体を向けることで、新米の採餌アリは巣の周囲全域をしっかりと視界に収める。それにより、アリの視覚系はその環境の特徴――木々に覆われた環境なのか、まばらな茂みの向こうに地平線が見える環境なのか――に適応することができる。神経細胞間の不要な接続は消失し、代わりに別の接続が強化される。これは別に珍しいことではない。昆虫や人間を含む大部分の動物の脳は、遺伝子情報のみに基づいて発達するのではなく、環境に合わせて成長していくからだ。

二つ目の理由はとりわけ興味深い。このダンスをハイスピードカメラで撮影した研究者たちは、アリが回転中に数ミリ秒の停止を挟んでいることに気づいた。ちょうど、人間の眼球が視線を動かすときに小刻みな運動を起こすのと同じ要領である。驚くべきことに、この数ミリ秒の停止は、アリが巣の方向を向いているときにだけ生じていた。アリはほんのわずかな時間で、特定の位置から見た巣の周囲の光景を記憶していたのである。くるりと回るたびに、巣の方角を向いて一瞬止まり、新たな光景を脳に刻みつけていく。踊りが終わるころには、アリの小さな脳には数百箇所の異なる地点から見た映像が記憶されている。低解像度で世界を見ることで、場所の認識に必要な最小限の情報しか収集しないため、記憶力を無駄遣いすることもない。

このダンスの効果を検証すべく、オーストラリアの研究者たちは踊り終わった直後のキバハリアリを捕まえて、一〇メートル離れた場所に放してみた。アリにとっての一〇メートルは、人間にとっての一キロに相当する。驚いたことに、移動させられたすべての個体が正しい方角を見定め、すんなりと巣に戻ることができた。このような離れ業をやってのけるのは、儀式を終えた採餌アリだけである。あの踊りは、巣から出たばかりの新米アリたちに、知らない場所からでも帰巣できるだけの正確な記憶を授けていたのである。さらにこれは、長きにわたって役立つ知識でもある。巣ごもり前にダンスを終えたアリたちは、巣の中で冬を過ごした後も、巣の周囲の光景を完璧に覚えているからだ。アリたちはこの光景を一生忘れない。寿命にして数年間、この記憶はアリの脳裏に生き続けるのである。

卵からかえったばかりのひよこがかけがえのない母親の姿を記憶に刻むように、巣から出たばかりのアリもかけがえのない棲み家の光景を脳裏に焼きつける。ハナバチや狩りバチにも、初めて巣を離れる際に同様のダンスを踊る種が多く見られる。この儀式は、棲み家の光景を一生の間記憶しておくため、この小さな生き物たちが何百万年も昔から繰り返し実践し、継承してきた儀式なのである。

われを慕うものはわれに従え

オドレー・デュストゥール

単独で冒険に出るアリも世の中にはいるが、キッチンテーブルの上で悪さをしているアリが一匹だけであることはまずない。うっかりパンくずをテーブルに残したままにしてしまい、その近くにたまたまアリが一匹でもいようものなら、五分と経たないうちに数百匹の仲間が合流し、テーブルクロスの上をうきうきと跳ね回ることだろう。多くのアリの種に共通していえることだが、採餌アリは新しい住まいや食糧を発見したとき、家族の一部を呼び寄せるという困った癖を持っている。仲間の呼び寄せ方は、種や進化の背景によって大きく異なる。単純なものから派手なものまで、実に多彩な戦略が用いられるのだ。

フランスで「アジアのハリアリ」と呼ばれるオオハリアリ（*Pachycondyla chinensis*）は、いまやアメリカにも進出し猛威を振るう日本原産のアリで、極めて単純な方法で仲間を呼び集める。その名も「二匹乗り」である。このアリは通常森に棲んでおり、朽ち木や落ち葉や岩の下で見つけることができる。家の中では犬のエサ入れの下や植木鉢に巣を作る。コロニーの個体数は数十匹から数千匹まで様々だ。

巣は無数のトンネルが複雑に入り組んだ構造のものもあれば、数匹のアリが折り重なるようにして暮らすワンルームのようなものもある。この米粒ほどの大きさの生き物は、スリムで艶のあるこげ茶色の体に明るいオレンジ色の脚と突き出た毒針を備えており、まさに危険な任務にうってつけの装いをしている。ふんぞり返って歩きながら巣と餌場とを行き来するアリの種もいるというのに、このオオハリアリという種は地表付近をこそこそ這って移動する。好物はシロアリだが、食べられるものなら生ごみでも何でも口にする。オオハリアリの採餌行動については、詳細な研究がなされている。巣から出た偵察役のアリは、自力で動かせない重さの昆虫の死骸を見つけると、そこで諦めたりはせず、すぐさま助けを呼びに巣へと駆け戻る。巣に戻ると、餌の発見に気の高ぶった偵察役のアリは、姉妹の一匹を触角でつついて外に誘う。つつかれたほうのアリは、むやみに外の世界に飛び出していいのかしら……としばしためらうが、偵察アリの興奮が伝播したのか、やがて彼女は降参し、胸部の内側に脚を畳み込んだ蛹《さなぎ》の姿勢（人間でいう胎児の姿勢）をとる。偵察役のアリは相棒を大あごでくわえると、文字どおり餌場まで運んでいく。運ばれているアリは頭を上に向けているため、目的地に着くまでの間、存分に景色を楽しむことができる。餌場に到着すると、二匹のチームはしっかりと獲物をくわえて巣まで運んでいく。人間でいえば、買い物を手伝ってもらうために、家から数キロ先のスーパーまで家族の一人を背負っていくようなものだ……。

ムネボソアリの一種 *Temnothorax albipennis* は、これよりもはるかに楽な「二匹連れ」という方法で仲間を呼び寄せる。フランスでも見かけるこのか弱いアリは、どんぐりの中にすっぽり収まってしまうほどの小さなコロニーを形成する。一つのコロニーあたりの個体数は最大でも五〇〇匹ほどだ。探索に出た採餌アリは、餌場や魅力的な住まいを発見すると、駆け足で巣まで戻ってくる。巣の入口に辿りつくと、アリは仲間の注意を引きつけるため、かぐわしい香りを放つ化学物質を噴射する。においにつられて、この自称リーダーのもとに一匹のアリが近寄ってくる。今度はヒッチハイクではない。招集された個体は、自らの脚でリーダーの後を追わなければならない。リーダーは出発する前に、腹部と後ろ脚にアリを惹きつける例の化学物質を塗り込んでおく。このかぐわしい香りのおかげで、パートナーはリーダーの足跡を見失わずに済む。道中、後続のアリは自分がしっかりとついてきていることを伝えるため、リーダーのおしりを定期的に触角で叩く。二匹の距離が開きすぎると、リーダーは速度を落として子分をせっつく。目的地に着くまでの間、道をまったく知らない後続のアリは、単独で探索に出るアリがするように、頻繁に立ち止まって場所と道順を記憶する。それが終わると、後続のアリはリーダーのおしりを叩き、出発してもよいと合図を送る。パートナーが道を確認している間、リーダーは辛抱強く待つが、ずっと待っていてくれるわけではない。研究者たちは、道中の様々なポイントで後続のアリを誘拐し、リーダーの我慢強さを計測してみた。リーダーは、ゴール地点付近では二分近くも待ったが、スタート地点付近では一分と待たなかった。パートナーを足手まといと判断し、早々に見限ったのだ！　研究者たちがパートナーの触角を切り落として連絡手段を断ったときにも、リーダーはすぐにしびれを切らし、この落ちこぼれをほったらかしにして去ってしまった。「二匹連れ」を先導するリーダー役のアリは、仮にオオハリアリのように仲間を抱えていく「二匹乗り」の方法をとったとすれば、四分の一の時間で餌場まで辿りつくことができる。けれどもこの苦労は、餌場の位置を記憶したパートナーの活躍によって報われることになる。巣に戻ったパートナーは、今度は自分がリーダーとなって仲間を先導するようになるのだ。それにより、コロニー内での情報伝達は加速していく。この戦略は、はじめこそ面倒に思えるものの、長い目で見れば有利な戦略なのである。次からは道を教えなくても一人で買い物に行けるようになるかもしれない、あわよくば、妹にも道を教えておいてくれるかもしれない――そう期待して、家族の一人をスーパーまで連れていくようなものだ。

いかに効率的であろうとも、二匹組で行動するこれらの方法では、一度に一匹のアリしか呼び寄せることができない。この欠点を補うため、いくつかのアリの種では「集団招集」の方法が用いられている。この方法を用いれば、採餌アリは一度に五匹から三〇匹の仲間を餌場まで案内することができる。これはオオアリ属（*Camponotus*）のアリによく見られる行動だ。オオアリ属は木に穴をあけるという習性を持つため、大工アリとも呼ばれている。このアリを見分ける特徴は、側面から見て丸みを帯びた胸部、ハート形の頭部、そして……腹端のまわりに生えた毛だ（研究者たちは、この繊細なブロンドの尻毛の数を数え、分類までしている）。健康で乾いた木には滅多に穴をあけないが、朽ち木やその他柔らかい素材（たとえば建築用の発泡断熱材など）には遠慮なく穴をあけることから、このアリには悪評が絶えない。オオアリはおいしそうな餌が豊富にある場所を見つけると、巣に戻る前に化学物質で周囲に目印をつけ、目立つようにしておく。さらに帰りがてら、ちょうど人間が登山道に標識を立てるように、餌場から巣へと続く道にフェロモン（ホルモンに似た物質）の道筋をつけておく。アリはおしりを地面にくっつけてこの標識を残す。家族の待つ巣に着くと、アリは呼びかけのダンスを踊り、「食べものを見つけたからついていらっしゃい」と仲間に伝える。前後の脚をせわしなく動かすこの動作に触発された姉妹たちは、餌場までフェロモンの道を辿っていく。研究者たちが巣に戻ってきたばかりのリーダーを捕まえてダンスショーの開催を阻止したところ、仲間たちはフェロモンの道しるべには見向きもせず、巣から出ようともしなかった。また、リーダーのおしりにある小さなフェロモン分泌孔をロウで念入りに塞ぎ、餌場からの帰り道に目印を残せないようにしたところ、仲間たちはダンスを見て巣から出てきはしたものの、途中で迷子になってしまった。要するに、案内板をきちんと設置した上でダンスショーを成功させれば、家族全員がスーパーまでついてきて買い物を手伝ってくれるというわけだ。

道をたどる

オドレー・デュストゥール

続いては、誰もが一度は目にしたことがある光景の謎に迫っていく。木や歩道やキッチンテーブルの上を、目に見えない道に沿って行進していくアリたちの謎だ。実に何千種ものアリが、前述の化学物質を用いた招集方法をさらに発展させた「大量動員」の手法を採用している。これはリーダーを必要としない招集方法だ。

「ファラオアリ」とも呼ばれるイエヒメアリ（*Monomorium pharaonis*）の例を見てみよう。一大帝国の出現を予感させるこの名前は、一七五八年、エジプトにてカール・フォン・リンネ〔一七〇七‐七八、スウェーデンの博物学者。動植物を属名と種名の二語で分類する二名法を確立〕によってつけられた。リンネはこのアリが、ファラオ統治下のエジプトを襲ったバッタの大群と同じく、旧約聖書に登場する厄災の一つではないかと疑っていた。熱帯アジア原産と推定されるこのアリは、現在では南極を除くすべての大陸にその勢力を拡大している。黄色い半透明の体をした体長わずか二ミリ程度のこの生き物は、一見すると何の害もないように思えるが、厄介なことに、暖かい場所を求めて家やホテルや病院に棲みついてしまうのだ。熱帯生まれのアリにとってこれらの場所は、暖房・食事・寝床がそろった理想の棲み家なのである。二〇一四年には、アイスランドのランドスピタリ病院がこのアリに占拠された。それだけではない。一九八四年に医学誌『医療施設感染対策月報』に発表されたある研究によれば、イギリスにある病院の一〇分の一がこのならず者たちの棲み家になっているという。イエヒメアリは、食器洗い機の中、カーテンレールの内側、本のページの間、シーツの折り目などといった予想もつかない場所に卵を産みつける。一つの巣に最大二〇〇匹ほどの女王が暮らし、各々が一日に一〇〇個の卵を産む……すさまじい繁殖力である。家族が増えてくると、一部の女王は働きアリを連れて巣を離れ、近所に新たなコロニーを形成する。このように、容赦のない侵略は見えないところで着々と進行していく。六ヶ月と経たないうちに、巣の数は一〇〇を超え、七階建てのビルをまるごと占拠してしまうほどになる。おまけに、病院に棲みついたイエヒメアリは感染症の媒介者ともなりうるのだから、まったくもって厄災としかいいようがない。

ここまで繁殖が成功する要因の一つに、このアリが用いる招集戦略が挙げられる。イエヒメアリは追跡の名手なのだ。餌を探しに出たアリは、テーブルの上に置き忘れられたジャムの瓶を見つけると、おやゆび小僧〔フランスの詩人シャルル・ペローの童話の登場人物。森で迷わないように小石やパンくずを落としながら歩いた〕のように化学物質で道しるべを残しながら巣に帰還する。巣に着いても、公衆の面前でダンスを披露する必要はない。道しるべ自体が仲間を惹きつけ、大勢の採餌アリたちを巣の外へと誘《いざな》ってくれる。動員されたアリたちは、しっかりと道を辿るだけでなく、帰りがけに道しるべを補強していく。往来するアリの数が増えるほど、道は抗いがたい芳香を放つようになり、ついには怠け者のアリさえも動かすほどになる。発見から五分と経たないうちに、アリの巣とジャムの瓶とを結ぶ高速道路ができあがり、アリの数は雪だるま式に増えていく。

研究者たちは、この化学物質でできた道がどれほど持続するのかを測る実験を考案した。一見単純なようで相当な器用さが求められる実験だ。まずは巣と餌場の間に紙の切れ端を置き、三〇分ほど放置して、紙の上にアリの道を作らせる。続いて、道しるべがついた紙とまっさらな紙の二つを巣から出てきた採餌アリたちに提示して、一方を選ばせる。分岐点に差しかかったアリが道を決定し、どちらかに進み始めた時点で、研究者はこのアリをピンセットでそっとつまみ上げ、新たにフェロモンの道しるべを残させないようにする。体長二ミリのアリが相手なのだから、これは非常に危険な行為だ。アリにストレスを与えたり、つぶしたりしてしまうようなことがあってはならない。恐怖を感じたアリは、警報フェロモンを辺りにまき散らす。人間の言葉でいえば、「きちゃだめ、にげて!」といったところだろう。そうなった場合、五分と経たないうちに実験装置はアリにとっての「立入禁止区域」となり、実験は水の泡となる。またこの実験には、繊細さのほかに、列をなして巣から出てくるアリをさばく手際のよさも必要となる。この一心不乱の追いかけっこは、道しるべつきの紙とそうでないほうの紙に進むアリの数が均一になるまで続く。好き勝手な方向に進むということは、アリたちがもはや道しるべのフェロモンを検知していないという証拠になるからだ。もちろん、実験結果の信頼性を確保するためには、同じ実験をさらに二〇回ほど繰り返し行わなければならない……。

このようにして、研究者たちはイエヒメアリの作る道が一時的なものであり、一〇分もすれば蒸発してしまうことを証明した。つまり通り道をスポンジで拭《ぬぐ》ってしまえば、もうアリは戻ってこなくなるということだ――少なくともしばらくの間は。というのも、アリを追い払ってから数時間後、あるいは翌日に同じ場所を見てみると、いつのまにかこのペテン師たちは戻ってきているのである。不思議なことに、アリたちは昨日とまったく同じ道順を辿っている。実はイエヒメアリは狡猾で、短時間で消える非常に誘引性の強い化学物質で道を作ると同時に、誘引性は劣るものの最大で四八時間も持続する別の非揮発性化学物質でも道しるべを残しているのだ。そういうわけで、もしキッチンテーブルの上ではしゃぐアリを見かけたら、周囲を洗剤で念入りに掃除することをおすすめする。

イエヒメアリの情報伝達能力はこれだけにとどまらない。餌がなくなった、あるいは人間に餌を片づけられてしまった場合にも、きちんと対処ができる。餌が見つからなかった場合、このずる賢いアリたちは、帰り道に嫌なにおいのする物質を残していく。仲間に「回れ右」のメッセージを伝えるためだ。巣から出てきたアリはこのにおいを嗅ぐと、ジグザグに走り回った後、踵《きびす》を返して巣に戻っていく。

つまりイエヒメアリの作戦とは、家族にスーパーの場所と営業時間を教えることなのだ。

悪銭身につかず？

オドレー・デュストゥール

道に目印を残しておくことの問題点は、それを読むことのできるすべてのアリに情報が伝わってしまうことだ。必然的に、情報を盗み見るあくどいアリたちも現れる。中米パナマ共和国の大西洋沿岸に広がるマングローブ林には、「亀アリ」の異名を持つナベブタアリの一種 *Cephalotes maculatus* が生息している。このアリは、そうした詐欺をはたらくアリの代表格だ。この生き物は樹上で生活し、木に穴を掘る甲虫類が手放した巣穴を棲み家とする。この時点ですでにこのアリの怠惰な性格がうかがい知れるが、実は大あごが短かすぎて、自力で木に穴を掘ることができないのだ。外見はどうかといえば、突起のある背中、斑点つきの体、丸いおなかに四角い頭と、なんとも珍妙な姿である。だが何といってもまず目を引くのが、頭部を飾る深皿の形をした大きな盾だ。この奇妙なかぶりものは、生きた扉の役目を果たす。せりあがった盾の縁部分が引っかかることで、ちょうどネジの頭のように、巣穴の入口をすっぽり塞いでしまうのである。

このなんとも独創的な開閉システムの利点は、敵と味方を区別して通行を制御できる上、不審者がドアをこじ開けようとしたときには警報を鳴らすことができる点だ。ナベブタアリのいくつかの種は、頭にかぶった円形の帽子の大きさと、かつての家主である甲虫類が木にあけた出入口の大きさとがぴたりと一致する巣穴にしか棲みつかない。一方で、こだわりの薄い種のナベブタアリは、入口の穴が大きすぎても構わずそこに棲みつく。その場合、「ドア役」のアリたちが身を寄せ合って入口を塞ぐことになる。ドアになるためだけに生まれてきたというのも、なかなかつらいものがあるのではなかろうか？

またこのアリは硬い装甲も備えており、危険が迫ったときには、触角と脚をその下に引っ込めることができる。大胆さとは無縁の臆病な性格で、少しでも危険を感じると、腹ばいになって樹皮の裏側にこそこそ潜り込んでしまう。ナベブタアリはその内気さと装甲を活用し、樹上に棲むアステカアリの一種 *Azteca trigona* がつけた道しるべをまんまと利用する。そうすることで、餌を探して延々さまよう手間を省くのである。いざ餌に辿りつくと、このアリはまるで忍者のように、競争相手の目の前でこっそり食糧の一部をかすめ取っていく。しかし危険がまったく伴わないわけではない。アステカアリは樹上を探索する際、二種類の化学物質を使い分ける。一つは仲間に食糧を発見したことを伝えるための目印で、もう一つは敵に遭遇したことを知らせる目印だ。残念ながら、ナベブタアリにはこの二つのメッセージを見分けることができない。そのため、ときには天敵の懐めがけて一直線に突進していくような事態も発生する。いざ危機に直面すると、このアリは木から飛び降りる。といっても、投身自殺したわけではないので、心配にはおよばない。特殊な外皮と平たい脚のおかげで、このアリは落下速度を緩めつつ、空中で進路を変えることができるのだ。アリたちは宙を滑空しながら巣に帰っていく。

つまりナベブタアリの作戦とは、知らない人の足跡を辿ってスーパーまで行き、そこで買い物袋の半分を持ち逃げすることなのである。なお、足跡が危ない場所に続いていた場合には、マントをかぶって一目散に逃走する。

ナベブタアリは悪事を働きはするものの、盗みの最中に手をつかまれたら逃げ出すだけの礼儀はわきまえている。これに対し、インドネシアに生息する *Polyrhachis rufipes* というアリは、他種のアリが見つけた食糧を横取りする上に、文句を言われれば相手を痛めつけることも厭わない。とがった大きなトゲが体に生えていることから、このアリの仲間はトゲアリ属（*Polyrhachis*）と呼ばれている。トゲアリ属のアリは通常褐色の体をしており、腹部を中心に体の一部が金色や銀色の毛で厚く覆われていることが多い。きらびやかな毛並みをもっと近くで見ようと拾い上げたくなる気持ちはよくわかる。けれど一度指をトゲで刺されれば、二度とそんなことをする気は起きなくなるだろう。トゲアリ属は毒針こそ持たないものの、腹部の先端にあいている小さな円形の穴から蟻《ぎ》酸を噴射する。中国の薬草商人によれば、トゲアリには長寿、精力増強、筋力増加の効能があるという。もしもヒーローになりたいという願望をお持ちなら、トゲアリパウダーを買ってみるのもいいかもしれない。一〇〇グラム四〇ドルと、たいへんお買い得である。ちなみに一〇〇グラムのパウダーで、およそ二万匹のトゲアリを摂取できる。

トゲアリの一種 *Polyrhachis rufipes* は、おそらくこのアリの仲間の中でも最も醜いアリだろう。金銀の体毛はなく、代わりにニキビ跡のようなでこぼこのある不格好な外骨格が体を覆っている。鋭いトゲを別にすれば、同じ環境に暮らすマガリアリの一種 *Gnamptogenys menadensis* と見違えるほどよく似ている。とはいえ、この二種は系統学的にはまったく別のアリだ。*Gnamptogenys menadensis* は樹上で生活するアリで、毒針を持ち、化学物質で足元に道しるべをつけて仲間を呼び寄せる。目に見えないこの道はある植物へと続いており、採餌アリたちはこの植物を引き裂いて甘い樹液をすする。トゲアリはこの植物を引き裂けるだけの力強い大あごを備えていない。そのため、マガリアリがつけた道筋を辿って、招待状もなしにピクニックに同席しようとするのである。

窃盗の現場を押さえられたトゲアリは、ただちに激しい攻撃の的になる。正面衝突になった場合、トゲアリに勝ち目はない。大あごでつかまれたかと思うと、あっという間に体に毒針を打ちこまれてしまう。不幸なトゲアリは、毒の作用で体をまるめたまま動けなくなり、やがて息絶えることになる。死骸は他の餌と同じように巣へと持ち帰られ、食べられてしまう。危険な取っ組み合いになるのを避けたいトゲアリは、よって先手を取る作戦に出る。道をのんびり歩いているマガリアリに奇襲をかけるのだ。機敏で腹黒いトゲアリは、背後からそっと相手に近づくと、上からのしかかり、レスリング選手のように前脚でその胸部にしがみつく。こうすることで、敵の毒針をかわすのである。相手を地面に押さえつけたら、今度は触角でマガリアリにビンタをお見舞いする。通称「触角ボクシング」と呼ばれるこの行動は、コロニー内で支配階級のメスから受けたビンタの記憶をマガリアリの脳裏によみがえらせる。というのも、この種においてはすべての働きアリが生殖機能を有しているが、実際に繁殖を行えるのは、ボクシングで勝ち残ったたった一匹のメスだけなのだ。トゲアリはこの憐れな対戦相手の頭を殴打しながら、さらに腹部を叩きつけて猛攻を加える。全身を痛めつけられたマガリアリはたまらず降参し、腹部を地面につけて触角を後ろに折りたたんだ服従の姿勢をとる。このたたみかけるような攻撃によって、トゲアリは命取りとなる正面衝突を未然に防ぐとともに、自身の優位を確立し、念願のタダ飯にありつくことができるのである！

要するにトゲアリの作戦とは、知らない人の足跡を辿ってスーパーまで行き、その人が出てきたところを痛めつけて買い物袋を差し出させることなのだ。

第二の試練　食糧を見つけ出す

芳香

アントワーヌ・ヴィストラール

なぜアリがキッチンにある砂糖入れをあんなにも早く見つけられるのか、疑問に思ったことのある方も多いのではないか？　ここでは、餌探しに関して傑出した能力を持つサバクアリ属（*Cataglyphis*）のアリに光を当ててみよう。暑さにめっぽう強いこのアリは、不毛なサハラ砂漠を縦横無尽に歩き回っている。太陽に焼かれた数少ない昆虫を除いて、この砂漠で口にできる食べ物はない。また地面の熱ですぐに蒸発してしまうため、化学物質の道しるべもここでは役に立たない。よってサバクアリは、単独で過酷な餌探しに乗り出すことになる。

このような環境下での餌探しは、ベルギーの漫画作品《バンド・デシネ》『トルガル―星々の子』に登場するスィアチというキャラクターの冒険を彷彿させる。スィアチは「存在しない金属」の捜索を命じられる。もちろん、成功の見込みは限りなくゼロに近い。それでもスィアチが文句を言わないのは、達成までに九九九年という長い猶予を与えられているからだ。一方、サバクアリに与えられた猶予はせいぜい数時間といったところだろう。それ以上砂漠を歩き回れば、自分自身が太陽神の熱で灼かれてしまう……。

研究者たちは、このアリが砂漠でいかに効率よく食糧を見つけ出せるかを調べるため、ある実験をした。実験の内容は、体長五ミリほどの小さなバッタを焼いてサバクアリの巣から一〇〇メートルの距離に置き、アリがこの餌を見つけ出すまでにかかった時間を測るというものだ。といっても、もし見つけられれば、の話だが――巣の周囲半径一〇〇メートルの範囲とは、面積にして三万一四〇〇平方メートルであり、スタッド・ド・フランス〔フランス最大のスタジアム〕三・五個分の広さに相当する。自宅で失くした鍵を見つけるよりもよほど難しい課題である。おまけにサバクアリは体長がわずか一センチほどしかなく、目も悪いときている。

それにもかかわらず、バッタを置いてから、採餌アリが近くに現れ、死骸を拾って意気揚々と引き揚げていくまでに、平均して四分しかかからなかった。捜索範囲の広さを考えると、この所要時間はまさに奇跡のように思える。だが実際には、この実験はサバクアリにとって比較的簡単なものであったはずだ。気前よくバッタを置いてくれる研究者などいない自然環境下では、何も見つけられずに手ぶらで帰ることも少なくない。もし三万一四〇〇平方メートルの範囲にバッタの死骸が一つ転がっていたとしたら、砂漠では大猟といえるだろう。

この驚くべき結果に好奇心を刺激された研究者たちは、大がかりな機材を用いたさらなる実験に乗り出した。研究者たちが用意したディファレンシャルGPSという高性能機材は、「基準点《ベース》」、「アンテナ」、持ち運び可能な「観測点」の三部位からなり、アリが歩いた軌跡を一センチ単位の精度で正確に測位することができる。灼熱の太陽の下、研究者たちはこの重い機材を抱え、何日もかけて、砂漠を歩き回る採餌アリたちが辿る曲がりくねった道筋を一つひとつ記録していった。地元住民の不審者を見る目線にさらされながら……。調査では、ときに人の目を気にしない度胸も必要となる。苦労は無駄にはならなかった。記録されたアリの移動経路から、予想もしていなかったある事実が浮かび上がってきたのだ。狩りに出たサバクアリたちは、一貫して風下から餌に接近していたのである。反対に自分が餌の風上にいた場合、数センチの距離にあるバッタの死骸にすら気づかずに通り過ぎてしまうことさえあった。つまり、このアリたちはにおいを頼りに獲物を探しており、しかもその嗅覚は、ごく小さな死骸から立ち昇る香りすらも見逃さないほど鋭いということだ。発見はこれだけにとどまらない。なんと採餌アリたちは、気の向くままに歩いていたわけではなく、進行方向が風向きに対して直角になるよう工夫して歩いていたのだ。ヨットの操縦にたとえるならば、アリたちは横風を受けながら進んでいたのである。そうすることで、そよ風に乗って運ばれてくるにおいは、アリの進路に対して直角に広がることになる。横風を受けながら歩くことで、太陽に灼かれた昆虫のかすかな香りを検知できる確率は格段に高まるのである。においさえ感知できてしまえば、あとは風上に向かって進んでいくだけで、待望の餌にありつくことができる。風下にいる場合、サバクアリは六メートル以上も離れたところにある小さな昆虫の死骸のにおいを感知できる。研究者たちはいわばアリ界のホッキョクグマを発見したというわけだ。氷原の上にいるアザラシを見つけるため、ホッキョクグマは冷え切った空気を吸ってそのにおいを探す。砂漠と氷原という一見正反対の環境にも、なかなかどうして共通点は見つかるものだ。

その後の研究で、サバクアリが獲物を見つける際に感知する物質の正体が明らかになった。昆虫の死骸が放つ芳しい香りは、「ネクロモン」（「死のホルモン」の意）と呼ばれる数々のにおい分子によって構成されている。ほとんどの昆虫にとって、ネクロモンは嫌悪を催す物質だ（昆虫以外の動物全般にとっても同様である）。普通、死骸にはそれを食べるばい菌がうじゃうじゃ湧いているのだから、これは驚くにはあたらない。あのゴキブリでさえ、ネクロモンが立ち込める穴倉には近寄らないことが知られている。一方、狩りに出たサバクアリはこれと真逆の反応を示す。死の香りに惹きつけられるのである。研究者の間では、この行動は「死体恐怖《ネクロフォビック》」ならぬ「死体運搬《ネクロフォリック》」行動と呼ばれている。

サハラ砂漠で灼け死んだ昆虫のサンプルをいくつか持ち帰った研究者たちは、そこからネクロモンを抽出し、一五種類の主要な分子を特定することに成功した。そして再びサハラ砂漠に戻ると、今度は抽出した各分子が単体でどの程度サバクアリを惹きつけるかを検証する実験を行った。実験では、においの分子を一種類だけ溶かした溶液を吸取紙に一滴垂らして砂漠に置き、アリがこの餌を見つけられるかどうかを観察した。実験に使用した一五種類の分子のうち、四種類にアリは反応した。なかでも飛びぬけて反応が強かったのがリノール酸で、五〇匹のうち四九匹が反応を示した。さらに驚くべきことに、サバクアリは〇・二マイクロリットル、すなわち水一滴のわずか二五〇分の一の量のリノール酸を、一メートルの距離から感知してみせたのだ。

　他の昆虫と同じく鼻を持たないサバクアリは、触角によってにおいを感知する。ここで昆虫の触角を近くから、それも肉眼では確認できないほどの至近距離から見てみよう。電子顕微鏡で一〇〇〇倍に拡大して見ると、触角には「嗅感覚子」と呼ばれる無数の微細な毛が生えているのがわかる。この感覚子の一本一本には、一つないし複数の神経終末〔神経細胞から伸びた軸索の末端部分〕が含まれており、神経終末膜上には嗅覚受容体が点在している。その外見は、まるで香辛料のクローブがたくさん突き刺さったオレンジのようだ。これらの嗅覚受容体は微小なタンパク質でできており、空気中の特定の分子にぴたりと結合する特殊な形状をしている。受容体は種類ごとに異なる分子に対応しているが、各神経終末には一種類の受容体しか備わっていない。そのため、各神経終末はある特定の種類のにおい分子にしか反応しないようになっている。死骸の強烈なにおいが砂漠に広がっていると仮定してみよう。言い換えれば、リノール酸を含む種々の揮発性分子が空気中を漂っている状態である。アリが触角の先端を向けると、これらの分子は感覚子の内部へと入り込み、その分子に対応する受容体を備えたニューロンを活性化する。活性化したニューロンは、それぞれが死骸のにおいを伝える特殊な信号を脳に送る。信号を受け取った脳は、これをよだれが出るほどおいしそうなものだと解釈する（もちろん、そう解釈するのはサバクアリの脳である）。

　アリは嗅覚が非常に優れた生き物である。通常、アリの触角にはおよそ四〇〇種類の異なる嗅覚受容体が備わっている。参考までに、他の生物における嗅覚受容体の数を挙げておくと、ミツバチは一七四種類、蚊は七四～一四八種類、人間はおよそ三五〇種類（鼻孔中）である。視覚に比べて圧倒的に数が多いことがわかる。人間の眼には、色を識別するための視覚受容体がたったの三種類（赤、緑、青）しかない。にもかかわらず、人間の脳はそれらを組み合わせることで、私たちが普段目にしているような膨大な数の色を作り出している。四〇〇種類の嗅覚受容体ともなれば、それこそ天文学的な数のにおいを嗅ぎ分けられるはずだ。これはなにも昆虫に限った話ではない。人間にとって、色よりもにおいの方がはるかに種類に富んでいるのも、そのような理由からなのである。

予想に反して、サバクアリは保有する嗅覚受容体の種類がアリの中でも少ない部類に入る。その数は一九八種から二五〇種ほどだ。その代わり、一部の受容体の数が飛び抜けて多い。ひょっとすると、この受容体の偏りこそが、死骸のにおいであるリノール酸に対するこのアリの鋭敏な嗅覚の正体なのかもしれない。しかしながら、これはいまだ仮説の域を出ない。

いずれにせよ、すべての個体が巣を出た瞬間からリノール酸に興味を示すことから、このサバクアリの嗜好は「生まれつき」のものであると判断できる。だがこのアリには、新しいにおいを学習する能力も備わっているのだ。研究者たちは、灼けた昆虫とも砂漠とも無関係な三二種類のにおいを携えて、三たび砂漠を訪れた。予想したとおり、狩りに出た採餌アリたちはこれらの嗅ぎなれないにおいにほとんど関心を示さなかった。次に研究者たちは、サバクアリの大好物である甘いクッキーのかけらを山盛りにして、これらのにおいと一緒に並べてみせた。結果は歴然だった。たった一度、クッキーのかけらを見せながらにおいを嗅がせただけで、採餌アリはそのにおいを覚え、次の探索時からこれを追い求めるようになったのだ。たった一度の経験をもとに、それまで嗅いだことのないにおいと甘いご褒美とを関連づけることができたのである。研究者たちはさらに、このアリが一四種類もの新しいにおいを覚え、少なくとも二六日間にわたってそれらのにおいを記憶していられることを立証した。ところで、実際のアリの能力はこれをさらに上回る。というのも、研究者たちは二六日間しかサハラ砂漠に滞在しておらず、また時間の都合上、一四種類のにおいしか試験することができなかったからだ。本当のところ、このアリはいったい何種類のにおいを覚えていられるのだろうか？　それは誰にもわからない。けれども、現時点でわかっているアリの脳の学習メカニズムに照らし合わせて考えれば、おそらくは膨大な種類のにおいを記憶できるはずである。少なくとも、一匹の採餌アリが一生の間に出会う印象的なにおいを覚えておく分には、十分すぎる記憶力である。

というわけで、存在しない金属を捜すという無理難題を前にお手上げ状態のスィアチとは異なり、サバクアリは目的に適《かな》った手段と戦略とをあわせ持っていることがわかった。死骸のごくわずかな香りをとらえるため、サバクアリは極限まで研ぎ澄まされた「鼻」と風向きを利用する戦略とを組み合わせているのだ。これは、砂漠という環境における進化の過程で培われてきたサバクアリ固有の能力であり、巣を一歩離れた瞬間からその特性が発揮される。さらに、新しいにおいへの高い学習能力と記憶力を備えた各個体は、経験を重ねるたびに利口になっていく。ちなみに個体の学習能力については、砂漠という生息環境とは何の関係もない。アリは総じて嗅覚が非常に発達した生き物であり、どんなアリでも新しいにおいを覚えてそれを追跡することができるからだ。そう、たとえばキッチンの戸棚から漂ってくるかすかな香りでも……。

プレデター

アントワーヌ・ヴィストラール

嗅覚を活用したサバクアリの餌探しはホッキョクグマの狩りを思わせるが、なかにはトラのように獲物を待ち伏せて狩りを行うアリもいる。その代表格がインドクワガタアリ（*Harpegnathos saltator*）だ。このアリは東南アジアおよびインドの湿度が高い地域に生息している(この点もトラと共通している)。

このアリは見た目どおりの性格をしており、その全身からははっきりと捕食の意図が感じられる。頭部の大半を占めるのは、前方を向いた大きな二つの眼と、その下にある細工を施された二本の大鎌のような形をした巨大な大あごだ。学名の「*Harpe-gnathos*」(gnathos は顎《あご》・大あごの意）は、ギリシャ神話に登場するクロノスが父ウラノスの男根を切り落とすのに用いた鎌状の「湾曲剣《ハルパー》」に由来する。クワガタアリの外見は、そのような情景を連想させるということだ！　湾曲した長い大あごは、強く締めることよりも素早く閉じることに特化している。この二本の突起物の機能は獲物をすかさず捕えるためのものであって、殺すためのものではない。最終的な判決を下すのは、腹部の末端についている毒針である。裁判官が振り下ろす木槌を思わせる強烈な一撃は、獲物の体を麻痺させてしまう。下される判決は、極刑だ。というのも、一度刺されたら最後、この麻痺は二度と解けないのである。動けなくなった獲物は、食べられるときがくるまで巣の中で生きたまま保管される。このアリに比べれば、トラの方がまだ慈悲深いといえるだろう。

クワガタアリは、十分な明るさがあり暑さもやわらぐ明け方と夕暮れ時に、単独で狩りに出る。熱帯地方の草や落ち葉に覆われた地面にうまく溶け込み、わずかな動きも見逃さないよう警戒しながら、忍び足で移動する。移動中は一定間隔ごとに足を止め、いつ獲物が通りかかっても飛びかかれるよう準備万端といった様子だ。事実、インドクワガタアリは、アリの中でも珍しいある能力を備えている。それは「跳躍力」だ。優れた視力、発達した大あご、そして跳躍力——この三つが合わさることで、他のアリが捕えることのできない敏捷な獲物も狩ることができる。飛んでいるハエでさえ、このアリの餌食となるのだ。この適応により、他の昆虫が手をつけていない餌を確保できるようになったインドクワガタアリは、生態系における特別な地位を獲得した。この跳躍能力は、このアリの学名「*saltator*」〔跳躍者の意〕の由来ともなっており、実に多くの博物学者たちを驚かせてきた。古いもので一八五一年にまでさかのぼる博物学者たちの記録からも、その興奮がひしひしと伝わってくる。たとえばスイスの昆虫学者オーギュスト・フォレル〔一八四八－一九三一〕は、なんと一メートルも飛び跳ねたアリを見たと報告している。さすがにこの記録には、熱心な探検家による若干の誇張が含まれていると考えて差し支えないだろう……。

インドにあるバンガロール大学のムスタク・アリ教授が一九九二年に発表した論文には、非常に興味深い現象が記載されている。アリ教授は、自然環境下におけるクワガタアリの跳躍を八〇〇回近く観察し、正確に測定した。ちなみにその自然環境下とは、大学の敷地内にある公園のことだ。このアリがジャンプする理由は少なくとも三つあると教授は説明する。一つ目は獲物を捕まえるため、二つ目は危険から逃れるため、そして三つ目は、ある奇妙な儀式を行うためである。その儀式とは次のようなものだ。はじめに、一匹の個体が全方位に向かって繰り返し跳躍を行う。すると、近くにいるアリたちも次々と同じように飛び跳ね始める。最終的には、一帯に棲むすべてのクワガタアリがこの無秩序な集団跳躍に加わることになる。この儀式が何のために行われているのかは、いまだ解明されていない。

ここで着目したいのは、この三種類の跳躍がそれぞれまったく異なる特徴を有するという不可解な点だ。「跳躍は跳躍であり、常に決まった動きが再現される反射運動にすぎない」とも思いがちだが、実はそうではない。危険から逃れる際には、クワガタアリは通常七センチ以上、ときには二一センチもの高さまで跳ぶことがある。ところが獲物に飛びかかる際には、おおむね五センチ未満の短い跳躍を好む傾向がはっきりと見られたのである。そうなれば当然、跳躍力があるのに、なぜ遠くから獲物を襲わないのかという疑問が湧いてくるが、その答えは狩りの成功率を見ればおのずと明らかになる。跳躍幅が短いほど、狩りの成功率は高くなるのだ。二一センチの距離からだと、クワガタアリはほぼ一〇〇パーセントの確率で獲物を仕留めることができた。距離が六センチになると成功率は五〇パーセントを下回り、一二センチ以上になるともはやいかなる獲物も捕えられなくなった。それにもかかわらず、一五センチの距離から獲物に飛びかかった二匹の果敢な挑戦者には敬意を表したい（むろん失敗に終わったが）。人間と同じで、アリにも貪欲な個体とそうでない個体がいるのだろう。

短距離の跳躍が有利な理由は複数考えられる。第一に、二〇センチ以上の大ジャンプをした場合、相手に逃げる十分な猶予を与えることになる。比率で考えれば、二〇センチという距離はアリの体長のおよそ一〇倍に相当する。二〇メートル遠くから鹿に飛びかかるトラを想像すれば、いかに成功の見込みが低いかがおわかりいただけるだろう。第二に、単純な運動機能上の理由が挙げられる。長い跳躍をするにはそれだけ勢いをつけて踏み切る必要があるため、コントロールの精度が落ちるのである。ペタンク〔サークルの中から球を投げ、目標にどれだけ球を近づけられたかを競い合う競技〕でも、理論上は遠くまで球を投げられるとはいえ、やはり遠距離から相手の球を狙って弾くのは難しい。第三に、跳躍距離が長くなればそれだけ勢いがつくため、着地のコントロールが乱れがちになる。走り幅跳びと同じで、思い切り遠くまで跳んだときの着地は、小さく跳んだときと比べて姿勢も精度も乱れやすい。クワガタアリはときどき着地に大失敗する。地面を転がるその様子を、ムスタク・アリ教授は科学者らしい節度を守りつつも、「てんでバラバラな着地」と形容している。

さて、これらの要因もたしかに重要ではあるが、狩りに出たクワガタアリが大ジャンプをしたがらない本当の理由は、別のところにありそうだ。前提として、狩りを成功させるには獲物までの距離を正確に測る必要があるが、これはそう簡単なことではない。問題点を整理するため、少し話は逸れるが、人間がどのように奥行きを知覚しているかについて触れておこう。人間は物体に触れたときだけでなく、恒常的に物体と自分とを隔てる距離を測っている。私たちの眼に映る世界が三次元であるのもそのためだ。「世界が三次元なのだから当たり前だろう」と思われるかもしれないが、少し掘り下げてみると、奥行きの知覚には非常に複雑な脳の処理が関係していることがわかってくる。いまこの瞬間にも、人間の脳は思いもよらないほど多くの奥行きに関する手がかりを分析し、つなぎ合わせているのだ。どれほど多くの処理が行われているか、その概観をつかむため、ざっとそれらをここに列挙してみよう。遠近感、水晶体の調節、きめの勾配、影のつき方、運動視差、空気遠近感、物体同士の重なり、物体の相対的・絶対的大きさ、身近な物との比較、地平線上の高さ、そして両眼視による視差や収束……これらすべてが合わさって、なめらかでくっきりとした奥行きのある世界が構築されている。いま一度辺りを見渡して、視界の美しさを堪能してみてほしい。

ではアリはどうだろうか？　はっきりしたことは言えないが、いくつかの動作から、アリがどのように距離を測っているかを推測することはできる。たとえばメダマハネアリ（「森の呼び声」参照）は、葉から葉へと飛び移るときに奇妙な動きをする。跳ぶ直前にぴたりと止まり、六本の脚を葉に乗せたまま、一秒ほどの間、小さな振り子のように体を左右に揺らすのだ。このアリは「運動視差」と呼ばれる効果を実にうまく利用している。頭をこのように揺することで、奥行きを測ることができるのである。実際にやってみよう。この本を自分の正面に持ってきて、頭を左右に傾けてみてほしい。背景の壁に対して、本が左右に大きくずれるのが確認できるはずだ。車の窓から外を眺めるときに、遠くの景色が近くにあるものよりもゆっくり流れていくように見えるのは、この運動視差によるものだ。簡単にいえば、自分が動いているときには、近くにあるものほど視野内を大きく移動するのである。この「目に見える動き」から得られた物体間の距離に関する情報を脳が恒常的に解釈することで、人間は奥行きを知覚している。

運動視差の強みは、片目を失っていても機能するところだ。アリ研究の第一人者として世界的に知られるエドワード・O・ウィルソン〔一九二九 - 二〇二一、アメリカの生物学者〕教授は、あるインタビューの中で、幼少期に片目を失ったと打ち明けている。失明の数年後、彼は頭を左右に素早く揺する癖がついたことに気づいた。そのようにして、無意識のうちに奥行きの見え方を調整していたのである。ウィルソン教授とアリの共通点がまた一つ見つかったというわけだ。

とはいえ、アリには眼が二つあるのだから、次のような疑問が浮かんでくる。アリの両眼視野はどうなっているのだろうか？　多くの動物が二つの眼で、二つの異なる視点から世界を見ている。人間の場合、左右の眼は平均して六センチ離れている。この距離があることで、左右の眼はそれぞれがわずかに異なる像をとらえて脳に送っている。早速実験してみよう。この本を自分の正面に持ってきたら、左右の眼を交互に閉じて、片目だけで本を見てみてほしい。背景の壁に対して、本の像がずれるのが確認できるはずだ。網膜に映し出された二つの像のわずかな差は「両眼視差」と呼ばれ、脳が周囲の空間に奥行きを与えるための手がかりの一つになっている。物理的な原理は運動視差と同じだが、両眼を用いることで、頭を動かすことなく瞬時に奥行きを把握できる。これが立体視の仕組みだ。

人間は主にこの立体視によって奥行きを認識している。立体視は非常に正確な距離の測定を可能にする。その精度は、一〇メートルの距離から一〇センチの奥行きを測れるほどだ。距離が近ければその精度はなお高まる。片目を閉じた状態で針の穴に糸を通せるかどうか試してみれば、立体視の精度の高さが実感できるはずだ。

不思議なことに、立体視の仕組みは一八三八年になるまで解明されていなかった。この仕組みを解明したのはイギリスの科学者ホイートストンだ。ホイートストンは、実証にあたり世界初となる「立体鏡《ステレオスコープ》」を発明した。立体鏡《ステレオスコープ》とは、たまにコーンフレークのおまけについてくる赤と緑のセロハンを貼った眼鏡と似た道具だ。その原理は、同じ平面イメージをわずかにずれた状態で左右の眼に映すことで、まるで奥行きがあるような錯覚を生じさせるというものである。イブン・アル＝ハイサム（一一世紀）、ケプラー、デカルト、ダ・ヴィンチ（一六世紀）など、一部の思想家たちは奥行きの知覚と両眼視差との関係性に気づいていたが、奇妙なことに、ホイートストン以前には誰も両者を関連づけて考えなかったようだ。種々の学問と並んで視覚の研究も行っていたプトレマイオス（二世紀）ですら、立体視の発見に必要な材料がすべて揃っていたにもかかわらず、この自明とも思われる理論を見落としてしまったらしい。とはいえ、当時は多くの思想家が、目に入ってくる光ではなく目から放たれる光が視覚を構築すると考える「外送理論」を支持していた。このことについて、当時の思想家たちを非難することはできない。現代においても、時流に逆らうよりは、流行の理論に即した形でデータの収集・解釈が行われることの方が一般的だからである。

それよりも残念なのは、ホイートストンの発見から一三〇年後の一九七〇年になるまで、人間以外の動物も立体視を用いているという事実が証明されなかったことだ。おそらく誰もこの問題に関心を持たなかったためだろう。最初の実験はマカク属のサル、つまり人間に近い動物を用いて行われた。現在では、多くの種が立体視を用いていることがわかっている。特に猫やモリフクロウを対象とした研究は盛んに行われている。

例のごとく、動物に知的能力があることを認めたがらない人間の態度は、相手が無脊椎動物になればより一層強硬になる。それでも一九八三年には、ある昆虫が狩りの際に立体視を用いていることが明らかになった。その昆虫とはウスバカマキリである。

最近行われたある実験によって、このことは異論の余地がないほどはっきりと証明された。実に興味深い実験なので、ここで詳しく見てみることにしよう。研究者たちは、なんとウスバカマキリ用の小さな3Dメガネを作ってしまったのだ。フィルターの色には赤と緑ではなく、青と緑の組み合わせが選ばれた。カマキリもアリ同様、赤色を識別できないからである。研究者たちはカマキリに専用の3Dメガネを装着し、頭を下にしたさかさまの姿勢（カマキリが狩りの際に好む姿勢）でパソコン画面の前に置いた。カマキリの手が届かない位置に置かれた画面上には、緑と青の点が一つずつ表示されている。カマキリはメガネを装着しているので、それぞれの点は片目でしか見えないようになっている。点と点の距離を変えることによって、理論上はカマキリの脳が生み出す点の像の奥行きを操作することができる。研究者たちはこのように、3D映画とまったく同じ仕組みで、点が画面から飛び出して見える錯覚を作り出した。もちろん、カマキリに立体視が可能であると仮定しての話だ。昆虫界の捕食者は、モニターに映し出された映像に強い興味を示した。実験結果は目を見張るものだった。射程内に獲物がいると思わせるような形で二点間の距離を調整した途端、カマキリが鎌を繰り出したのだ。錯覚が働いている証拠である。試行のたびにカマキリは鎌を振る動作を繰り返していたが、やがて止めてしまった。毎回空振りに終わるので、混乱してしまったのだろう。

立体視が可能になるには二つの条件がある。第一に、二つの像に十分な視差が生じるよう眼と眼が離れていること、第二に、前方にある物体を二つの眼で同時にとらえられるよう、視野の一部が前方に向かって収束していることだ。事実、ウスバカマキリの眼は頭部の両端についており、前方を向いている。そして、この特徴はクワガタアリにも当てはまる。何たる偶然の一致だろうか、カマキリとクワガタアリは、ともに標的との距離を正確に把握する必要がある捕食者なのである！　つまり、クワガタアリも立体視を用いている可能性が大いにあるということだ。

クワガタアリの頭は非常に小さく、その両眼は一〜一・五ミリほどしか離れていない。クワガタアリが立体視を用いていると仮定しよう。すると、両眼の位置が近いことから、三角測量の原理に従って、近距離では奥行きを正確に測定できるが、対象との距離が大きくなるにつれ、測定精度は急速に落ちていくということになる。これこそが、二〇センチも跳躍できるこのアリがなぜ近くにいる獲物だけを狙いたがるのか、その理由を説明するもう一つの仮説である。獲物が近くにいる場合、空間内における獲物までの距離および相手の姿勢は、アリの眼にははっきりと、3Dで見えているはずなのだ。進化の過程で、食性がいかに視覚を変容させうるかを示す見事な例ではあるまいか。

無慈悲な襲撃

オドレー・デュストゥール

集団での狩りに最も長けた動物が狼だとお考えなら、狩猟技術の面から見てもそれは大きな誤りである。世界には、「団結は力なり」という表現がぴったり当てはまるアリたちが存在するからだ。

集団による狩りのお手本を見せてくれるのは、放浪生活を送るサスライアリ（*Dorylus*）の仲間だ。このアリは他にも、駆逐アリ《ドライバー・アント》、シアフ〔スワヒリ語〕、軍隊アリ、アフリカの大食いアリといった異名を持つ。その異名の多さからも、このアリの知名度の高さがうかがえるだろう。アフリカでは、サスライアリは一般に畏怖と尊敬の念をもって扱われている。一つのコロニーは、最大で二〇〇〇万匹〔五〇〇〇万匹という説もある〕の個体を擁するまでに成長する。ベルギーの人口と同程度と考えていい。ベルギー人と違うのは、コロニーに所属する個体のすべてが同じ母親から生まれている点だ。サスライアリの女王はこれまでに知られているアリの中で最も大きく、その体長は五センチにもおよぶ。女王は一年間に五〇〇〇万個もの卵を産む。次から次へと卵を排出するその様子は、まるで水を出しっぱなしにした蛇口のようである。他種のアリとは異なるたくましい体つきをしたオスは、「ソーセージ蝿《ばえ》」と呼ばれている。働きアリは濃褐色のボディに光沢のある装甲を備えており、まさにアリ界のフェラーリといった様相だ。その外皮は靴底よりも硬い。外観からもわかるとおり、このアリは百戦錬磨の恐ろしい兵士なので、むやみに近づかないことをおすすめする。

アフリカ原産のこのアリは、地中や死んだ動物の骨の中にビバークと呼ばれる仮巣を作る。ライオンが食い散らかした後のレイヨウの死骸などは、アリにとってはまさに四つ星ホテルである。コロニーは長くても数ヶ月程度しか一箇所にとどまらない。近くにあるものを手当たり次第食いつくしてしまうという、このアリの困った性質のためだ。なにせ二〇〇〇万匹の家族を養うのだから、とてつもない量の食糧がいる。巣の周囲にある餌を食べ尽くすと、サスライアリは新たな野営地を求めて数日間にわたる引っ越しの旅に出る。近所のスーパーが在庫切れになるたびに、四〇キロ離れた土地に引っ越す苦労を思い浮かべてみてほしい。

サスライアリは食糧調達のため、日々武装した襲撃部隊を派遣する。偵察役のアリはいない。無数のアリの集団が、恐るべき一筋の流れとなって、一斉に巣から飛び出すのである。このアリを近くで観察してみると、ある特徴が目に飛び込んでくる。視覚器がどこにもないのだ。単眼さえも備えていないこのアリは、まったくの盲目なのである。採餌アリたちは大あごまできっちり武装して外に出るが、餌場へと続く道を知らないため、獲物が見つかることを期待して手探りで地上を捜索する。数が多いからこそできる戦法だ。サスライアリたちは道に迷うことを恐れ、決して仲間から離れない。お互いの体が常に触れ合った状態で、前方へと進んでいく。道しるべをつけるとともに集団の統制を維持するため、地面にはフェロモンを残していく。暗がりの中、家族と一緒に狩りに出なければならないとしたら、ホラー映画の登場人物のまねはせずに、まずはお互い離れないようにすることが賢明ではなかろうか？

行列の先頭を歩くアリは、不安定な足取りで少し前進したかと思うと、すぐに下がって後続集団に混ざり、先頭を別の採餌アリに譲る。新たに先頭に立ったアリも同じように振るまう。このようにして前進する行列は、さながら土石流のようだ。隣り合うアリ同士の距離があまりに近いため、個体の判別すらも難しい。列の両側には兵隊アリと呼ばれる大型のアリが配置される。兵隊アリたちは、サーカスの軽業師のようにお互い重なり合って見事な塀《へい》を築く。塀の頂点にいる戦士たちは、来るものを脅しつけるかのように大あごを上に向けた構えをとる。行列が形になってくると、アリの通り道を囲う壁とアーケードが完成する。その様子はまるでサバンナを流れる一本の水路を思わせる。その中央を駆け抜けるのは数百万匹のアリたちだ。果てしない川のように進軍する行列は、時速およそ二〇メートルで前進し、一日に四〇〇メートルの距離を移動することができる。

ひとたび襲撃を始めると、サスライアリは遭遇するありとあらゆる動物に容赦のなく襲いかかる。昆虫であれ、爬《は》虫類であれ、逃げ遅れた生き物はこのアリの餌食になる。一つのコロニーが、一日で五〇万匹以上の昆虫を捕食するのだ！　一九世紀の探検家が残した記録によれば、かつては犯罪者をサスライアリの群れに襲わせるという残酷な処刑方法も存在したらしい。またガーナ共和国を訪れたあるアリ学者は、母親が菜園の手入れをしている隙に、木の下に寝かせておいた赤ん坊がアリに殺される事件が起きたと伝えている。アフリカ西部、ガーナ共和国に暮らすアシャンティ人たちの間には、大きな獲物を仕留めたニシキヘビが、食事を始める前にサスライアリを警戒して辺りを見まわすという民話が伝わっている。腹が膨れて動けなくなれば、サスライアリの襲撃を避けることはできない。ニシキヘビは、周囲にアリがいなければ安心して食事を始めるが、もし一匹でもアリが見つかれば、楽しみにしていた食事さえ泣く泣く諦めるという。このアリの大あごはそれほど危険なのである。指に噛みついたサスライアリを引きはがすのは至難の業だ。噛む力があまりに強いので、あるアフリカの民族などは、開いた傷口を閉じるのにサスライアリを利用しているほどである。アリにわざと噛みつかせることで、傷口を縫合するのだ。

一九世紀末、中央アフリカに位置する国バロツェランドに七年間滞在した牧師のウージェーヌ・ベガンは、その回想記の中で、サスライアリ（彼は「セウルイ」と呼んでいた）に脅《おびや》かされた日々を綴っている。「セウルイは巣も作らず、ただ食べるためだけに生きているように見える」とベガンは書いている。アリは夜間に何度もベガンを襲撃し、子ウシとガチョウと一頭の小さなロバを殺してしまった。好奇心を刺激されたベガンは、数匹のネズミを檻に入れ、サスライアリの行列の通り道に置いた。牙をむいたアリたちによる襲撃の場面を、彼は次のように描写している。「獲物に襲いかかるとき、アリはまず相手の頭部に群がり、鼻孔や目や耳に入り込む。そうして窒息した獲物を、アリはゆっくりとむさぼり食うのだ……翌日にはもう骨しか残っていない」。

医師、探検家、作家として名高いスコットランド人のデイヴィッド・リヴィングストン〔一八一三―七三〕もまた、サスライアリに関する恐ろしい記録を残している。一八六四年、彼は次のように書いている。「私たちは毎日のように、アフリカ西部で軍隊アリと呼ばれている赤みがかったアリたちと遭遇した。アリは親指ほどの幅の密集した行列をなして道を横断していた。人間や動物の例と比較しても、これほど好戦的な生き物は見たことがない。たとえ意図的でないにしろ、このアリに近づくことはすなわち開戦を意味する。数匹のアリが列から飛び出してきたかと思うと、大あごを開いて立ち上がり、間髪入れず飛びかかってくる。大あごをめいっぱい広げ、思い切り食らいついてくるのだ。狩猟の最中、気づかずにこのアリの行列を踏んでしまったことがたびたびあった。獲物の捜索に夢中でアリのことなどすっかり忘れていた私たちは、たちまち全身アリまみれになった。この鋭いあごをもつ疫病神たちは、肌に噛みつくと、体を回転させて肉を引きちぎろうとする。あまりの激痛に、どんなに勇敢な男もたちどころに尻尾を巻いて逃げ出し、肉に食い込んだ鋼鉄製の鉤《かぎ》のような大あごを引きはがそうと、一枚残らず衣服を脱ぎ捨てる羽目になる」。

地理学者・人類学者のクリスチャン・セニョボスは、その旅行記の中で、サスライアリがときに住民の敬意の対象となることを伝えている。カメルーンとナイジェリアの国境にそびえるマンダラ山地に暮らすモフ人は、サスライアリのことを「ジャグラヴァク」と呼んでいる。ジャグラヴァクとは現地の言葉で「昆虫の王子」を意味する。モフ人は、家屋に巣くうシロアリを退治するのにアリの力を借りる。サスライアリのコロニーを見つけると、モフ人はそこからアリを数千匹拝借し、ひょうたんや土器の中に入れておく。アリを連れて村に戻った村人たちは、指を鳴らしたり木片を石で叩いたりと、様々な方法でこの昆虫に敬意を表す。家長は「今日は大切なお客様がお見えだ」と告げ、シロアリを退治してくれるようサスライアリにお願いする。その際に村人たちは、夜な夜な寝ている住民や家畜の鼻に忍び込んで殺してしまわないようこの小さな兵士たちに慈悲を乞い、丁重に祈りを捧げる。それが終わると、モフ人は地面の上に赤土で描かれた円の中にアリを放つ。円からはシロアリの巣に向かって、同じく赤土で描かれた道がのびている。モフ人いわく、サスライアリの仕事を直接見たことはないが、二、三週間もすれば、シロアリもサスライアリもきれいさっぱりいなくなってしまうとのことである。

待ち伏せ

アントワーヌ・ヴィストラール

獲物が向こうからやってきてくれるのなら、わざわざ狩りに出向く必要はない。これこそが、デコメハリアリの一種 *Ectatomma ruidum* の哲学である。歯の先端まで徹底的に武装したアフリカのサスライアリとは異なり、このアリの外見は華々しいものではない。体は茶色く、体長は大きくても九ミリ程度、平凡な大あごとありきたりな眼を備えたデコメハリアリには、これといって目を引く特徴がない。哺乳類にたとえるなら、さしずめキツネといったところだろう。というのも、これから見ていくように、このアリは体格こそ平凡だが非常に頭が切れるのである。

その証拠に、デコメハリアリは生態学的に大きな成功を収めた生物の一例となっている。湿潤な森林であれ、サバンナであれ、沿岸部であれ、このアリは熱帯アメリカ地域のいたるところに生息している。コロニーは五〇匹から二〇〇匹ほどの個体で構成され、比較的容易に見つけることができる。場所によっては、一ヘクタールに一万一二〇〇個もの巣が密集していることもある。一平方メートルあたりに一個以上の巣がある計算だ。キツネ同様、成功の秘訣は特化した能力にではなく、そのご都合主義にある。多様な生態系の中で生き抜いていくためには、適応力を高める必要があるからだ。たとえば、このアリの食性は地域や季節によってがらりと変わる。このアリは基本的には肉食性だが、自分の三倍も体重がある大きなコガネムシから、一〇分の一の重さの小さな幼虫まで、実に様々な獲物を巣に持ち帰ってくる。獲物が生きていようが死んでいようが意に介さない。餌は自力で見つけ出すこともあれば、他のアリから奪い取ってくることもある。デコメハリアリは、見つけたものは何でも持ち帰るのだ。それ以外に、採餌アリたちは種子や果実や花蜜なども集めてくる。こうしてタンパク質に加え、少量の糖分を補給するのである。この狩猟・採集家たちはあらゆる土地に適応できるが、地表を離れることはできない。地に足のついた生活を好むからか、樹上に進出しようとはしないのである。おそらくはそこが、このアリの欲望の歯止めとなる唯一の境界線なのだろう。

その適応力の高さから、このアリのコロニーを「人造地」、すなわち牧草地やコーヒー・カカオ・トウモロコシ農園といった、人間の手で整備された場所で見かけることも珍しくない。ついでに言っておくと、種子を拡散させ、寄生虫の繁殖を未然に防いでくれるこのアリの働きは、農作物の病虫害を防ぐ重要な防除効果を農業生態系にもたらしている。

だが、このような柔軟性はどのようにして獲得されたのだろうか？　多くの研究が、デコメハリアリの行動には大きな個体差があることを示している。通常、このアリは単独で狩りをする。視力が弱いため、一～二センチの距離にまで近づかないと獲物を見分けることができず、その上動いている相手しか視認できない。そのため、この昆虫は狩りの際には、ゆっくりとした足取りで蛇行しつつ、横に大きく広がった触角で周囲を探りながら進んでいく。その様子は目隠し鬼で遊んでいるようにも見える。片方の触角が標的に触れると、それまで和やかだったゲームの様相は一変する。採餌アリは標的に向き直り、触角でしっかりとその位置を捕捉すると、大あごを開いて捕獲しにかかるのだ。アリが次にとる行動は相手の大きさにより変わってくる。獲物が軽い場合、アリは相手を持ち上げると、体を折りたたむようにして脚の間から腹部を覗かせ、下方から毒針の一撃をお見舞いする。獲物が重く持ち上げられない場合でも、アリは一向に動じることなく相手をつかんだままわき腹を刺そうとする。

熱帯地域におけるデコメハリアリの狩猟行動を分析した研究者たちは、このアリの攻撃方法が個体の経験に大きく依存していることを発見した。たとえば、シロアリの兵隊アリから反撃を受けるといった嫌な体験をした個体は、それ以降、獲物に毒針を刺す際に著しく慎重になる。一部のアリなどは、触角と前脚を後方に折り畳んで相手の射程外に置くことで身を守ろうとする。このアリたちは、生まれつき備わった一定の行動基準に従うだけでなく、新たに物事を学習するのである。

デコメハリアリは即興にも長けている。たとえばいましがた引き合いに出したアリの個体は、競争相手の巣に忍び込んで食糧庫を荒らしたりもする。それよりも大胆で小細工を嫌う別の個体は、たとえ相手が自分の二〇倍も重いゴキブリであろうと、平然と攻撃を仕掛ける。ゴキブリは反応が速く、デコメハリアリの最高速度を一〇倍も上回る秒速五〇センチ以上の速さで移動する。人間の尺度に置き換えれば、身長六メートル、体重一・五トン、最高時速二〇〇キロで走る通りすがりの化け物に突撃するようなものだ。通常、ゴキブリはアリに噛まれると全力で走り出すが、アリは振り落とされずにしがみついていられる。危機を察知し逃げまどうこの巨大な獲物に激しく揺すられながらも、経験豊富な個体の多くは、ゴキブリの胸部と脚のつなぎ目にある外皮が最も柔らかい部分めがけて正確に毒針を打ち込むことに成功する。一分もすれば、疲労と毒で弱った獲物は動けなくなり、その場にくずおれてしまう。見事な戦果だ。

続いてある特徴的なコロニーに目を向けてみよう。特徴的というのは遺伝的な差異のことではなく、その生息環境のことだ。このアリたちは、体長五ミリほどの小さなコハナバチ科のハチ *Lasioglossum umbripenne* が棲む地域に暮らしている。コハナバチの仲間には二〇〇〇種以上もの多様なハチがいる。海外県を除くフランス国内に生息するコハナバチはすべて単独性だが、世界にはミツバチのように複雑な社会を形成する種も存在する。*Lasioglossum umbripenne* は中米の開けた土地に暮らしており、コロニーは一匹から一〇〇匹ほどの個体で構成される。巣は地中に作られ、こんもりとした砂山の中央にあいた一つの穴がその出入口となっている。穴は一度に一匹がやっと通れるほどの大きさだ。採餌バチは花粉と花蜜を集めるため、一日中巣を出入りする。この小さなハナバチは、一箇所に固まって巣作りをすることもある。ときにはテニスコートほどの広さの土地に数千個もの巣が集まっていることもあり、巣の密度は一平方メートルあたり三〇個にも達する。このような場所は、コハナバチを狩る昆虫にとっては格好の餌場である。果たして、コハナバチの巣が密集している地帯にぽつんとデコメハリアリの巣が紛れていることがある。まさに鶏小屋に棲みついたキツネといったところだ。

研究者たちは、同じ土地に棲むデコメハリアリとコハナバチの関係を調査すべく、一路パナマ共和国へと向かった。最初に研究者たちを驚かせたのは、コハナバチに混じって暮らすデコメハリアリのコロニーの方が、通常のコロニーと比べ、平均して三倍も個体数が多かったことだ。何を隠そう、このアリたちは食べ物に困っていなかった。通常であれば、狩りに出た採餌アリの八匹に一匹しか餌を持ち帰れないところ、コハナバチに混じって暮らすアリの場合、二匹に一匹が獲物を仕留めて巣に持ち帰ってきていたのだ。言うまでもなく、獲物の大半はコハナバチである。狩りを成功させるため、この機転が利く小さなアリたちは新たな狩猟方法を発展させてきた。それこそが「待ち伏せ」である。

待ち伏せには非常に特殊な技術を要するため、これを実践するのは一部の個体だけである。巣から出てきたデコメハリアリが待ち伏せをしにいく個体かどうかは一目で見分けられる。待ち伏せのプロは、他の採餌アリたちがするように獲物を求めて周囲をくまなく捜索するのではなく、まっすぐコハナバチの巣を目指すからだ。一般に待ち伏せという行動の特徴は、重要な地点に腰を据えて獲物が通りかかるのをじっと待つことにあるが、デコメハリアリの行動はこの特徴にぴたりと当てはまる。コハナバチの巣の前に陣取り、獲物がやってくるのをひたすら待つのである……。

研究者たちは、一五〇〇件以上もの待ち伏せの事例を辛抱強く観察した。驚くべきは、アリの行動の多様さである。なんと待ち伏せの戦略は、個体ごとに異なっていたのである。ある個体は巣穴の入口から二センチほどの位置に陣取ると、地面に伏せて大あごを開き、触角を巣穴の入口に向けて、コハナバチが現れたらいつでも飛びかかれる体勢をとった。わざわざそのような構えをとらず、六本脚で立ったまま楽な姿勢で獲物を待つ個体もいた。また別の個体は、さらに巣穴の入口に近づき、左右の触角を穴の両側に沿わせた状態で獲物を待った。三者三様とはまさにこのことだ。

待ち伏せで最も難しいのは待つことである。デコメハリアリは一箇所で待ち続けようとはしない。それどころか、六秒もすればもう飽きて移動してしまう。そのため、待ち伏せの八割は、コハナバチが巣に帰ろうと思い立ちすらしないうちに終わってしまう。どうも我慢が得意なアリではないらしい。しかし、だからといって負けを認めたわけではない。ほぼすべての場合において、一つの巣穴を離れたアリは、別の巣穴の入口に移動して同じ行動を繰り返したのだ。この行動は必要なだけ繰り返され、その回数はときに五〇回にもおよんだ。一箇所で長く待たないのは、忍耐力の欠如が原因というよりは、むしろ戦略の一環なのだろう。川釣りと同じで、釣れない場所でじっと待つよりは、ちょこちょこ場所を変えた方がいい結果につながるのだ。いずれにせよ、コハナバチの巣はいたるところにある。

ようやくコハナバチが巣に戻ってきたと思っても、待ち伏せをするアリの勝負はまだ始まったばかりである。ハチは移動速度が速く、矢のような勢いで巣穴に飛び込んでくる。それに加え、ハチも無策ではない。多くのコハナバチは待ち伏せする捕食者の存在に気づき、捕まらないよう様々な手段を行使する。素早くジグザグに飛行してから巣穴に飛び込むハチ、アリの背後から巣穴に近づこうとするハチ、遠くに着地して地上から巣に戻ろうとするハチ、あるいは単純に地上に降りてこないハチもいる（これが最も安全な作戦だ）。コハナバチがこのように多様な行動をとることから、アリも攻撃手段を一つに限定せず、さらなる戦略を生み出していくことになる。たとえばコハナバチの出現に気が高ぶったある個体などは、宙を舞うハチを捕まえようと、ハチが近くを通るたびに向きを変えてその後を追っていた。このアリが空《むな》しい努力を続けている隙に巣穴に飛び込むハチもいたので、この作戦は明らかに失敗である。これとは反対に、ハチの動きに惑わされず巣穴の入口で待ち受けるアリもいたが、背後から近づいてくるハチに対しては無力だった。完璧な戦略などないのだ。数は多くないもの の、なかには巣穴から出てくるハチを狙うアリもいた。巣穴の入口の両側に左右の触角を沿わせて待つアリたちがこれに該当する。この戦術を用いる珍しい個体は忍耐力にも長けていた。通常の待ち伏せが平均して六秒しか持続しないのに対し、このアリたちは平均して八秒間、一箇所で待ち続けたのだ。これらの事実が、獲物と捕食者という関係性の複雑さと、両者が発揮する柔軟性の高さを見事に証明している。最終的に、デコメハリアリの待ち伏せは九割以上が失敗に終わり、アリたちは別の場所での再挑戦を余儀なくされる。川釣りと同じで、一度バレたらもう目はないのだ。

コハナバチの捕獲に成功した残りの一割の例を見てみよう。ハチを捕まえたら次に毒針を刺さなければならないわけだが、これも一筋縄ではいかない。コハナバチは体が軽いため、一部のデコメハリアリは普段どおり獲物を持ち上げて下方から毒針を刺そうと試みる。これが大きな間違いだ。コハナバチは激しく動き回り、およそ五割の確率でデコメハリアリの手から逃れてしまう。ここでもアリは通常の狩りとは異なる行動を見せ、研究者たちを驚かせた。一部のアリは、相手が軽いからといって持ち上げたりはせず、コハナバチを六本の脚でがっちりと押さえ込み、動きを封じた状態で毒針を打ち込もうとしたのだ。この方法による狩りの成功率はほぼ一〇〇パーセントだった。獲物を運搬しやすい体勢に持ち直そうとアリが一時的に拘束を緩めれば、まだハチにも逃げられるチャンスは残っている。だがコハナバチにとっては不幸なことに、過去にハチを逃した経験のあるアリは二度とそのようなへまをおかしたりはしない。手練れのアリは、ハチに一縷《る》の望みも与えないようがっちり拘束したまま巣へと運んでいく。

最後に、数は少ないながらコハナバチの巣穴に頭を突っ込んだ個体もいたことを述べておこう。この行動は明らかに非効率な上に、とても危ない。この行為におよんだ無謀なアリたちの二匹に一匹は、突然弾かれたように巣穴から頭を引き抜くと、その場で数秒間のたうち回った挙句、腹部を引きずりながらやっとのことで巣まで帰っていった。コハナバチに刺されたと思われるこのアリたちは、その日一日巣から出てこなかった。デコメハリアリはこのようにして物事を学んでいくのである。コハナバチの巣穴に頭を突っ込む行為からは、この個体が狩りの初心者であることがうかがえる。新米アリによる愚行か、あるいは少なくとも待ち伏せに不慣れな個体が従来の狩りの手法を試した結果だろう。

研究者たちはさらに、経験の浅いこれらの個体が、コハナバチに毒針を刺そうとして普段の狩りと同じ姿勢をとったり、獲物を運ぶ前に拘束を緩めたりする傾向があることを発見した。いずれも初心者にありがちなミスだ。結局、これら新米アリによる狩りの成功率は、巣穴に頭を入れなかった（入れてはならないことを学習した）個体の半分程度だった。

ご覧のように、野外でのアリの観察は、この小さな生き物が持つ驚くべき柔軟性を明らかにしてくれる。各個体は狩りのたびに学習し、一つひとつの体験を関連づけることで、専門的な能力を身につけていくのだ。その行動からは数々の学習能力が読み取れる。たとえば、こんもりとした砂山からハチの存在を連想すること、コハナバチの巣穴に頭を突っ込むといった不毛かつ危険な行為は思いとどまること、過去の経験から獲物の種類によって対応を変えること——ある相手と闘うときには触角を後方に折りたたみ、別の相手と闘うときには六本脚でしっかりと体を押さえつける——などである。何よりも不思議なのは、このアリが待ち伏せの時間を正確に測れることだ。実際、周囲の環境に何か変化が起きたわけでもないのに、六秒から八秒経つとアリたちは決まって待ち伏せを止め、移動し始める。一体この小さな昆虫の脳は、どのようにしてこうも正確に時間の経過を把握しているのだろうか？いまのところ、この疑問に対する答えは見つかっていない。

全体で見れば、待ち伏せを行うアリの日々は失敗の連続である。一回の待ち伏せの成功率は五パーセントにも満たない。以前紹介したクワガタアリのような、狩りの成功率が八割に達する特化した捕食者とは比較にさえならない。だがこれも川釣りと同じで、成功の秘訣は反復にある。一日の終わりには、待ち伏せに出た個体の八割が戦果を携えて戻ってくるのだ。おまけに、一回の任務には平均して一五分とかからない。この特殊な環境下でデコメハリアリのコロニーを維持していくには、十分すぎる効率である。

なぜこれほど多くのコハナバチが集まる餌場を専門に狙う捕食者がいないのか、その理由を考えてみるのも面白いだろう。風景に完璧に溶け込むことができ、待ち伏せに必要な感覚と形態とを兼ね備え、コハナバチを確実に仕留められる素養を生まれつき身につけている捕食者、そのような生き物がいてもなんら不思議はないのに、なぜ存在しないのだろう? その理由はおそらく、コハナバチが年中同じ場所にいるわけではないからだ。コハナバチは一年のうち四、五ヶ月しか活動せず、しかも毎年新たに巣を作り直す。巣の場所も同じであるとは限らない。コハナバチの待ち伏せに特化した捕食者がいたとしても、コハナバチの居場所が定まっていない以上、その生存は危ぶまれる。つまり、コハナバチの巣という格好の餌場を活用できるのは、「ハチがいなくても生きていけるが、もしいるならばおいしくいただいてしまおう」と考えるご都合主義者に限られるわけだ。デコメハリアリは、コハナバチがいなければ別の餌を探す。待ち伏せに出かけたアリでさえ、矛先を変えることがある。もし運命が別の標的を採餌アリのもとに送り込んだのなら、この待ち伏せのプロは予定を変更してでもそちらを襲いに向かうだろう。目の前のいかなるチャンスも逃してはならないのだ。

ここまでくれば、キツネ同様に何の変哲もないデコメハリアリの外見にも納得のいく説明が見出せる。状況に応じて行動を変える戦略には、複数の機能を備えた体が不可欠なのだ。翌日の状況がわからないときには、巨大な金切りノコギリよりも万能ナイフの方が頼りになる。一つの目的に特化した道具ではないが、その分幅広い状況に対応できるからだ。もちろん、柔軟な思考を持ち合わせていることが前提である。

罠

オドレー・デュストゥール

待ち伏せによる狩りは集団でも行うことができる。ただしその場合、獲物を取り逃すようなへまをしないよう、ちょっとした連携が求められる。

南米の熱帯林には、アステカアリの一種 *Azteca andreae* が棲んでいる。このアリは、トランペットツリーとも呼ばれる植物セクロピアと密接な共生関係にある。ハート形の頭部をした体長一センチにも満たないアリだが、そのかわいらしい見た目とは裏腹に、ずる賢くて好戦的な性格をしている。アステカアリはセクロピアの内部に巣を作る。セクロピアの茎は空洞になっており、アリたちはこの植物の節と節の間に暮らしている。節間《せっかん》には仕切りがあり、ちょうどマンションのように部屋が分かれている。ある部屋は食糧貯蔵庫、ある部屋は幼虫を育てる新生児室、ある部屋は働きアリたちの休憩室といった具合に、アリたちはこれらの空間を使い分けている。

豪華な住まいを提供してもらう代わりに、アステカアリはボディーガードの役目を買って出る。茎や葉の上を二四時間体制でパトロールして、セクロピアを侵入者の手から守るのだ。パトロール中に不審な虫に出くわした場合、アリたちは鋭い大あごを構えてすぐさまこの虫に襲いかかる。侵入者が手強いときには、アリたちは警報フェロモンをまき散らし、現場付近を巡回中の別のパトロール隊員に応援を求める。度重なる攻撃にも相手がひるまない場合には、アリはおしりを高く持ち上げ、嘔吐物と腐ったバターが混ざったような悪臭を放つ化学物質を噴射する。この吐き気を催させる臭いに包まれれば、どんなにしつこい虫であろうと、たちどころに尻尾を巻いて退散する。

アステカアリはセクロピアが発する救助信号にも反応する。セクロピアの葉は虫にかじられると揮発性の化学物質を放出し、近くにいる採餌アリに危機を伝える。大食いのベジタリアンが来ていることを知らされたアリは、フェロモンで道しるべをつけながら、仲間を呼びに急いで巣まで戻る。急報を受けて巣から飛び出したアリの一団は、大急ぎでフェロモンの道をさかのぼると、不届き者を探して被害現場付近を捜索する。

セクロピアはアリにとって快適な隠れ家であるとともに、食事処でもある。茎と葉柄《ようへい》の継ぎ目の部分には、トリチリウムと呼ばれる毛に覆われたアリ専用の部位があり、そこから分泌される糖分豊富な食事を、アリは好きなだけ食べられるのである。また葉の裏面からは、脂質を多く含んだ半透明の小さな玉が分泌される。しかしながら、栄養バランスを整え、幼虫の旺盛な食欲を満たすには、どうしても新鮮な肉がいる。植物の蜜にはタンパク質がほとんど含まれていないため、アリたちは別の方法でこれを調達しなければならない。

アステカアリは待ち伏せの名手だ。獲物を捕えるため、アリたちは相手から見えない葉の裏面に隠れると、葉の縁に沿って横一列に並び隊列を組む。そうして待ち伏せの態勢を整えたら、いつでも飛びかかれるよう大あごを開けて、辛抱強く獲物を待つ。一枚の葉の裏に数百匹のアリが待ち構えていることもある。葉の裏に生えた繊毛の輪に鉤《かぎ》型の爪を引っかけることで、アリたちは重力に逆らっていつまでもぶら下がっていることができる。驚くべきことに、一九五〇年代にスイスの工学者ジョルジュ・ド・メストラルがマジックテープを発明する以前から、アリたちはこの原理を利用していたのだ（商標名の「ベルクロ」は、ビロードを意味する「VEL」と鉤を意味する「CRO」の合成語である）。獲物が葉の表面に降り立つと、振動によってそれを感知した数匹のアリが姿を現し、標的の脚を引っ張って空中に逆さ吊りにする。葉に脚を引っかけて体を支えたアリたちが相手を宙吊りにしている間に、他のアリたちはこの不幸な獲物を解体していく。この戦略の特筆すべき点は、ある研究者たちの手で明らかにされた。アリの体重が一ミリグラム程度でしかないのに対し、獲物の体重はなんと一〇グラムにおよぶこともあるというのだ。実に一万倍の重さである。アリの力を測定するため、研究者たちは先端に昆虫や硬貨を結びつけたナイロン糸を用意し、待ち伏せしているアリをくすぐってこれに食いつかせるという実験を行った。その結果、貧弱な見た目をしたこの生き物が、自分の体重の実に七〇〇〇倍もある一〇セント硬貨を単独で支えられることが判明した。人間でいえば、両腕でシロナガスクジラ三頭を支えているようなものだ。しかもその間、宙吊りになったクジラには一〇〇人ほどの仲間が群がって、解体作業に励んでいるのである。

なかには獲物を捕えるために創意工夫を凝らすアリもいる。ある生物学者のチームが発表した論文には、アリが建設する精緻《せいち》を極めた罠の事例が記載されていた。ジュズヒゲアリの一種 *Allomerus decemarticulatus* は、オレンジ色をした体長二ミリほどの半透明のアリで、全身に白っぽい毛が生えており、比較的おとなしそうに見える。だが見た目に騙されてはいけない。南米原産のこのアリには、拷問アリという異名がつけられているのだ。このアリは中世の拷問部屋を思わせる罠を建設するのである。クリソバラヌス科の植物 *Hirtella physophora* の上にしか生息しないこの生き物は、そこに大きな獲物を捕えるための罠を設置する。アリたちはまず、植物に生えた毛、菌類の菌糸体、吐き戻した自身の唾液を材料に、回廊を建設する。ガラス繊維にも似た材質の菌糸は、罠の構造を補強するのに欠かせない重要な材料だ。菌糸のもとになるケートチリウム目（Chaetothyriales）の菌類は、植物上に自生する種ではなく、拷問アリが母親から受け継いで大切に栽培してきたものである。端的にいえば、植物が土台とレンガを、菌類が漆喰《しっくい》を、アリが労働力を提供することで、一つの罠が建造されるのである。

回廊が完成すると、アリはそこに複数の小さな穴をあけ、大あごを開いた状態でその後ろに潜む。その姿は銃眼の後ろで見張りに立つ射手にも似ている。アリたちは穴の後ろで辛抱強く獲物を待ち受ける。通常であれば、昆虫はこの植物の茎を覆う尖った毛を嫌って寄ってこないが、アリたちは罠の建設時にこの毛を抜き取ってしまうことで、いかにも安全に着地できそうな滑走路を作り上げ、獲物を巧妙にそこへ誘導する。いざ昆虫が罠に降り立つと、アリはすぐさま獲物の脚と触角を押さえつける。はりつけにされた獲物は、まるで拷問用の車輪にくくりつけられたかのように身動きが取れなくなる。アリたちは無防備な獲物によじ登ると、相手が完全に麻痺するまで、噛みつきや毒針による攻撃を加える。続いて獲物は刺身のように細切れにされ、食糧として巣に運ばれていく。この作戦のおかげで、採餌アリたちは自分の体重の一八〇〇倍もある大きな獲物でさえも捕獲することができる。不思議なことに、拷問アリたちは獲物を捕え、押さえつけておくことにかけては一流だが、罠から出て獲物を解体しにいく段になると、驚くほど詰めが甘い。その結果、手足を失った獲物に逃げられてしまうことも珍しくない。せっかくバッタを捕まえたのに、脚一本で我慢しなければならないこともある……とはいえ、自分の体の一二倍もある大きな脚なのだから、空腹を満たすには十分だろう。

第三の試練　食糧を育てる

恵みの収穫

オドレー・デュストゥール

罠猟はコロニー全体に食糧を供給するための有効な手段だ。しかし、獲物が少ない時期や天候が崩れたときには、餌が足りなくなる可能性がある。食糧の供給を絶やさないようにするための方法の一つは、自分たちで食物を育ててしまうことだ。人間はいまからおよそ一万年前の新石器時代に農耕を始めた。農耕は、人間に限らず多くの生き物の暮らしを一変させた。だが庭仕事のために狩猟・採集生活を手放したのは、ホモ・サピエンスだけではない。なんとアリは、五〇〇〇万年以上も昔にこの転換を遂げていたのである。アリの農業形態は、単純な種まきから集約型の栽培まで多岐にわたる。

シュウカクアリ属の仲間 *Pogonomyrmex badius* は、別名フロリダ収穫アリとも呼ばれるアリで、体長は七～九ミリメートル、体色は赤く、あごひげが生えている。長く伸びたあごひげは、小さな種子や砂を運ぶのに役立っている。少し話は逸れるが、このアリには赤色をしたアリにまつわる世間の風説を裏切らないある特徴がある。このアリに刺されると激痛が走るのだ。昆虫学者デイヴィッド・レイの体験談（一九三八年）をご紹介しよう。「数匹のアリが私の手首を刺してきた。その数分後、刺された箇所から直径五センチほどの範囲に強烈な痛みが生じた。肌が赤黒くなったかと思うと、まもなく粘性の体液を含んだ水ぶくれが現れた。腫れあがった箇所は焼けるように痛み、耐えがたい激痛が日暮れまで続いた」。

　虫に刺されたときの痛みを数値化し、比喩を交えた解説を加えたシュミット指数というものがある。その生みの親であるジャスティン・シュミット〔一九四七－二〇二三、アメリカの昆虫学者〕は、このアリに刺されたときの鋭い痛みを「和らぐことのない苛烈な痛み」と表現している。その痛みは「電動ドリルで巻き爪をほじくられる」痛みに匹敵するとのことだ。とはいえ、このアリは非常におとなしい性格なので心配はいらない。それこそ巣の上でサンバでも踊らない限り、このアリに刺されることはないだろう。

　フロリダ収穫アリは、イネ科の植物が多く生えた砂地に暮らしている。巣は簡単に見つけることができる。理由はわからないが、巣の周りには小枝と、ムカデの糞と、炭のかけらが落ちているからだ。巣の深さは二メートルに達し、部屋の数は一〇〇を超える。部屋と部屋を結ぶのは、エレベーター昇降路《シャフト》のようなたった一本の通路だ。上層部には採餌アリたちの部屋があり、その下には三〇万粒の種子を保管しておくことのできる穀物庫がある。最も安全な最下層には、女王と幼虫と世話役のアリたちが住んでいる。人間でいえば、カブレスピンヌ洞窟〔フランス南部オード県にある天然の大洞窟〕と同じくらいの深さ（二五〇メートル）の地下構造物を建設するようなものだ。驚きなのは、このように複雑な住まいを建設するアリたちが、多いときで年に四回、巣から四メートルほど離れた場所に引っ越しをすることだ。その理由は謎である。引っ越しの際には、巣の周囲を飾る炭のかけらとムカデの糞も一緒に運ばれる。信じられないことに、巣を建設し、幼虫を移動させ、装飾品を配置し直すまでには、わずか六日ほどしかかからない。三ヶ月おきに五〇〇メートル離れた場所に新居を建てて引っ越す、そんな暮らしが人間に想像できるだろうか……。

巣の周囲を探索する採餌アリたちは、一時間に六〇個のペースで種子を拾い集め、穀物庫に保管していく。コロニー内で最も体の大きな個体たちは、粉ひき器の役割を務める。種子を砕いて咀嚼《そしゃく》し、パンを作るのだ。できあがったパンはコロニーのアリたちに配られる。*Pogonomyrmex badius* の巣を二〇〇個以上調査した研究者たちは、このアリがあらゆる大きさの種子を集めてくるものの、砕いて食糧にするのは幅一・五ミリ以下の小さな種子だけであることに気がついた。小さな種子といっても、人間の尺度に置き換えればココナッツほどの大きさになる。しかもそれを歯で砕くのである。このような仕分けの帰結として、収穫アリの穀物庫には大きな種子がどんどん積み上がっていくことになる。これらの種子は、収穫アリの大あごをもってしても噛み砕けないほど硬い種皮に守られており、食糧にすることができない。なかにはアリの体長の半分に相当する幅四ミリの種子も見られる。これらの食べられない種子は、備蓄全体の五〇パーセントを占める。だがほとんど使い道がないのであれば、なぜアリたちはこれらの種子を集め、備蓄しておくのだろう？　実はこの賢いアリたちは、巣の中で種子が発芽するのを待っているのである。穀物庫の環境は、温度・湿度ともに発芽に最適な条件を満たしているのだ。発芽が始まると、種はひとりでに割れる。種皮に穴があきさえすれば、アリたちはこの巨大な種を細かく砕いて、たくさんの小さなパンを作ることができる。我慢ができればいつか願いは叶うのだ！

けれども、もし種子を食べないでおくことで新たな植物が育つとしたら、食べてしまうのは少々もったいない。北米に生息するアシナガアリの一種 *Aphaenogaster rudis* のか細い肩には、多くの植物の命運がかかっている。にもかかわらず、このアリには環境保護活動家というよりはむしろつらい感染症を思わせる学名がつけられているのだから、釈然としない。このアリは朽ち木に巣を作る。北米の森の一部では、一平方メートルの範囲に一つ以上の巣が見つかることもある。すらりと伸びた長い脚と引き締まった細い体が特徴のとても美しいアリだ。体長は大きくても四ミリほどで、その体は赤みがかったこげ茶色をしている。このアリたちは、パリ・オペラ座バレエ学校の生徒よろしく種子を探して林床をちょこちょこ駆け回る。

このアリは、ふっくらとした突起部のある種子だけを選んで集める。エライオソームと呼ばれるこの突起部には、糖分、タンパク質、脂質が豊富に含まれており、種子を拾って巣に戻ってきたアリは、この突起部を切り離して幼虫に与える。エライオソームを分離してしまえば、もうこの種子に食糧としての価値はない。皿に残ったアンズの種《たね》と同様、ただのごみとみなされる。アリは本能の声に従って残った種子をくわえると、巣から一メートルほど離れた場所まで運び、地面に放置する。アリの巣周辺の土壌は豊かであることが多いため、蒔《ま》かれた種は生育に最適な環境下で発芽し、成長していく。アシナガアリは、北米の森林で作り出される種子の三分の二近くを回収している。仮に森からこのアリがいなくなったら、ある野生種の花は数が半減してしまうといわれている。理由は単純で、種子には足が生えていないからだ。両親の足元で発芽しないようにするためには、誰かに運んでもらわなければならない。現在、一万種以上の植物が種子の散布をアリに頼っている。なかでも有名なのはスミレだろう。ただし、タダでというわけにはいかない。アリに運んでもらうためには、種一粒につき一枚の切符がいる。それこそが、栄養価をたっぷり含んだ突起部、エライオソームなのだ。しかし、なかには切符を偽造しタダで運んでもらう植物もいる。小さくてかわいらしい花をつけるユリ科の植物プシュキニアもその一つだ。それらの植物の種子は、エライオソームにそっくりな化学信号を発する。こうしてまんまと切符の偽造に成功した植物の種子は、アリに回収・保管された後、森に散布される。残念ながら、アリの手元には何も残らない……。

研究者たちはさらに、意図して植物を育てるアリが存在することを突き止めた。オモビロルリアリの一種 *Philidris nagasau*（上流社会で見かけそうな立派な名前である）は、三〇〇万年以上も昔からスクアメラリア属（*Squamellaria*）の植物の種子を集め、植えつけている。主にフィジー諸島に生息するこのアリは、島で最初の農家なのだ。スクアメラリアは着生《ちゃくせい》植物と呼ばれる、他の樹木の上に根を下ろす植物である。ヤドリギとは異なり、宿主の樹液を吸うことはない。あくまで日当たりのいい場所を求めて、他の樹木を利用するだけである。スクアメラリアは、成長すると毛深い巨大なこぶのような見た目になり、そこから数本の細い茎を伸ばして葉を茂らせる。フィジー諸島では、この植物は「樹木の睾丸《こうがん》」あるいは「悪魔のきんたま」とも呼ばれている。この大きくて不格好なまるい構造物の正体は、主茎《しゅけい》のふくらみだ。ためしに一つこぶを割ってみれば、細い通路で互いに結ばれたいくつもの空洞の中に、無数のアリが暮らしているのが確認できるだろう。

スクアメラリアが種子をつけると、アリたちは急いでこれを収穫し、少し離れた場所にある木の樹皮の裂け目に植えつける。種子を植えた後も、泥棒が近寄らないように、アリの農家たちは常時見張りの目を光らせる。発芽した若芽は、中が空洞のまるい形をしたいぼのような形になる。この段階になると、アリたちはふくらみの中に潜り込み、成育に必要なあらゆる栄養素を含んだ糞《ふん》を肥料代わりにして、この植物を育て始める。無事植物がサッカーボールほどの大きさにまで成長すると、アリたちはそこを新しい棲み家として利用し始める。アリの庭師たちはこのようにして、数十個ものスクアメラリアを「栽培」する。アリが育てた植物はいくつもの木に根を下ろし、合計二五万匹にもおよぶ個体に棲み家を提供する。この天然の家同士は化学物質の道で結ばれており、採餌アリたちは日夜そこを行き来している。

アリたちは死ぬまでずっとこの植物に肥料を与え続ける。草食動物が近寄ってくるようなことがあれば、全力で植物を守る。そのお返しに、植物は住まいと、花蜜腺から分泌される甘いお菓子を提供する。数百個のスクアメラリアを調査した結果、研究者たちは、アリがただ運まかせに種を植えているのではないことを突き止めた。この熟練の庭師たちは、几帳面にも影になる場所を避け、日当たりのいい場所を選んで種を植えていたのだ。その理由を探るべく、学者たちは簡素なロープ一本を体に巻いて木に登り、スクアメラリアを間近で観察した。果たして、日当たりのいい場所で育ったスクアメラリアは、日陰で育ったものに比べ、花蜜の分泌量が一〇倍も多いことが判明した――アリの知恵もばかにできたものではない。

アリの庭師とスクアメラリアの関係は、時代を経るにしたがって密度を増し、切っても切れないものになっていった。もはや離ればなれで生きていくことはできない。自力で巣を作る能力を失ってしまったアリは、スクアメラリアがいなくなれば、ホームレスとして生きるほかなくなる。草食動物から身を守る術を失ってしまったスクアメラリアは、ボディーガードたちがいなくなればたちまち無数の昆虫に襲われて、ものの数ヶ月で枯れてしまうだろう。

キノコひとすじ

オドレー・デュストゥール

これまでに見てきた農業の手法は庭仕事が中心だったが、ここでは集約型農業に従事するアリたちをご紹介しよう。ハキリアリ属（*Atta*）のアリは、キノコ栽培アリやパラソルアリといった異名を持つ。こと農業に関して、このアリの右に出る者はいない。ハキリアリは新大陸の熱帯雨林に棲むアリで、その生息範囲はアメリカ合衆国南端からアンティル諸島をまたぎ、アルゼンチン・ウルグアイの北部にまで広がっている。体色はオレンジがかった赤色をしており、体長は個体によって大きく異なる。体の大きさによって、大型、中型、小型、極小個体の四種類に分けることができるが、大型個体は極小個体と比較して、体重が二〇〇倍、頭部の横幅が一〇倍もある。頭の幅が二メートル、体重が一万二〇〇〇キロ（ティラノサウルスと同等）の姉がいたとしたら、食事に誘おうなどという気は起きまい。成長したハキリアリのコロニーには、一匹の女王から生まれた数百万匹の姉妹が同居している。この大家族は、坑道でつながった八〇〇〇室もの部屋に分かれて暮らしている。巣の大きさは、五部屋あるオスマニアン建築〔一九世紀後半、セーヌ県知事のオスマン男爵によるパリ大改造時に建設された建物の様式〕の住居に匹敵する。

このとてつもなく巨大なアリの巣からは、人間が整備した登山道を思わせるほど整然とした長い大通りが広がっている。アリたちは、葉の切れ端や若草を小さなパラソルのように掲げながら、日夜この道を行き交っている。遠くから見ると、まるで芝生が川のように流れているかのような奇妙な印象を受ける。この大通りを数百メートル辿ると、レモン果樹園に行きつくことがある。そこではなんと、このかわいらしい生き物たちが、立ち並ぶレモンの木を一本一本丁寧に剪定しているのだ！

採餌アリたちの頭部は並外れて大きく、その三分の二が大あごを動かすための強靭な筋肉でできている。大型個体であればなお、その異様さは際立つ。頭部だけが肥大化しているため、バランスを崩して前に転がらないか心配になるほどだ。冗談はさておき、ハキリアリの大あごはかみそりのように鋭く、硬い葉や丈夫な茎もなんなく切ることができる。ハキリアリは、大あごの片方を植物組織に接触させると、刃を振動させて食材を切る電動包丁の要領で、細かな往復運動を行う。もしも大型個体がブラウスの下に潜り込んできたとしたら、このアリの鋭い鉈《マチェーテ》を前に、人間の柔肌などひとたまりもない。その切れ味は、カッターナイフさえ凌駕《りょうが》する。一部の採餌アリたちは葉の切断に特化しており、ひとたび木に登ると、電動の生け垣バリカンも顔負けの信じられない速度で、一日中葉を切り落とし続ける。地面に落ちた葉の切れ端は、木の下で待っている仲間たちが運んでいく。どのくらいの切断速度かというと、トリニダード島にあるレモン果樹園の葉すべてが、わずか一日で刈り取られてしまうほどだ。ハキリアリ属が熱帯アメリカ地域にもたらす損害は、一〇億ドルにも上ると試算されている。一八二〇年、ハキリアリによる損害の大きさに目をまるくしたフランスの生物学者ジョフロワ・サンティレールは、次のように書いている。「ブラジルがハキリアリを滅ぼすか、さもなくばハキリアリがブラジルを滅ぼすかだ！」。

一日のうちに、少なくとも一四万片の葉のかけらが巣に運び込まれる。運ばれる葉の量は年間四七〇キロにも達する。これは面積にして〇・五ヘクタール、サッカーコートと同等の広さである。採餌アリたちは坑道を下って収穫物を部屋まで運ぶと、またすぐ外に出ていく。葉のかけらは小さな個体によって、直径一〜二ミリのさらに細かな破片に裁断される。次に、それよりもさらに小柄な個体が細切れの葉を咀嚼《そしゃく》し、液状の糞を混ぜて小さな緑の玉を作る。できあがった玉は地面に並べられる。最後に、造園アリと呼ばれる極小の個体が、この緑の絨毯《じゅうたん》にハラタケ科のキノコを植えつけていく。キノコは自家製堆肥のおかげですくすくと育っていく。造園アリたちはせっせとキノコの世話をし、その成長具合を調節する。その甲斐《かい》あって、キノコは無数の穴があいたスポンジ状の形態へと成長していく。ちなみに研究者たちによれば、実験室のアリたちが手入れを怠ると、キノコは柄の上に傘が乗ったおなじみの形に成長したという。

キノコ栽培室は、巣の天井に設けられた換気口により適温に保たれている。キノコの栽培により発生する二酸化炭素とメタンを排出し、酸素を取り込むため、換気口は風向きに合わせて随時操作される。またアリたちは換気口の数や形を変えることで、巣内の温度と湿度を調整している。それもこれもすべて、原子力発電に頼らずにだ！

　キノコ栽培室にて、アリたちは栄養価が高く水分の多いゴンギリディアと呼ばれる菌糸の突起部を収穫する。つまりアリたちは、人間が果物のなる木を育てるのと同じ要領でキノコを育てているということだ。この立派な農家たちは、自分たちの便《べん》を肥料にして収穫量を増やしている。驚いたことに、キノコにはいかなる病原体も付着していない。これほどまでに清潔な環境が保たれている理由は、やや潔癖気味な性分の造園家たちが、四六時中せっせとキノコの世話をしているからだ。アリたちは、大あごをシラミ取りのくしのように用いて、無関係なキノコの胞子や菌糸を取り除いている。バクテリアがもたらす疫病や寄生生物への対抗手段となるのは、胸部の下にある腺から分泌される抗酸化物質だ。しかしこれだけ手をつくしても、ハキリアリの宿敵である寄生菌 *Escovopsis* を殲滅《せんめつ》することはできない。この恐るべき敵に侵入されると、キノコ栽培室はあっという間に侵食され、コロニーは滅亡に追い込まれてしまう。造園アリたちはこの手強い寄生菌と戦うため、ミクロの世界の協力者であるバクテリアの力を借りている。バクテリアは、アリの外骨格にある小さなくぼみに棲んでおり、アリの体から分泌される液を食べている（ついでに言っておくと、私たち人間のわきの下にも汗を食べる微生物が棲んでいる）。アリに棲むこの細菌は、寄生菌 *Escovopsis* を退治する抗生物質を作り出すことができる。キノコ栽培室で働くアリは、ときには全身バクテリアまみれになることもある。白い粉で化粧をほどこされたその姿は、映画『スカーフェイス』の主人公トニー・モンタナにそっくりだ。造園アリは、最大で一九種もの異なるバクテリアをその体に棲まわせている。何百万年にもわたって母から娘へと受け継がれてきた薬箱だ。一方、人類の歴史を振り返ってみれば、一九二八年にアレクサンダー・フレミングがペニシリンを発見し、一九五〇年代になってようやく抗生物質が普及したというのだから、とても偉ぶってなどいられない。

抗生物質を散布したにもかかわらず寄生菌 *Escovopsis* が繁殖してしまった場合、アリはその胞子をむしり取って躊躇《ちゅうちょ》なく飲み込む。その後、大急ぎで坑道内を移動し、ごみ捨て場になっている部屋まで辿りつくと、そこでこの寄生菌を吐き出す。悲しいかな、一度このごみ捨て場に入室したアリは、二度とそこから出ることができない。コロニー内で疫病が発生するのを防ぐため、細菌だらけの部屋に入ってしまったアリは、もうキノコ栽培室には戻れなくなるのだ。このアリは、すでにこの部屋で働いていた仲間たちに混じり、部屋の前に置かれたあらゆる種類の廃棄物を処理する任にあたることになる。そこで死ぬまでごみ収集の仕事を続けていくのだ。ハキリアリにとって、ごみ処理は他の何にも増して危険な仕事である。そのため、コロニー内で最も年老いた個体がこの仕事に就く。この点、アリは人間と真逆の戦略をとっている。危険な仕事を任されるのは、前途有望な若手ではなく、おむかえの近い老兵なのだ。

ハキリアリは菌園の状態にも注意を払っている。研究者たちは、強力な殺菌剤を塗布した葉の断片をハキリアリの通り道沿いに置くという実験を行った。実験には、ハキリアリが特に好むウルシ科の

植物 *Spondias mombin* の葉が用いられた。毒の存在を知らない採餌アリたちは、汚染された葉を担《かつ》いでうきうきと巣に帰っていった。研究者たちは翌日も同じ実験を繰り返した。するとどうだろう、アリたちは昨日あれほど喜んでいた贈り物に対し、これっぽっちも関心を示さなかったのである。多くの研究者が様々な種類の植物を用いて同様の実験を繰り返したが、結果はいつも同じだった。搬入から一二時間ほど経つと、採餌アリたちは決まって毒入りの葉を捨ててしまうのだ。コロニーの動向を数ヶ月間観察し続けた研究者たちは、アリたちが二〇週以上にわたり好物の葉を素通りし続けることを発見した。アリたちは失敗を記憶しているのである。

なぜアリが特定の植物を持ち帰らなくなるのか、現時点ではその仕組みは解明されていない。科学者たちが支持している仮説は、キノコ栽培室で働く造園アリが弱っているキノコのにおいを感知し、採餌アリが最近巣に持ち込んだ葉の香りとそのにおいとを結びつけているというものだ。採餌アリたちは滅多に栽培室に足を踏み入れないため、巣内では造園アリがキノコと採餌アリの橋渡し役となる。キノコが弱ってきた兆候を見せると、造園アリは毒入りの葉の使用を中止し、葉はごみ捨て場へと運ばれる。せっかく拾ってきた葉が歓迎されないのを見た採餌アリたちは、その葉を運ぶのを止め、別の種類の植物を集め始める。

さらに研究者たちは、この学習行動が社会によって補強されることを発見した。研究者たちは、アリが毒入りの葉を巣に持ち帰ろうとする段階で、一部の採餌アリたちを集団から隔離するという実験を行った。隔離されたアリたちは、塗料で目印をつけられた後、巣に戻された。目印つきの採餌アリたちは、葉が毒入りであることも知らずにこれを巣へと運び始めた。研究者たちはそこで、何も知らずに毒を運んでいるこのアリたちが、キノコ栽培室よりもはるか手前、巣に戻る途中の道で、事情を知る仲間たちに激しく叱責されている光景を目の当たりにした。なんと仲間たちは毒入りの葉を運んでいるアリを触角でビンタし、その大あごから葉の断片をひったくると、地面に投げ捨ててしまったのである！　叱られた採餌アリたちは、その後一切の採集活動を止めてしまった。

　ハキリアリとキノコは切っても切れない関係にある。片方がいなければ、もう片方は生きられない。ハキリアリの農耕技術は、長い歴史の中で母から娘へと受け継がれてきたものだ。伴侶を求めて巣を旅立つ直前、処女女王アリはキノコ栽培室に立ち寄ってキノコの菌糸をひと房わけてもらい、口の中に大切に保管する。巣を離れた女王候補のメスは、一匹あるいは複数の伴侶を求めて飛び回る。無事交尾を終えると、若き女王は垂直のほら穴を掘り、その最深部で菌糸を吐き出すと、最初の菌園を作り始める。最初の働きアリたちが羽化するまでは、女王自らが卵と液状の糞を肥料にキノコを栽培する。二、三年も経てば、コロニーの個体数は二〇〇万匹ほどになり、菌園の数も一〇〇〇を超える。ロックフォールチーズ〔フランス産ブルーチーズ。南仏にある洞窟内で採取された青かびを用い、同じ洞窟内で熟成させたものをいう〕の熟成庫もこうはいかない。

　以上のような数々の偉業を思えば、バート・ヘルドブラー〔一九三六－、ドイツの昆虫学者〕とエドワード・ウィルソンの両名が、ハキリアリに捧げられたその著書の中で述べている次のような一節も、真実味を帯びてくるというものだ。「もしいまから一〇〇万年前、太陽系外の惑星から地球にやってきた訪問者がいたとしたら、彼らはおそらくハキリアリのコロニーに、地球が生み出しうる最も先進的な社会の形を認めたことだろう……」

善悪の園

オドレー・デュストゥール

ハキリアリはキノコの肥料となる葉を集めるため、年に何キロも命懸けで歩き回る。そこで、次のような疑問が湧いてくる。毎日スーパーに買い物に行くくらいなら、いっそのことスーパーに住んでしまえばよいのではないか？ これこそが、アカシアアリ（*Pseudomyrmex ferrugineus*）が選んだ戦略である。くびれたウエストと、艶《なま》めかしい目つきをしたアーモンド形の大きな眼が特徴のアカシアアリは、この戦略によって、生きて帰れるかどうかもわからない危険な旅に出ることを免れた。中米原産のこの美しいアリは、その上品な見た目とは裏腹に、ちょっかいを出してくる相手には容赦なく毒針をお見舞いする。以前紹介したシュミット指数によると、このアリに刺されたときの痛みは「ホチキスの針を打ち込まれる痛み」に匹敵するという。実は筆者の同僚も、野外遠征の最中にその痛みを味わったことがある。葉に触れようと無邪気に手を伸ばした同僚は、それから五秒と経たないうちにあっと悲鳴を上げ、指を引っ込めた。かわいらしい見た目のアリが引き起こす予想外の痛みに虚《きょ》を衝《つ》かれたのだ。

このアリたちはナガホアリアカシアという木に棲んでおり、木に生えたトゲの根元部分にある「ドマティア」〔植物体の内部にある、節足動物の棲み家となる空間〕と呼ばれるふくらみの中に巣を作る。それなりに広く快適な住居だが、困ったことに防水ではない。スコールに見舞われると、ドマティアはあっという間に浸水し、アリたちは居心地のよい棲み家を追い出されることになる。外に避難したアリたちは、一風変わった方法で排水を行う。水を飲んで汲み出すのである。アリたちは、腹部がぱんぱんに膨らむまで水を飲むと、口からではなく肛門からその水を排出する。効率のよいやり方とは言いがたいが、近くにバケツがなければ、あるものでなんとかするしかない。

アカシアはアリにとって「朝食つきホテル」のようなものだ。アカシアは、タンパク質と脂質に富んだ「ベルティアン体」と呼ばれる小さな粒をつけ、採餌アリたちはそれをもぎ取っていく。葉の先端に形成されるこれらの粒は、小さな種子のような形をしている。ベルティアン体をつけるのは、アリが棲んでいるアカシアの木だけである。さらに、アカシアの木の葉柄《ようへい》には小さな乳房の形をした蜜腺があり、採餌アリたちはそこから分泌される蜜を好きなだけ飲むことができる。つまりアカシアは、アこの小さな宿泊客たちが必要とするありとあらゆる栄養分を提供しているのである。しかし俗世に生きる以上、タダで手に入るものなどない。寝床と食事の見返りに、アリはアカシアを草食動物の手から守る役目を負う。少しでも振動を感知すると、アリたちは不審者の正体を確かめるべく現場に急行する。たとえ振動の原因が自分の二〇〇倍も大きなヤギであったとしても、アリたちは毒針による攻撃で果敢にこの侵略者を追い払おうとする。もしもブラキオサウルス（体長二三メートル）と同じくらい巨大な動物が自分の家を食べていたとしたら……人間であれば、取るものも取りあえず鍵を置いてさっさと逃げ出すことだろう。ヤギではなくバッタがアカシアの葉をつまみにくることもあるが、その場合、アリはバッタを食べてしまう。一日中甘いものばかり食べているアリにとって、肉厚なバッタはこの上ないご馳走だ。

アリたちは医者の役割も務める。アリの脚には抗生物質を作り出すバクテリアが棲んでおり、アリたちは日々アカシアの上を駆け回ることで、半ば自動的にこの抗生物質を散布しているのだ。アカシアはこの殺菌剤のおかげで、樹皮を蝕《むしば》み徐々に木を弱らせていく「かいよう病」の原因となる細菌*Pseudomonas syringae*に対抗することができる。またアリたちは、木の警護だけでなく庭仕事も請け負っている。定期的に木から降り、光や水や養分をアカシアの木と奪い合うことになるような植物がないか、周囲をくまなく捜索するのだ。もしそのような植物の芽が見つかれば根ごと抜いてしまうし、隣の木が枝を伸ばしてくれば、アカシアがその陰に入らないよう葉を落としてしまう。

自然科学者たちは長い間、アリとアカシアが共生関係にあり、両者がその関係から利益を得ていると考えてきた。両者の関係は共生の模範的な例として、しばしば引き合いにも出されてきた。ところが最近になって、この協力関係が実は見せかけにすぎないことが明らかになった。実際には、アリはアカシアの支配下で暮らす捕虜だったのである。アカシアアリは他の多くのアリと異なり、スクロースを消化することができない。スクロースとは、私たち人間が日常的に使う砂糖のことだ。スクロースの分子は、消化によってグルコース（ブドウ糖）とフルクトース（果糖）という二つの重要な糖に分解される。多くの器官は脂肪やタンパク質をエネルギー源として利用できるが、なかには脳のように、グルコースしか利用できない器官も存在する。スクロースが消化できないというこのアリの奇妙な特性に疑問を持った研究者たちは、様々な種のアカシアから分泌される蜜の成分を分析した。するとどうだろう、なんとも幸運なことに、アリの棲み家となるアカシアが分泌する蜜にだけ、スクロースではなくグルコースとフルクトースが含まれていたのだ。

なぜアカシアアリは、自然界に多く存在する糖であるスクロースを消化する能力を失ってしまったのだろうか？　この謎を紐解こうとした研究者たちは、生まれたばかりの幼虫を調べるというすばらしいアイデアに思いいたった。調査結果は予想だにしないものだった。なんとアカシアアリの幼虫はスクロースを問題なく消化できたのである。つまりアリは、成長とともに消化能力を失っていくということだ。これ自体は特に珍しい現象でもない。皆さんの周りにも、乳糖不耐症〔牛乳などに含まれる乳糖を消化できないことで生じる消化器異常。通常、哺乳類は離乳期を過ぎると乳糖分解酵素が減少する〕の人が一人はいるのではないだろうか。さて、この奇妙な調査結果を目の当たりにした研究者たちは、いま一度アカシアの蜜の分析に取りかかった。ただし今度は、蜜に含まれる酵素を対象とした分析である。その結果、蜜にはスクロースの消化を阻害するキチナーゼという酵素が含まれていることが発覚した。幼虫に蜜を与えることで、アリは知らず知らずのうちに、幼虫を死ぬまで主に逆らえない虜《とりこ》へと変えてしまっていたのである。これを知ってもなお、アカシアアリとアカシアの関係を「同盟」と呼ぶことができるだろうか？　むしろ、「洗脳」や「人質外交」といった表現の方がしっくりくるのではなかろうか？

危険な関係

アントワーヌ・ヴィストラール

植物は太陽からエネルギーを作り出し、草食動物の養分となり、その草食動物は肉食動物の餌食となる。これは誰もが小学校で教わることだ。この法則にまるで当てはまらないからこそ、食虫植物は人々を惹きつけてやまない。そんな食虫植物の代表格ともいえるのが、ウツボカズラ属（*nepenthes*）の植物だ。この熱帯原産の植物は、か細いつるの先端に、入念に装飾を施された壺を思わせる見事な捕虫袋をつける。この袋は色彩が美しいだけでなく甘美な香りも放ち、近づいてくる虫には少量の蜜まで提供する。魅了され近寄ってくる昆虫は後を絶たないが、不幸なことにこのツボの縁《ふち》は極端に滑りやすくなっており、その内部は消化酵素を多量に含む酸性の消化液で満たされている。多くのアリたちがツボの底に落下し、この美しく彩られた墓の中でゆっくりと消化されてきた。ウツボカズラは、獲物を消化し、その養分を袋の内壁から吸収しながら、次なる犠牲者を待ち受けている。

一八世紀にはすでに多くの著名な探検家たちがウツボカズラに魅了されていた。「ネペンテス（*nepenthes*）」という学名には、ギリシャ語で「憂いを消す」という意味がある（「ne」は否定を表し、

「penthos」は憂いを意味する）。名づけ親であるスウェーデンの偉大な植物学者カール・フォン・リンネは、ホメロス〔紀元前八世紀頃のギリシャの詩人〕の叙事詩『オデュッセイア』に描かれた一節にちなんでこの名をつけた。作中に登場する「ネペンテス」とは、さらわれて悲観に暮れるヘレネに与えられた、悲しみを忘れさせる水薬の名前である。リンネは次のように説明している。

「長旅の末にこの見事な植物に出会えたのなら、どんな植物学者も感嘆の念を禁じえないだろう。この創造主が生み出した傑作に心を奪われた植物学者は、ただこれを眺めるだけで、過去の辛苦を忘れ去ることだろう」。

どうやらリンネは消化されるアリの身になってはいないようである。実を言えば、リンネの時代にはまだこの植物の食虫性は知られていなかった。液体の入った奇妙な水差しは、人間に対する自然からの新たな贈り物の一つとも考えられていた。喉がからからに渇いた冒険家に森が差し伸べる、コップ一杯の水だ。参考までに、当時の博物学者の記録をここに引用しておこう。

「大地の水分は根によって吸収され、太陽光の力を借りて植物の上部にまで吸い上げられる。吸い上げられた水分はつると葉脈を伝って下降すると、人間が必要とするそのときまで、自然が用意した容器の中に蓄えられる」。

それから一世紀後のダーウィンの時代になると、ウツボカズラはヨーロッパ中で大流行した。「ウツボカズラの黄金時代」とまでいわれたほどである。温室でウツボカズラを栽培するのがブームになり、多くの探検家が新たな種《しゅ》を発見しては、誇らしげに世間に発表した。そのなかの一人、東南アジアのボルネオ島を訪れたイギリス人探検家のフレデリック・ウィリアム・バービッジは、沼地だらけの森で奇妙な発見をした。彼は一八八〇年に刊行された手記の中で、深紅の見事なツボをつけるウツボカズラ *Nepenthes bicalcarata* のつるが空洞になっており、どの空洞にも四角い頭をした小さなオレンジ色のアリが棲んでいると報告している。それからさらに一世紀後、このアリには *Camponotus schmitzi* という名がつけられることになる。

実際、ツボへとつながるこの食虫植物のつるには内部が空洞になったふくらみがあり、アリはそこに小さな穴をあけるだけで、コロニーにとって理想的な棲み家を手にすることができる。この植物の家は「ドマティア」と呼ばれ、宿主植物はアリをつるの内部に棲まわせようと誘いかける。即時入居可能な家を提供してもらえるのだから、アリにとっては願ってもない話である。もちろん、タダでというわけにはいかない。植物はエネルギーを余計に消費してまで、わざわざドマティアを形成するのだ。この住まいが自然淘汰の結果として存続している以上、植物は何らかの見返りをアリから得ているはずである。では、ウツボカズラはアリとの取引からどのような利益を得ているのだろうか？

一九〇四年、バービッジの報告からしばしの時を経てボルネオ島を訪れたイタリアの植物学者オドアルド・ベッカーリは、ある仮説を提唱した。その仮説とは、つるの内部に棲むアリたちも植物に近寄ってくる昆虫を狩っており、その過程で足を滑らせてツボの中に転落することで、宿主に代償を支払っているというものだ。何とも高い家賃ではないか！　一見もっともらしい仮説だが、一つだけ欠点がある。なぜこのウツボカズラが特定の種のアリにだけ棲み家を提供しているのかを説明できないことだ。仮にそのような内容の取引であれば――それを取引と呼べるかどうかは別として――どんなアリでも履行することができる。ただ消化されるのに、特別な適応は必要ない。むしろその反対に、適応によってアリは捕虫袋のそばで遊ばないという習性を身につけることが予想される。そうなればもはや植物にとっての利益はなくなり、契約は解消されるはずだ。なのでこの仮説は成立しない。

それから七七年後の一九八一年、現カリフォルニア大学教授のジョン・トンプソンは、この植物が「蟻栄養性《ミルメコトロフィー》」植物であるとする説を唱えた。この言葉は文字どおり、蟻《ミルメコ》から栄養《トロフィー》を得る生き物の性質を表している。すなわち、アリが捨てたごみを糧にして植物が生きているのではないかという仮説である。トンプソンがこの説を提唱した当時、ちょうど宿主植物と共生するアリが発見されたところだった。宿主植物の内部には、食物を吸収する壁に囲まれた専用の部屋があり、アリたちはそこにごみを運び込むことで、植物と共生関係を築いていた。その部屋はキッチンの裏手にある堆肥《コンポスト》作り用のスペースのようなもので、そこに野菜くずを捨ててさえおけば、手入れをせずとも家は勝手に成長してくれる。生活用の部屋はより頑丈で栄養も吸収しない壁でできているため、アリのプライバシーは守られている。地球と共存する未来型建築のよい見本になりそうな家ではないか。さて、この現象の解明に用いられた方法は実に独創的だ。研究者たちは栄養素の行き先を追跡するため、アリに放射性物質を含む食事を与えたのである。その数日後、アリに与えられた放射性イオンはごみ捨て場を経由して植物に吸収され、細胞に取り込まれていった。植物は住まいを提供する代わりに、この小さな入居者たちに日々食糧を供給してもらっていたのだ。

残念なことに、現在では件のウツボカズラとオオアリの関係がこれに当てはまらないことがわかっている。ウツボカズラのドマティアには「堆肥部屋」などないし、そもそもアリたちはごみを室内に残さず、外に運び出してしまう。またしても正解とはいかなかった。

そのさらに九年後、バート・ヘルドブラーとエドワード・ウィルソンが三つ目の仮説を立てた。この仮説は、アリ研究の聖書ともいえる全一五〇〇ページの大著『蟻（*The Ants*）』の中で取り上げられている。発想はいたって単純で、植物はアリに住居を提供する代わりに、葉っぱをかじって腹を膨らませようと悪だくみする草食性の昆虫から守ってもらうというものだ。植物とアリが築くこのような助け合いの関係は広く知られている。通常、宿主植物を守るアリたちは、植物の上を歩き回る不審な昆虫に対して非常に攻撃的な姿勢をとる。しかしながらこの仮説も、ウツボカズラの例には当てはまらないように思われる。ウツボカズラは昆虫に近寄ってきてほしいのであって、追い払いたいわけではないからだ。この植物は、「きれいな袋でしょう？　お散歩してみてはいかが？」と愛嬌《あいきょう》を振りまきながら、訪問者を待ち受けているのである。怒り狂った兵士の一団が獲物を遠ざけてしまっては元も子もない。

ヘルドブラーとウィルソンの著作が出版されたちょうどそのころ、博士課程に在籍する若きオーストラリア人学生チャールズ・クラークの頭の中では、まったく新しい仮説が形づくられようとしていた。ウツボカズラに関する博士論文を執筆していたクラークは、実験のために訪れていたボルネオ島にて、食虫植物とオオアリの思いもよらぬ関係を解き明かすことになる。一九九五年に発表された論文には、アリがウツボカズラのもとを決して離れないばかりか、多大な手間を費やして危険なツボの表面を探索すると書かれている。危険である以上に奇妙な話である。もしそれが本当なら、アリたちは餌を探しに出かける必要がないということになるからだ。さらに驚くべきことに、論文にはアリたちがツボの内側にまで立ち入り、滑りやすい壁を苦もなく駆け回ると書かれているではないか。しかもこの学生の報告によれば、オオアリは罠に落ちた種々雑多な昆虫を捕まえに、捕虫袋の底に溜まった酸の中にまで降りていくというのだ。アリたちはまるで水生動物のように、表面張力を利用して水面を渡ったり、壁づたいにツボの底を捜索したり、水中に潜って泳いだりするという。このアリたちはなんと三〇秒以上も水に潜っていることができる。もちろん、壁を登ってツボから出ることなど朝飯前だ。消化液にさらされた外殻には、腐食の影も見られない。

水面を漂う哀れな犠牲者を見つけたアリたちは、消化液に潜ると大あごで死骸をつかみ、壁を後ろ向きに登りながら死骸を引き上げる。重たい荷物を抱えて五センチもある滑りやすい壁を登りきるには、一二時間以上も力を合わせて奮闘しなければならないこともある。半分消化された死骸を壁の上にあるひだの部分に運ぶと、アリたちはそこで死骸を解体し、悠々《ゆうゆう》と食事を始める。あろうことか、このオオアリは住居を提供してもらうだけでは飽き足らず、宿主が食べ終わる前の食事を横取りしているのだ。なんとも一方的な関係ではないか……なぜウツボカズラは、盗みを働く小悪党どもを棲まわせているのだろう？

若き研究者はある奇妙な事実に気づいた。オオアリたちは、たとえどんなに引き上げに四苦八苦することになろうとも、カメムシやゴキブリや巨大なアリといった大きな獲物にしか手を出さないのだ。そこで彼はある実験を行った。まずは森の中を五〇〇平方メートルの範囲にわたって捜索し、このウツボカズラのツボを八二個選定する。ぬかるみに足を取られながら、蚊《か》だらけの湿地帯を苦労して歩き回る学生の姿が目に浮かぶようだ。きっと彼は、二〇〇年前のリンネの言葉どおり、ウツボカズラの姿がその日の嫌な思い出を忘れさせてくれるよう願ったことだろう。彼が選んだ八二個のツボのうち、四五個にアリが棲んでいた。次に彼は、餌となるギガスオオアリ（*Dinomyrmex gigas*）を八二匹集めにかかった。このアリは体長が三センチ近くに達する巨大なアリで、ウツボカズラに棲む小さな *Camponotus schmitzi* のゆうに六倍の大きさがある。彼は不幸な巨大アリたちを冷やして休眠させると、八二個あるウツボカズラのツボの中に一匹ずつ入れていった。それから彼は、この巨大な餌が消化されるなり、アリたちによって引き上げられるなりしたかどうかを確かめるため、毎日のようにすべての植物を見て回った。投入から五日が経過したが、アリが棲んでいないツボの中にはいずれも死骸が浮いたままだった。一方、アリが棲んでいる方のツボでは、半分以上の死骸が姿を消していた。どうやら小さなアリたちはたらふくごちそうを食べたようだ。

さらに驚くべきことに、若き研究者は、アリが棲んでいないツボの実に四分の一近くである異変が起きていることに気づいた。巨大なアリの死骸が浮いたそれらのツボでは、消化液が腐敗して乳白色に変わり、刺激臭を放っていたのだ。液が傷んでしまったのである。事実、消化能力を超えた量の獲物が中に入ると、消化液の酸素濃度が低下し、捕虫袋は枯れてしまう。植物全体が危険にさらされるわけではないものの、ツボの腐敗が植物に手痛い損失をもたらす厄介な問題であることは想像にかたくない。*Camponotus schmitzi* が棲んでいる場合、このような腐敗は決して起こらない。やはりこの小さなアリたちは、植物に重要な役務を提供していたのだ。捕虫袋に転落した消化しきれないサイズの獲物を引き上げることで、自身の空腹を満たしながら、大切な「自然の胃袋」の健康を守っていたのである。

その後もこれに関連する数々の研究が行われた。現在では、アリと植物の関係がさらに緊密なものであったことがわかっている。何を隠そう、この食虫植物はアリのために大変な譲歩をしていたのである。他のウツボカズラとは異なり、*Nepenthes bicalcarata* はツボの滑りをよくするロウ物質を分泌しない。これは、相棒のアリが移動しやすいようにするためだと考えられる。そのお返しに、オオアリたちは定期的にツボの内壁を掃除し、他の昆虫の脚ではつかまっていられない程度に滑りやすい状態に保っておく。

罠の捕虫率を最大限に高めるため、オオアリたちはずる賢い戦略をとる。植物と共生する他の種のアリとは異なり、このアリは植物の警護をしない。それどころか、自分たちの棲み家を訪れる部外者に対し、きわめて友好的に接する。しかしいざ訪問者がツボの縁に降り立つと、アリは態度を一変させ、非常に攻撃的になる。脚に噛みついたり、体を押したりして、相手をツボの底に転落させようとするのだ。もちろん、転落した犠牲者がそのままおとなしく消化されるよう、抜け目なく退路も断っておく。アリがいることで、捕獲される虫の数は三倍にも跳ね上がる。

実際のところ、この消化液は思ったほど強力ではない。*Nepenthes bicalcarata* の消化液は、他のウツボカズラの消化液と比べて粘度が低く、酸も弱い。そのおかげで、オオアリたちは損害を被らずに泳ぐことができる。しかしそれによって、この植物の獲物を消化・吸収する能力は著しく低下した。あまりにも消化能力が弱いことから、もはやこの種《しゅ》を食虫植物と呼んでよいのかすらも疑わしいほどである。アリが棲んでいない場合、この植物は捕虫袋の有無にかかわらず同じ速度で成長する。つまり、アリの棲んでいないツボは植物に一切の栄養をもたらさず、植物は葉の力だけで、食虫性ではない植物と同じように育つということだ。一方、アリが棲んでいる場合は消化が万全に機能するため、それぞれの袋がたっぷりの養分をもたらす。アリたちは決まって壁の上で食事をとり、自分たちが噛み砕いてあらかじめ消化した食べ残しをツボの中に落としていく。オオアリたちは、植物が消化できない大きな獲物を取り除くことでツボの腐敗を防ぐだけでなく、獲物を吸収しやすい形にして植物に返していたのである。ウツボカズラにしてみれば、胃もたれしそうな生《なま》の分厚いステーキ肉の代わりに、あらかじめ消化されたひき肉を食べさせてもらうようなものだ。その胃液を含めて、アリは植物の消化に携わる独立した器官であるとも考えることができる。

結局のところ、トンプソンは正解のすぐ近くにまで迫っていたわけだ。見方によっては、このウツボカズラも一種の蟻栄養性生物《ミルメコトロフィー》であるといえる。違いがあるとすれば、アリがごみを部屋の中に運ぶのではなく、ツボの中に直接投げ入れるという点だけだ。ちなみに、ヘルドブラーとウィルソンの説も間違いではなかった。状況次第では、アリたちは植物を草食動物から守ることもあるのである。先ほど見たとおり、このオオアリは侵入者が大事なツボの縁に立たない限り攻撃的にはならない。ところが二〇〇七年になって、研究者たちはこの法則に一つだけ例外があることを発見した。研究者たちがアリを植物からどけると、一匹のゾウムシがやってきて、ウツボカズラの葉にその長い鼻を差し伸ばしたのだ。それればかりか、ゾウムシは膨らみ始めたばかりの小さなツボの新芽にまで穴をあけてしまった。一方、アリが棲んでいるウツボカズラを訪れたゾウムシには、のんびり食事をしている余裕はない。研究者たちによれば、アリたちはこのゾウムシを他の昆虫とはっきり区別できるだけでなく、なんとゾウムシが植物に着地した際の振動にも反応するらしい。仮にゾウムシの襲来を検知できなかったとしても、ゾウムシにかじられたウツボカズラが発するにおいに反応して、アリたちは戦闘準備を始める。においの元が宿主となる種のウツボカズラであれば、この反応はなお顕著になる。宿主植物とアリとの密接な関係を示すよい例だ。ゾウムシの存在を検知すると、アリたちは警報フェロモンを放出し、集団でこの不届き者に襲いかかる。アリの五倍ほどもある大きなゾウムシにとって、この襲撃は大した痛手にはならないが、食事の間じゅう邪魔をされることに辟易《へきえき》して、しまいには逃げ出してしまう。また滅多に起こらないことではあるが、アリがゾウムシをツボの中に落とした事例も報告されている。食べようとした相手に食べられてしまうのだ。

食虫植物の栽培が一筋縄ではいかないことは、ウツボカズラの愛好家であれば誰もが知っていることだが、この小さなアリたちは見事にそれをやってのける。これぞ適応の成果である。何百万年にもわたる共進化によって獲得されたこの特性により、アリたちは豊富な餌と住まいを提供してくれる環境を手に入れた。おまけに、縄張り争いをする競争相手も存在しない。しかしその一方で、行動があまりに特殊であることから、アリたちはもはや植物なしには生存することができないと考えられている。ではウツボカズラの方はどうかというと、こちらはアリがいなくても生存することはできる。しかしその成長には限界があり、単独で成熟期に達する個体はほとんどいない。六本脚の小さな相棒がツボに棲みつくことで、はじめて植物の器官は完全となり、寿命も成長度も飛躍的に向上する。その高さはときに二〇メートルにまで達し、他種のウツボカズラを圧倒する。なるほど、この植物はリンネが与えた名にふさわしい生き方をしているのかもしれない。単独で成長する力はもはやなく、消化不良に苦しむこともあるものの、生き物としての成功を思えば、そんな苦難などきれいさっぱり忘れられるはずだ。

愛と宿命の泉

オドレー・デュストゥール

人間の農業には畜産も含まれるが、アリの場合もそれは同じだ。庭のバラにとっては迷惑な話だが、アブラムシを飼育するアリは数多くいる。これまでに発見された化石が示すところでは、アリとアブラムシの関係は、いまからおよそ三〇〇〇万年前の漸新世《ぜんしんせい》〔地質時代の区分の一つ。およそ二三〇〇万～三四〇〇万年前〕初頭にまでさかのぼる。「庭のクロアリ」とも呼ばれるヨーロッパトビイロケアリ（*Lasius niger*）は、フランスで最もよく見かける畜産農家だ。このアリはヨーロッパおよび北米の温暖な地域に生息している。軍隊アリやハキリアリといった華やかなアリたちとは程遠い、どちらかといえば平凡なアリだ。ヨーロッパトビイロケアリを見にわざわざ研究室を訪れる人はいない。大きさは米粒ほどで、何の変哲もない褐色の体をしており、鋭い大あごやとがった毒針もないため刺される心配はない。それでもなお、このアリは多くの研究者を魅了し、駆け出しのアリ学者たちの心をくすぐっている。このアリのコロニーが欲しければ、オンラインショップでたったの一五ユーロで買うことができる。

ヨーロッパトビイロケアリはその卓越したアブラムシ飼育能力によって知られている。アブラムシは樹液を吸う昆虫で、屋内の植物にも屋外の植物にも同じように発生する。餌となる植物の樹液は糖分は豊富だが、タンパク質に乏しい。そのため、アブラムシは必要な量のタンパク質を補うために大量の樹液を摂取し、その後過剰に摂取した糖分を排出する。このとき排出される滴《しずく》は一般に甘露《かんろ》と呼ばれる。アブラムシの肛門から排泄されるこの粘性の液体はアリの大好物の一つであり、アリたちはアブラムシから甘露を搾り取ろうとさえする。排泄を促すため、アブラムシの腹部を触角でなでるのだ。

アブラムシとアリの関係は、両者がお互いに利益を得ているという意味で共生と呼べるだろう。アブラムシは特に不満も言わず排泄物を提供し、アリはそのお返しに、この家畜が十分な量の食事を安全にとれる環境を提供する。アブラムシがバラの養分を吸いつくしてしまえば、アリは隣のバラまでアブラムシを運んでいく。テントウムシのような天敵が家畜の群れに襲いかかれば、アリは牙をむいてこれを追い払う。さらにアリたちは「安全衛生委員」の役目まで務める。アブラムシとその卵が病気に冒されていないか、逐一確認して回るのである。アリたちは絶えずアブラムシとその卵を手入れして清潔な状態に保つ。少しでも病気の兆候が現れた個体は群れから隔離するし、寄生虫に感染した卵があれば食べてしまう。またカビの発生を防ぐため、地面に落ちたアブラムシの抜け殻も回収する。日々の見回りの最中に天敵の卵を見つければ、ひと思いに食べてしまうか、あるいは処分してしまう。

人間が牛に愛情を注ぐのと同様に、アリもアブラムシを手塩にかけて育てる。アリはアブラムシの個体を識別することができるので、自分の群れの個体はむやみに食べたりしないが、競合するコロニーのアブラムシを見つければ迷わず食べてしまう。この小さな酪農家たちは、アブラムシをなでるときに自分たちのにおいをつけることで、他の群れの個体と区別しているのだ。アリたちは群れの大きさを常に管理しており、繁殖速度が速すぎれば、甘露の出が悪い個体を間引くことも厭わない。一つのコロニーだけで、群れ全体のおよそ五パーセントに相当する一五〇〇匹の個体を一日のうちに殺してしまうこともある。アブラムシには多数の種が存在し、乳牛と同じように、種によって甘露の質、生産量、繁殖力や成長速度が異なる。アリはこの違いを熟知しており、より生産量の多い種が見つかれば、いま飼っている群れを遠慮なく見捨ててしまう。なかには新しい群れへの切り替えを早めるため、いま飼っている群れを食べてしまうアリもいるほどだ。

おなかをすかせたアブラムシたちによる度重なる襲撃を受ければ、バラの木は弱り、樹液の質もみるみる低下する。そうなった場合、アブラムシたちは翅《はね》を生やして隣家のバラ園へと飛び立っていく。なにせ弁当が飛んでいってしまうのだから、アリにとっては面白くない事態である。そこでアリは、人間が家畜の鳥に対してするのとまったく同じことをアブラムシに対して行う。飛べるようになる前に、翅を切ってしまうのだ。同様の理由から、アリは鎮静作用のある化学物質をアブラムシに対して使用する。そうすることで、アブラムシは普段よりもさらにおとなしくなり、移動速度も遅くなるのである。

アブラムシはバラの葉が落ちる冬になるといなくなるのに、春になるとなぜか魔法のように戻ってくる。実は秋になり気温が下がると、アリはアブラムシの卵を自分たちの巣へと運び込み、室温が一定に保たれた快適な部屋に保管しているのだ。春がきて卵がかえると、アリは再び庭のバラの木までアブラムシを運んでいく。だがこの厄介者を守るアリたちを早まって駆除してはいけない。アリたちはアブラムシが排泄する甘露を食べることで、ある種の病気が植物に蔓延するのを防いでくれているのである。その一つが、アブラムシの排泄物上で黒色のカビが繁殖することにより発生する「すす病」だ。葉に広がるこの病原菌は光合成を阻害し、バラの成長を大幅に遅らせてしまう。どうせ被害が出るのなら、害の少ない方を選びたい。

潜水服は蝶の夢を見る

オドレー・デュストゥール

昆虫に家畜の飼育ができるというだけでも驚きなのに、なかにはなんと家畜小屋まで作ってしまうアリもいる。生態学者のゲイリー・ロスは、オオアリの一種 *Camponotus atriceps* のそうした習性を発見したときの心躍らせる体験談を伝えている。このアリはメキシコおよび中米の熱帯地域に広く分布しており、古い切り株や、柵に用いられる杭や、家屋の梁《はり》に巣を作る。夜になると、野に出て餌を探したり、甘いものを求めてキッチンをうろついたりする。チョウの専門家であるゲイリー・ロスは、メキシコのベラクルス州にそびえるサンタ・マルタ火山にて、山の斜面に生息するシジミタテハ科のチョウ *Anatole rossi* の行動を研究している最中、思いもよらぬ形でこのアリと出会った。

Anatole rossi というチョウは、小さなトウダイグサ科の植物に卵を産みつける。卵からかえった幼虫は、葉の裏に糸を吹きつけて床《とこ》を作り、日中はそこに隠れている。そして夜になると、植物を食べるために姿を現す。ゲイリー・ロスは、幼虫が日中姿を消し、夜になると魔法のように現れるという奇妙な出来事がたびたび起こることに気がついた。「隠れ家を見落としたに違いない」と考えたロスは、

一枚一枚念入りに葉を確認していったが、幼虫は見つからなかった。ロスはさらに捜索範囲を広げ、植物の根元に生えている下生えまで調査した。それでも幼虫は見つからなかった。何日もの間、幼虫を探して空《むな》しく地面を這いまわったロスは、夜更かしも辞さない覚悟で、葉を食べている幼虫を見張ることにした。すると、幼虫以外にも植物の上を動く影がある。アリが幼虫の周りを歩いているのだ。アリの姿を目にしたロスは最初、アリが幼虫を食べようとして近づいてきたのだと考えた。しかし数秒後、ロスは黙々と葉を食べている幼虫をアリが触角でなでていることに気がついた。やがて夜明けが訪れると、目をまるくしている自然科学者を尻目《しりめ》に、アリたちは幼虫を連れて茎を下り、地面に掘られた小さな巣穴へと消えていった。そして内側から土の塊で巣穴の入口を塞いでしまった。状況がさっぱり飲み込めないロスは、うたた寝をして夢でも見たのかもしれないと思い、近くにある別の植物も確認してみた。果たして、いずれの植物の根元にも同じような巣穴があり、その中には一匹から三匹の幼虫と数匹のアリが潜んでいた。すっかり舞い上がったロスは滞在を延長し、両者の不思議な関係を追跡することに決めた。

ゲイリー・ロスは、幼虫の体の前部に複数のこぶがあり、そこからアリを惹きつけるフェロモンが分泌されていることを確認した。また幼虫の体の後部には、アリが触れると広がる触手状の二つの器官があることがわかった。アリに触角でなでられると、幼虫はこの触手の先端から甘い液体を分泌する。アリはそれに反応して幼虫の背に登り、好物の甘露を分泌するこの突起にしゃぶりつく。食事を終えたアリは、植物の根元に隠れ家を掘りにいく。直径一・五センチ、深さ二センチの巣穴ができあがると、アリたちは家畜のもとへと引き返し、幼虫をやさしくつつきながら地面まで誘導する。地面に着くと、アリたちは幼虫を家畜小屋となる巣穴に押し込み、入口を内側から閉ざしてしまう。こうして、アリたちは日中を巣の中で家畜とともに過ごす。夕方、飼い主たちは隠れ家の入口を開き、植物上に天敵がいないかを確認するための簡単な見回りを行う。もし昆虫やクモがいた場合は、強力な大あごと蟻酸《ぎさん》（お酢のようにツンとしたにおいを放つ液体）を駆使して迅速に邪魔者を追い払う。アリたちによる見回りが終わると、幼虫は家畜小屋から出て植物に登り、食事を始める。夜明けが近づくと、幼虫は再び家畜小屋に連れてこられ、日中を地中で過ごす。

ゲイリー・ロスによると、アリたちは冬になる前に家畜小屋を拡張し、深さ一五センチまで掘り進める。おおかた幼虫を寒さから守るためだろう。冬の間、幼虫はときおり食事に出かける以外、巣穴の中で過ごす。そのうち幼虫は蛹《さなぎ》を作り、活動を停止する。アリたちは番兵のように蛹の傍を離れずに、変態が完了するまで幼虫を守り続ける。隠れ家を離れるのは餌を探しにいくときだけだ。というのも、蛹になった幼虫は甘露を分泌しないからである。蛹の見張りは交代で行われる。ゲイリー・ロスはアリに塗料で印をつけ、四八時間ごとに見張りが交代することを確認した。信じがたいことだが、実はアリたちは何十年もの間、知らず知らずのうちにこのチョウを死の運命から救っていた。ゲイリー・ロスによれば、地元の住民は春になると土壌改良のため草木に火を放つ。その結果、意図せずして植物についたチョウの蛹までも燃やしてしまっていたのである。家畜小屋で暮らしていた個体だけが、炎から逃れ生き延びていたのだ。

以上が、チョウとオオアリの結んだ協定の全容である。この協定によって、チョウは業火と絶滅という二つの危機から逃れることができたのであった。

第四の試練　食糧を運ぶ

重量挙げ

アントワーヌ・ヴィストラール

現在、野生でヒトコブラクダが生息する地域は地球上にたった一箇所しかない。それがどこだかご存知だろうか？　オーストラリアである。人間の手で持ち込まれて以来、ヒトコブラクダはこの乾燥した大陸で爆発的に繁殖し、未開地《ブッシュ》に住む人々を苦しめる深刻な悩みの種《たね》となった。そのため、オーストラリアではヒトコブラクダを殺し、その肉を販売することが法律で認可されている。地元のレストランでは「キャメルパイ」、すなわちラクダ肉のパイを味わうことができる。理論上、猟銃が一丁あればラクダ狩りは可能だ。オーストラリア人たちを困らせる問題は、むしろ狩りが終わった後にある。五〇〇キロもある死骸を、どうやって最寄りのレストランまで運べばいいのか？　世界に棲む無数の採餌アリたちも、まったく同じ問題に日々直面している。自分よりも重い獲物を狩る能力は大事だが、仕留めた獲物を巣まで持ち帰れなければ役に立たない。戦利品を運ぶのに自分の力しか頼れない単独性の採餌アリであれば、この問題はなお深刻だ。単独で行動するアリたちが用いる戦略はいたって単純である。それは「力」だ。

メディアではときに、アリが自分の体重の一〇〇倍、あるいは一〇〇〇倍もの重量を持ち上げられると報じられる。しかしながら、この問題を検証した数少ない研究によれば、現実にはアリはそこまで力持ちではない。ジャーナリストたちは、一部のアリが非常に重い荷物を支えられるという事実を、持ち上げられることと混同しているのだ。たとえばある有名な写真には、大あごで挟んだひな鳥をテーブルの縁《へり》から宙吊りにするツムギアリの姿が写っている。人間に置き換えれば、平均的な体格の成人男性が、ビルの屋上から航空機のエアバスA三二〇を歯で吊るしているようなものだ。これに比べると、地面にある重いものを大あごで持ち上げて維持する力はやや見劣りする。アリは自分の体重のわずか六〜八倍の荷物しか持ち上げることができない。とはいえ、諸々の違いは別にしてこの力だけを人間に換算すると、体重七〇キロのオーストラリア人がヒトコブラクダ一頭を担いでレストランまで運んでいけるだけの力には十分相当する。

アリにとっては、重い獲物を持ち上げることだけでなく、獲物を担いだままバランスを崩さずに移動することも課題となる。伸ばした両腕の先端にヒトコブラクダ一頭を抱えて移動する様子を思い浮かべれば、重心が大きく前にずれることがおわかりいただけるだろう。アリはバランスをとるために普段よりも大きく脚を広げるが、それでも踏ん張りきれないことがある。重い獲物を運んでいるアリが突然バランスを崩し、荷物を落とした反動で宙を舞う光景は、それほど珍しいものではない。採餌アリには採餌アリなりの苦労があるのだ。

荷物が重くて持ち上げられない場合、アリは別の戦略をとる。人間がソファーを動かすときと同じように、荷を大あごで挟んで引っ張るのだ。では、この方法はどの程度有効なのだろうか。一九六五年、イギリスのハル大学に所属する一人の研究者がこの問題を取り上げた。この研究者はヤマアリの一種 *Formica lugubris* に着目した。ヨーロッパ北部の針葉樹林に生息する、赤茶色と黒色が混じった小さなアリだ。このアリのコロニーは、道端でもたまに見かけることのある、松の葉で覆われた巨大なアリ塚を形成する。ただし、アリ塚を見つけたからといって早とちりしてはならない。ヤマアリ属にはアリ塚を作る種が多くいるので、それが *Formica lugubris* であるかどうかを確認したいのであれば、頭部の毛の生え方を調べる必要がある。研究者がこのアリを選んだのは、このアリがイギリス中に生息しており、大学に隣接する美しい公園で実験を行えるという単純明快な理由からだろう。全四五ページからなる論文の一節には、アリの牽引《けんいん》力を測るための創意工夫に富んだ方法が紹介されている。研究者は、先端にアリの好物を結びつけた短い糸をグラスファイバー製の横棒にくくりつけておき、ヤマアリがこの餌に食いつくのを待った。餌はアリの力では持ち上げられないほど重い。そこで、アリは餌を後ろ向きに引っ張って運ぼうとする。アリの引っ張る力によって、餌に結ばれた糸はピンと張りつめ、グラスファイバー製の棒はたわみ始める。アリが餌を強く引けば引くほど、たわみによって生じる抵抗は大きくなる。これは壁に固定したゴム紐《ひも》を引っ張るのと同じ原理だ。ゴム紐を持って壁から遠ざかれば遠ざかるほど、紐を引くのに必要な力は大きくなる。つまり、限界まで壁から遠ざかったときのゴム紐の長さを測れば、その人の牽引力を測定できるというわけだ。この実験の結果、体重わずか八ミリグラムの小さなアリが、実にその四〇倍近くにおよぶ三〇〇ミリグラム相当の牽引力を有していることが判明した。これを体重七〇キロのオーストラリア人に当てはめれば、ゆうにヒトコブラクダ五頭半を網に入れて引きずることができる。それだけあれば、当分パイの材料には困らなそうだ。この実験でアリの牽引力の制約となっているのは、どうやら地面をつかむ脚の力のようである。グラスファイバーにつながれた餌を限界まで引っ張ったところで、アリは脚を滑らせて前方に勢いよく弾き飛ばされてしまうのだ。だが強烈な衝撃にもかかわらず、ほとんどのアリは餌を挟んだまま離さなかった。アリが是が非でも餌を離そうとしないので、研究者たちは面白半分にアリの後ろ脚をピンセットで引っ張り、大あごの力を測ってみることにした。実験の結果、なんと一〇〇〇ミリグラム(アリの体重の一二五倍)相当の力を加えても、アリは餌を離さなかった。この実験を人間に置き換えるならば、足にくくられた八トンのマンモス(ヒトコブラクダ一六頭分)の重さに耐えながら、両腕で(なんなら歯で)鉄棒にぶら下がり続けるようなものだ。もちろん、人間ならすぐに手を離してしまう。つかまっていたら、胴体がちぎれてしまうからだ。

このあたりで、これらの比較に関する重要な説明をつけ加えておこう。一匹のアリの力が驚異的に見えるのは、実は観点の問題なのである。この問題を理解するには、一見して直感に反するかに思える次のような自然法則をよく飲み込んでおかなければならない。体重は体の大きさの三乗(体積)に比例して変化し、筋力は体の大きさの二乗（表面積）に比例して変化する。つまり体が大きくなっても、筋力は体重ほどには増加しないということだ。重量挙げの最軽量級世界王者オム・ユンチョルが、一五〇センチ台の小さな体で自分の体重の三倍もの重さ（一六九キロ）を挙げるのに対し、一九七センチある最重量級世界王者ラシャ・タラハゼが、自分の体重の一・五倍の重さ（二六四キロ）を挙げるので精一杯なのも、そのような理由からなのだ。なお「精一杯」とはいっても、ヒトコブラクダ〇・五頭分の重さはある。

このように、アリの怪力はアリがミクロの世界に生きているという事実に由来する。人間の世界とは、物理法則の働き方が異なるのである。ミクロの世界にあるものは、体積が小さく表面積が大きい。そのため、水滴は吸着力のある玉のような様相になり、アリの外皮は決して破壊できない装甲と化す。この現象は「スケール効果」と呼ばれている。このことからも、昆虫の能力と人間の能力を直接比較することは、いささか乱暴であると考えられるだろう。それでもなお、このような比較は興味深い。アリのすごさを誇張して伝えるというより、アリの世界をより深く理解するのに役立つからである。人間の常識では考えもつかない現象が平然と起こるミクロの世界において、この本の主役たちは、並外れた力と無敵の体を備えたまぎれもないスーパーヒロインなのだ（あと単純に、このような比較が面白いからでもある）。

一匹のアリが持つ力についてはこれでおわかりいただけただろう。次項からは、食糧を集団で運搬するために採餌アリたちが編み出した天才的な方法をご紹介しよう。

指輪の仲間

オドレー・デュストゥール

これまで見てきたように、アリたちは集団での狩りに長けており、自分の体重の一万倍もある獲物を仕留めることもできる。獲物を確保したら、今度はそれを空腹の仲間たちが待つ巣まで運ばなければならない。しかしいくら採餌アリが力持ちだからといって、単独ではミミズもトカゲも動かすことができない……そこで採餌アリは、二つの解決策のうちのどちらかを選ぶことになる。一つは、獲物をその場で解体して部位ごとに巣まで運ぶという策、もう一つは、チームを組んで集団で獲物を運搬するという策だ。集団での運搬効率は、種の違いや協調性の度合いに大きく左右される。

ヒゲナガアメイロアリ（*Paratrechina longicornis*）は、俗に「乱心アリ」とも呼ばれるアリで、狩りの名手である。このアリの学名は、体長と同じくらい長く伸びた触角に由来している。では通称の方はというと、こちらは全身に生えたぼさぼさの毛にではなく、ふらふらと安定しないその歩き方に由来している。速足で移動するこのアリは、まるで目に見えない化け物に追われてでもいるかのように、進む方向をころころ変える。このアリはアフリカの熱帯地域原産と推定されるが、いまや世界中の温暖な地域に広く分布している。住まいにこだわりはないようで、廃棄品やごみの中、朽ち木、歩道、電線カバーの内側など、いたるところに巣を作る。食糧についてもご都合主義で、食べられるものなら文字どおり何でも巣に持ち帰る。

イスラエルのワイツマン科学研究所に勤める研究者たちは、ひょんなことから、ヒゲナガアメイロアリの集団による食糧運搬の問題に関心を抱いた。ある日の午後、大学のキャンパス内で飼っている猫に餌をあげていた研究者たちは、キャットフードが突然魔法のように動き出し、芝生の上を転がっていくのを目撃した。近寄ってみると、この不思議な光景を演出していたのはヒゲナガアメイロアリの一団であることがわかった。しばらくの間アリたちを観察していた研究者たちは、このキャットフード窃盗団が大きく蛇行しながら巣に向かっていることに気がついた。研究者たちはここである疑問を抱いた。アリたちは集団でキャットフードを運びながら、どのように進む方向を見定めているのだろうか？　一頭の象を歯でくわえながら二〇人がかりで輸送する、そんな状況を思い浮かべてみてほしい。象に鼻がめり込んで、ろくに前が見えないことがおわかりいただけるだろう。集団で獲物を運搬するには、足並みをそろえ、チーム一丸となって巣を目指さなければならない。アリたちにとって、それは非常に厄介な問題なのである。

集団での運搬方法を調査するため、研究者たちはまずすべてのアリの胸部に塗料で印をつけ、個体の見分けがつくようにした。続いて研究者たちはアリに、真ん中に穴があいたリング状のシリアル

「チェリオス」を与えた。はじめはキャットフードを用いたのだが、構内をうろつく猫に食べられてしまったため、チェリオスで代用することにしたのだ。アリたちはチェリオスを見つけると、その周囲をぐるりと取り囲んだ。そして大あごでこの「指輪」をつかむと、巣の方角に向かっていっせいに引き始めた。運搬の最中、一匹のアリがチームを抜けて後方に下がるという現象がたびたび観測された。チームがあらぬ方向に移動し始めるや否や、離れたアリはすぐさま一団に合流してチェリオスをつかみ、横暴なキャプテンさながらに、この餌を巣の方向へと力いっぱい引っ張る。あまりに頑《かたく》ななその態度に、チームメイトも降参し、指示された方向に荷を引くようになる。サッカーチームとは違い、ヒゲナガアメイロアリのチームでは二〇秒おきにキャプテンが交代する。先ほどの自称キャプテンは指示が終わるとすぐに運び手の一員に戻り、次回の方向修正時にはまた別のアリがキャプテン役を買って出るのだ。この運搬方式では、一部のアリが脳の役割を務め、残りのアリたちが筋肉の役割を務めるのである。ヒゲナガアメイロアリは、チームの個体数が一〇〇匹を超える場合においてのみ、集団として万全に機能する。そうでない場合、めいめいが好き勝手な方向に進もうとするため、集団の行き先はいつまで経っても定まらない。なかには誰の手も借りずに単独でチェリオスを運ぼうとするアリも見られた。そのアリはチェリオスに覆いかぶさったまま、狂ったようにこの餌を引っ張っていたらしい……。

北米の森に生息し、草原や大学のキャンパスなどの開けた土地を好むヤマアリの一種 *Formica in-*

certa の集団においては、リーダーの役割はより安定している。このアリは単独で運べない大きさの獲物を発見すると、しばらく悪戦苦闘した後、仲間を呼びに巣へと戻っていく。しかし荷物の大きさを測ることができないためか、せっかく集めた仲間の数が足りないこともしばしばある。そのような場合、アリは仕方なく新たな仲間を呼びに巣へと引き返すが、残念なことに、最初に集められたチームはおとなしく待ってなどいてくれない。リーダーがいなくなった途端、周囲に散らばっていってしまうのだ。二つ目のチームを引き連れて戻ってきたキャプテンは、再度チームを置いて聞き分けのない仲間たちを集めにいく破目になる。当然ながら、これではいつまで経っても獲物を動かすことはできない。このアリの特徴は、キャプテンだけが集団を動かし、増援を呼びにいくことができるという点だ。運搬の始めから終わりまで、キャプテンは現場で指揮を執り続けなければならない。ところで、指揮者としての役割を除いて、キャプテンを務めるこのアリに特筆すべきところは何もない。翌日になれば別のキャプテンに雇われて、のらりくらりと仕事をする役に回るかもしれない。

集団での運搬の名手といえば、南アジア原産のヨコヅナアリ（*Carebara diversus*）だろう。このアリは「略奪アリ」の異名を持つ。ヨコヅナアリの個体のうち兵隊アリと呼ばれる大型の働きアリは、最小の個体と比べて体重が五〇〇倍もあり、頭の幅は一〇倍も広い。もしも自分の姉がディプロドクス〔体長二〇－三〇メートルの草食恐竜〕と同等の大きさだったとしたら、さぞかし見ごたえのある家族写真が撮れることだろう。ヨコヅナアリのコロニーは、相手がどんな生き物であろうと構わず襲いかかる何十万匹もの獰猛な個体で構成されている。大あごの一撃は強烈だ。狩りに出る際、ヨコヅナアリは自分たちで整備した通り道を列になって駆けていく。アリたちは日々、障害物をどかしたり、補強のための壁やアーケードを築いたりして、この道を保守している。獲物を仕留めたヨコヅナアリは、たとえそれが自分の一万倍重い相手であろうと、引きずらずに持ち上げて運ぼうとする。いざ獲物を運搬する段になると、ちょうど人間が何人かでソファーを運ぶときのように、アリたちはそれぞれが微妙に異なる働きをする。前に配置されたアリたちは荷物を引きながら後ろ向きに進み、後ろに配置されたアリたちは荷物を押しながら前向きに進む。側面のアリたちは、体をわずかに進行方向へと傾け、カニ歩きの要領で進む。最初はバラバラに思える役割分担も、あるときを境に突然魔法のようにまとまりを見せ、動作にも無駄がなくなる。死骸を運ぶこの葬列を間近で観察していると、荷物の上に小さなアリの個体が乗っているのが目に留まる。葬列に便乗しているのかと思いきや、そうではない。この個体は手足をばたつかせながら、わずかばかりのアリの食糧をつけ狙うクロバエから獲物を守っているのだ。

ある種のアリは、獲物を持ち上げて運ぶよりも引きずって運ぶ方法を好む。カンボジアに生息するハシリハリアリの一種 *Leptogenys cyanicatena* もその一つだ。金属のような光沢のある青い体をしたこのアリは、鋭い毒針を備えており、集団で狩りをする。ハシリハリアリの襲撃には、数百匹の個体が参加することもある。大あごまで武装したこの特殊部隊はヤスデを特に好んで捕食するが、ミミズやカタツムリで満足することもある。ヤスデの体は関節のある硬い外骨格に守られており、少しでも危険を察知するとまるまってしまうため、ヤスデを標的にするアリは滅多にいない。無害な生き物であればまだしも、ヤスデは危険を感じると相手の頭にシアン化合物を吐きかける強敵である。おまけに、ヤスデの体重はアリの二〇〇〇倍もある。アリたちはいかにしてこの無理難題に挑むのだろうか？

このダビデとゴリアテの闘い〔旧約聖書に描かれる物語の一つ。羊飼いのダビデは大男のゴリアテと闘い勝利する〕の実態を解明するため、研究者たちは幾度にもわたり、アリとヤスデの衝突を観察した。研究者たちは、餌を探して走り回るハシリハリアリの襲撃部隊を見つけると、その集団の向かう先に巨大なヤスデを置いて様子をうかがった。最初、ヤスデに近づいてきたアリは数匹だけだった。アリたちは触角でそっとヤスデに触れると、すぐに下がって、仲間のアリたちが標的を取り囲むのを待った。アリたちに動く気配がないと見たヤスデは、まるまった体を伸ばし、移動する素振りを見せた。と次の瞬間、一匹のアリがヤスデの方に向き直り、前脚に狙いを定めて攻撃を仕掛けた。ヤスデは反射的に体をのけぞらせ、弱点をあらわにした。その途端、待機していたアリたちが一斉にヤスデに襲いかかった。狙うはヤスデの弱点、脚と脚の間だ。ヤスデは下半身で体を支え、激しくのたうちまわった。アリを振り落とそうと暴れ馬のように跳ねるヤスデにしがみついていられるのは、ごく一部の執念深い個体だけだ。二〇分ほどすると、ヤスデに衰弱の兆候が見え始めた。暴れ馬を御《ぎょ》するカウガールたちは、依然鞍《くら》にまたがったままである。振り落とされたとしても、またすぐに這い上がってくる。数百箇所を刺されたヤスデは、疲労と毒でふらふらになり、ついに抵抗を止めた。アリたちの勝利だ！　しかし無事に獲物を仕留められたところで、まだ運搬の問題が残っている。大人数で協力してシロナガスクジラを運ばなければならないとしたら、あなたならどうするだろうか？

このアリたちは、他に類を見ない独特な運搬方法を編み出した。まず一〇匹ほどの個体が、大あごで獲物の触角と脚をつかむ。獲物にしがみついたこのアリたちの腰あたりに、今度は別のアリたちがしがみつき、そのアリたちの腰にもまた、別のアリたちがしがみつく。こうして、五〇匹ものアリが連なった長い鎖が完成する。このようなアリの鎖は、同時に複数箇所で形成される。これは「自己組織化」と呼ばれる現象の一例だ。自己組織化とは、無秩序な構成要素――ここでは一〇〇匹ほどの採餌アリたち――から、誰に指示されることもなく、一つの秩序だった組織が形づくられるプロセスを指す。鎖ができあがると、アリたちは後ろ向きに歩きながら獲物を引っ張っていく。鎖に加わらない個体は、道にある障害物を取り除くことで、この葬列の進行を手助けする。

牽引《けんいん》の世界記録を紐解けば、人間もありとあらゆる重量物を引っ張ってきたことがわかる。たとえば、テレビドラマシリーズ『ゲーム・オブ・スローンズ』でマウンテン役を演じた俳優のハフソー・ユリウス・ビョルンソンは、四五トンあるアメリカの軍用輸送機ロッキードC-130ハーキュリーズを、一人で二五メートルも動かしている。マレーシアの「歯王《キング・トゥース》」ラサクリシュナン・ベルは、二六〇トンもある列車を歯で三メートル牽引した。とはいえ、ヤスデとは違い、これらの重量物には車輪がついている。ぴくりとも動かない物体を移動させるのは、これとはまったく別の話だ。二〇一八年、体重七トンのザトウクジラがアルゼンチンの砂浜に打ち上げられた。このクジラを牽引するのに、救急隊員三〇名、パワーショベル一台、船一隻が動員されたが、二八時間におよぶ懸命な努力にもかかわらず、クジラはたったの一〇メートルしか動かなかった……。

悪魔のいけにえ

オドレー・デュストゥール

集団での食糧運搬が最善策ではない場合もある。たとえば、餌から巣までの道のりが長く、起伏が激しいときなどがそうだ。障害物に道を阻まれ、集団での運搬がうまくいかないこともある。たとえ小さな障害物でも、アリの眼には高層ビル並みの大きさに映る。引っ越しの最中、おばあちゃんの大切な遺品である壊れやすい食器棚を五階まで運ばなければならなくなったときの、あの空気感を思い出してほしい。「本当に分解できないのよね?」と何度聞かれたことだろう。そう、ときには獲物を集団で運搬するよりも、その場で解体して個別に運んだ方が楽なこともあるのだ。

複雑に入り組んだ環境に暮らし、木の中に巣を作るシリアゲアリ属(*Crematogaster*)のアリは、獲物を解体して運ぶ方法を選んだ。「曲芸アリ」の通称で呼ばれることも多いシリアゲアリ属は、少しでも危険を感じると、脚先を突っ張ってハート形の腹部を垂直に持ち上げる。その姿はとてもかわいらしい。だがここでも、俗に「ツァピ」と呼ばれるカメルーン原産のシリアゲアリの仲間が、アリは見かけによらないことを教えてくれる。運悪くツァピの縄張りに足を踏み入れてしまったバッタの視点に立てば、一見無害なこのアリが、実はとてつもなく残忍な生き物であることがはっきりと見て取れるのだ。

ツァピは、自分が棲む木の枝を歩き回って獲物を探す。バッタを見つけると、このアリは単独で相手に飛びかかり、その脚に嚙みつく。獲物を捕捉した勇敢なアリは、かぎ状の爪と発達した爪間盤《そうかんばん》を使って、しっかりと木にしがみつく。爪間盤とは、脚の先端にある二本の爪の間にある粘着性の肉球のような器官で、接着力を高める効果がある。アリが重力に逆らって天井を駆けずり回れるのも、爪間盤のおかげなのだ。木にしがみついたアリは、激しいバッタの抵抗も意に介さず、腹部を持ち上げて、獲物の存在を仲間に知らせるための警報フェロモンを分泌する。周囲にいたアリたちは、そのにおいに興奮してありとあらゆる方向に走り回る。数秒後、興奮がおさまり正気に戻ると、アリたちは急いでにおいの発信源へと向かう。戦場に到着すると、アリたちはわれさきにとバッタに襲いかかる。そしてバッタの触角と脚をつかむと、左右に引っ張ってバッタを地面に固定してしまう。続いて、数匹のアリがはりつけにされた獲物によじ登り、へら状の毒針でバッタに毒を塗りつける。この儀式によってバッタの体が完全に麻痺してしまうと、アリたちはいよいよ獲物の解体に取りかかる。アリたちは最初に必ず獲物の触角と脚を切り落とす。もし犠牲者が途中で目を覚ましたとしても、逃げ出せないようにするためだ。それが終わると、今度はカルパッチョのように細かく獲物の全身を刻んでいく。ホラー映画『エルム街の悪夢』に登場する殺人鬼フレディ・クルーガーも真っ青の残忍な所業だ。

獲物を麻痺させてから解体が完了するまでにかかる時間は、わずか四分足らずである。ただし捕えた昆虫の皮膚が硬ければ、拷問はさらに長く続く可能性もある。バッタがバラバラになると、各々が解体された体の一部を拾い上げ、巣へと運び始める。木の枝や葉が複雑に入り組んだ環境に暮らすツァピにとっては、いつ麻酔が切れて目を覚ますとも知れない獲物を集団で運ぶよりも、獲物の脚を一本抱えて単独で巣に向かう方がはるかに楽なのだ。

食糧を運ぶ前に切り分けてしまうのは効果的な戦略である。だが、ときには餌から巣までの道のりが長く、一日中往復を続けるのが大変な場合もある。たとえば以前紹介したハキリアリ属（*Atta*）のアリは、巣から二〇〇メートル以上も離れた場所から餌を調達してくる。人間に置き換えれば、家から二〇キロ先にあるパン屋に徒歩で通うようなものだ。バゲットやパン・オ・ショコラを買いに行くたびにフルマラソンを走らされるのでは、さすがに気が滅入るだろう。この問題に対し、ハキリアリたちはある解決策を見出した。リレーである。アリからアリへと食糧を受け渡すこの輸送方式には、二種類の方法がある。一つは、木の葉を切り取った採餌アリが、巣への帰り道で出会った別の採餌アリに葉を受け渡し、すぐさま次の葉を切りに戻るというものだ。いわゆる「バケツリレー」方式である。もう一つは、荷物を受け渡すのではなく、数メートル運んだ先の道端に放置しておくというものだ。この場合、採餌アリはいい加減な場所に餌を置くのではない。すでに他のアリたちが切り取った葉のかけらが積み重なり、大きな山になっている場所を選んで餌を置く。この餌の山が「中継地点」の役割を果たし、他の採餌アリたちはわざわざ餌場まで足を運ばなくてもすむようになる。

興味深いのは、餌の山がまったくの偶然から形づくられることだ。ハキリアリの通り道は往来が激しく、ときには非常に込み合うこともある。そのような状況では、交通事故の発生は避けられない。別のアリと衝突したはずみに落ちた荷物が、往来に紛れて見つからなくなることもある。荷物を失くしたアリは、新しい葉を切りにすごすごと餌場へ引き返していく。他の採餌アリたちは、道端に転がったこの葉のかけらに触発され、自発的に自分の荷物をそこに重ね始める。葉の山が大きくなればなるほど、採餌アリたちは進んでそこに荷物を置くようになる。個々の行動の連鎖により、集団での採集活動の最も効率的な方法が導き出されたのだ。これもまた「雪だるま式」行動連鎖による最適化の見事な例である。

驚くなかれ、ハキリアリは実験室から脱走する際にもこの方法を活用する。ある朝、筆者は寝ぼけ眼《まなこ》をこすりながら実験室のドアを開け、手探りで電灯のスイッチを探していた。すると足元でプチッという音が聞こえた。アリを一〇匹ほど踏みつぶしたのだ……そんなはずはない！　筆者は大急ぎで部屋の奥にあるハキリアリの一種 *Atta colombica* の巣に駆け寄った。プチップチップチッ……床は一面アリに覆われていた。アリの巣の前に辿りついた筆者は、アリたちが夜中に、巣が入っているケースの片隅に葉のかけらを積み上げていたことを見て取った。憎たらしいアリたちは、突然現れた筆者の存在にも動じることなく、大切な餌を積み上げて作った階段を上ると、ひょいと飛び降りて、筆者の足元に次々と降り立っていった……。はじめは食糧運搬のために発達した行動が、実験室では見事なまでに転用され、脱走のための画期的な手段となったのである。

盗まれた口づけ

オドレー・デュストゥール

アリも人間と同じく雑食性の動物である。バッタの肉をほおばることもあれば、ハチミツや蜜で喉を潤すこともある。バケツも使わず液状の食糧を運んで仲間と分かち合うのは、一見難しいように思える。だがアリという生き物はこの問題を解決する手立てをちゃんと備えているのだ。

アリの多くの種は胃袋を二つ持っている。一つは自分のための胃、もう一つは社会のための胃だ。アリは食糧を社会胃である「そ嚢《のう》」に蓄え、そこから消化する分だけを自分の胃袋へと送り込む。仲間と食糧を分け合う際、採餌アリはそ嚢《のう》に蓄えた食糧を吐き出し、口移しで仲間に与える。あまり食欲をそそる方法ではないが、シロアリなどはもっと怪しげな穴から食糧を受け渡すのだから、贅沢は言っていられない。このような口移しでの食糧のやりとりは「栄養交換」と呼ばれている。絶え間ない口移しによってコロニーの各個体に配布される液状の餌は、個体同士を結ぶ一つの循環システムとして理解される必要がある。栄養交換を引き起こす刺激となるのは、触角による接触だ。おなかを空かせたアリは、仲間の頭部を叩いて餌をせがむ。食糧の受け渡しは、採餌アリが巣に戻ってきたときに観察されることが多いが、巣へ戻る途中に行われることも珍しくない。その様子は、火災現場で水の入ったバケツと空っぽのバケツが行き交うバケツリレーの列を思わせる。

「森のクロアリ」とも呼ばれる中央ヨーロッパ原産のケアリの一種 *Lasius fuliginosus* は、卓越したアブラムシ農家だ。このアリは収穫した貴重な甘露《かんろ》を受け渡すため、頻繁に栄養交換を行う。このアリは通常、洞のある木に巣を作り、ボール紙状のカートン素材で薄い仕切り壁を建設する。壁の原料となるのは細かく噛み砕かれた木と、構造を補強するために張り巡らされる菌糸体だ。巣からは三〇メートル以上にわたって肉眼で確認できる複数の道が伸び、数多くの採餌アリたちがこれらの道を日夜行き交っている。近くの木に暮らすアブラムシたちから回収した甘露を、そ嚢《のう》に貯めて運んでいるのだ。集められた甘露は仲間たちの食糧になるだけでなく、巣の建設に役立つ接着剤や、カートン素材の構造を補強する共生菌の餌としても用いられる。つまり、夜中に小腹が空いたら壁をかじればよいのだ。

餌を運んでいる最中の採餌アリは、腹部が膨張して向こう側が透けて見えるため、簡単に見分けられる。このアリの腹部の外骨格は、腹板《ふくばん》と伸縮性のある膜とで構成されており、アリが甘露を大量に飲み込むと、腹板同士が離れて縞《しま》模様になる。採餌アリは最大で五ミリグラムの液体を飲み込むことができるが、その場合、腹部の体積は文字どおり倍に膨れ上がる。このアリの平均体重が五ミリグラムであることから、なんとこのアリは、自身の体重と同量の甘露を飲み込んでいることがわかる。人間でいえば、体重七〇キロの男性が七〇リットルの砂糖水を飲んで一〇キロの道のりを走り、家に着いたらすぐに胃の中身を吐き出して、また砂糖水を汲みに戻るようなものだ。といっても、現実には人間の胃に入る液体の量はせいぜい四リットル程度である。コロニーにいるすべての個体を養うため、採餌アリたちは年に少なくとも八〇リットルの甘露を集めている。

それだけの量の甘露を運搬するのだから、アリたちの通り道に追いはぎが出没したとしても不思議はない。なかでも狡猾なのは、ケシキスイ科の甲虫 *Amphotis Marginata* である。人間の世界でいえば、通行人に道を尋ね、相手が道を説明している間に財布を抜き取るスリにたとえられる昆虫だ。この甲虫はアリが運ぶ食糧をくすねて暮らしている。道端で標的を待ち受けるこのならず者は、いざ甘露で腹を膨らませた採餌アリが通りかかると、そっと近寄っていって、前脚と触角でアリを叩く。これに反応して、アリは甲虫の頭部を軽く舐める。このやりとりが行われている間、ならず者は採餌アリをぼうっとさせる不思議な「鎮静剤」を分泌する。続いて、このスリは自分の口器《こうき》をアリの口器に突っ込み、大粒の甘露のしずくを吐き出させる。狡猾なこの詐欺師は、アリが普段仲間同士で交換するよりも多くの量の甘露をかすめとる術を心得ている。だが、ときには採餌アリが正気を取り戻し、詐欺師に襲いかかることもある。そんな場合にも、甲虫には秘策がある。翅《はね》の下に脚を引っ込め、吸盤のようにぴったりと地面に貼りつくのだ。アリはなんとかこの悪党をひっくり返そうとする。ほとんどが失敗に終わるが、成功した暁《あかつき》には、アリは甲虫の脚と触角をむしり取ってしまう。結局のところ、甲虫は甲虫で危険な賭けに出ているというわけだ。

現金輸送車

オドレー・デュストゥール

ある種のアリは腹板同士が結合しており、胃袋を膨張させることができない。そのため、これらのアリたちは別の戦略を選択した。それが「社会胃」ならぬ「社会バケツ」だ。筆者はオーストラリアで働いていたときに、このとても単純な運搬方法を観察する機会を得た。当時、筆者は狩りを行うタミアリの一種 *Rhytidoponera metallica* の食糧選択について研究していた。このアリは太陽の光に照らされると、青と緑と紫色の混じった金属のような輝きを放つ。まさに歩く宝石のようなアリだ。このアリは一般には「緑頭アリ」と呼ばれている。コロニーの個体数は一〇〇〇匹以上にも達するが、不思議なことに女王アリはいない。繁殖を担うのは、支配的な地位に君臨する獰猛な一匹の働きアリである。メスの最上位個体《アルファ》と呼ばれることもあるこのアリは、その地位を守るため常に闘っている。実の娘たちを服従させるのに暴力を振るうことも厭わない。

筆者がこのアリを研究対象に選んだ理由は三つある。一つ目の理由は、このアリがプラスチック製の垂直の壁を登れないことだ。些細なことに思われるかもしれないが、この特徴は実験室において、何ものにも代えがたい長所となる。実のところ、アリ学者たちはアリ飼育用のプラスチックケースにフルオン（テフロンに似た脱走防止用のコーティング剤）を塗るのに、膨大な時間を費やしているのだ。フルオンは人体に有害な上、Tシャツにつけば決して落ちないシミになる。二つ目の理由は、このアリがシドニー大学のキャンパス内で大繁殖していることだ。おかげで見本の採取に困ることはない。三つ目の理由は、このアリが比較的大きいことだ。体がスイカの種ほどの大きさもあるため、観察には苦労しない。

残念なことに、このアリにはこれらの利点を帳消しにするある厄介な特徴がある。激痛を引き起こす毒針を備えているのだ。はじめてこのアリを採集しにいったとき、筆者は悲惨な目にあった。このアリはよく、木の幹の股部分に積もった枯れ葉の下に巣を作る。その日、巣がありそうな場所を特定した後、筆者は何気なく枯れ葉の山に手を突っ込んだ。と次の瞬間、腕に強烈な痛みが走った。慌てて手を引き抜いたものの、時すでに遅し、一〇〇匹ほどのアリが筆者の腕を覆いつくしていた。筆者は瞬時に、自分がタタミアリの巣に手を突っ込んでしまったことを悟った。パニックに陥り腕を激しく振るが、アリの大あごは皮膚に深く食い込んでおり、どうすることもできない。アリたちは鋭い毒針で矢継ぎ早に刺してくる。筆者はついに、闘志に燃える戦士たちを両断する覚悟で、腕を力いっぱいこすった。ようやくアリたちの拘束から解き放たれたとき、筆者の腕は二倍に膨れ上がっていた。翌日、腕は石のように固くなり、不気味な紫色に変色していた。おまけに、ひっきりなしに掻かずにはいられないほどの激しい痒みに苛まれた。まるで一〇〇〇匹の蚊に同時に腕を刺されたような痒みである。腕が元どおりに治るまでには一〇日もかかった。ジャスティン・シュミットは、虫刺されの痛みについて綴った著書の中で、タタミアリに刺されたときの痛みを「見た目に反した痛さ」と評している。シュミットによれば、その痛みは「ピーマンだと思ってかじったらハバネロだったときの衝撃」を思わせるそうだ。

そろそろ本題である液体の輸送に話を戻そう。研究の目的は、このアリたちが食糧をどのように配分しているのかを調べることだった。このアリのコロニーでは、採餌アリは全体の一〇〜二〇パーセントを占める。採餌アリの任務は、巣に暮らすすべてのアリたちの食糧を調達してくることだ。成長段階にある幼虫たちは、一日に三度肉を口にする。これに対し、世話役のアリたちは糖分をエネルギー源に活動する。つまり採餌アリたちは、蜜を巣まで運んでこなければならない。だがそ嚢《のう》を持たない採餌アリたちは、糖分を含んだ液体をどのように巣まで持ち帰ってくるのだろうか？

この謎を解くため、筆者は実験室で飼育するアリのコロニーへの糖分供給を断ち、アリたちが糖分を渇望するよう仕向けた。一週間の強制ダイエット期間が終わると、筆者は巣の近くに一滴の砂糖水を垂らした。砂糖水を見つけた採餌アリは、すぐに「舌」と呼ばれる長い小顎と下唇を伸ばし、この液体をごくごく飲み始めた。するとここで、アリが奇妙な動きを見せた。舌を砂糖水に突っ込んだまま、片方の大あごを直角になるまで外側に開いたのだ。続いて、アリはもう一方の大あごも同じように開いた。採餌アリはなんと、砂糖水の表面張力を利用して巨大な水の玉を作っていたのだ。玉が頭部と同じくらいの大きさになると、アリは砂糖水から舌を引き抜き、この戦利品を慎重に運びながら巣へと戻っていった。つやつやと輝く砂糖水の玉は、家で待つおなかを空かせた姉妹たちに気前よく振るまわれた。

運搬される砂糖の量を調べるため、筆者は採餌アリを捕まえ、餌場に辿りつく前と後とでそれぞれ体重を測定した。また餌の重さを量るため、まず砂糖水の玉を抱えた状態でのアリの体重を測定し、次に玉を取り除いた状態でのアリの体重を測定した。大あごに挟まれた液体の除去には綿棒を用いた。測定の結果、採餌アリは体重の二〇パーセントまでの重さであれば、大あごに挟んで持ち運べることがわかった。体重七〇キロの人間に換算すれば、一四キロの液体が入ったバケツを口でくわえて、全力で走りながら運ぶようなものだ。興味深いのは、実験の最中、すべてのアリが砂糖水の玉を運んだわけではなかったことだ。なかには、砂糖水をたらふく飲んでおきながら巣の仲間には何一つ持ち帰らない、根っからの個人主義者のアリも見られた。これらのアリたちは、餌場を訪れる前後で体重が一〇パーセントも増加していたが、そのくせ大あごの間には、ごくわずかな液体さえ挟んでいなかった！これとは反対に、「社会バケツ」の理念を極限まで突き詰めるアリたちもいた。これらのアリたちは、砂糖水の玉を、大あごの間にではなく頭部と胸部の間に形成することで、大あごで抱えられる量の二倍の液体を運んでいた。驚くべきことに、個人主義や利他主義といったこれらの「個性」は、時間が経過しても変わることがなかった。月曜にわがままだったアリは、金曜も相変わらずわがままだったのである。だがなにはともあれ、コロニー内で飢えに苦しむ個体は一匹もいなかった。

ハチミツとスポンジ

オドレー・デュストゥール

食糧運搬のためにアリが発揮する創意工夫を見ると、人間の能力に関する私たちの考え方にも疑問が湧いてくる。一九七二年、昆虫学の野外実習を行っていたある大学教授は、この上なく奇妙な光景を目の当たりにした。その日教授は、シュウカクアリの一種 *Pogonomyrmex badius* による化学物質を用いた仲間の招集方法を学生たちに見せようとしていた。*Pogonomyrmex badius* とは赤色をした種子食性のアリで、以前にも紹介したフロリダシュウカクアリのことである。教授は巣の近くにハチミツを一滴垂らすと、よく観察しておくよう学生たちに促した。すると早速、一匹の採餌アリがハチミツを発見した。アリがハチミツを吟味している間に、教授はアリの胸部に黄色い塗料で目印をつけた。その途端、アリはぴたりと吟味を止め、餌を置いてどこかへ走り去ってしまった。教授は、自分の軽率な行いがアリを怖がらせ、実習を台なしにしてしまったと思った。ところがそう思った矢先に、唾液を使ってこしらえた砂玉を大あごの間に挟んだアリが戻ってきたので、教授の驚きはひとしおだった。アリはハチミツのしずくに近づくと、そこに砂玉を放り込んだ。さらにアリは、ハチミツが砂玉で埋もれるまで、この不思議な行動を繰り返した。この石積み工事が終わると、アリはハチミツを吸った砂玉の一つを抱えて巣に戻っていった。暑さで頭をやられたかと教授が自問していると、アリは再び姿を現し、ハチミツをたっぷり吸った別の砂玉を抱え上げた。さらに今回、アリは数匹の仲間も引き連れていた。こうして、あっという間にすべての砂玉が運び去られていった。

それが幻覚でなかったことを証明すべく、教授は再び同様の実験を試みることにした。教授はハチミツ入りの小瓶を、瓶の口が地面と同じ高さにくるよう調節して地面に埋めた。そしてアリが遠くまで砂を探しにいくよう、実験装置の周囲をくまなく掃除しておいた。小瓶を発見しハチミツの存在を確認した採餌アリは、その場を離れると、何かを探しているような素振りで周囲をうろうろ歩き始めた。森でキノコを探している人、あるいは部屋のどこかに置いたはずの鍵を探している人にも似た様子である。アリが砂か小枝を見つけるまで、教授はこの捜索を観察し続けた。アリは手ごろな道具を拾い上げると、小瓶の場所まで戻り、この即席のスポンジをハチミツの中に投げ込んだ。アリは小瓶がいっぱいになるまでこの行動を繰り返すと、甘い液体を吸ったスポンジを運んでくれる仲間を集めに巣へと戻っていった。ところで、このアリたちは栄養交換を行うための器官を備えている。それならば、なぜ直接ハチミツを飲み込んで運ばないのだろうか？　実はこのアリたちの腹部はキチンという硬い物質でできており、胃を膨張させて大量の食糧を運ぶことができないのだ。道具を使うことで、その嚢《のう》に入れて運ぶよりもはるかに多くの食糧を巣に持ち帰ることができるのである。

研究者たちは、アシナガアリの一種 *Aphaenogaster senilis* も同様の行動をとることを確認した。さらに研究者たちは、このアリが身近なものの中から運搬に使用する道具を入念に選別することまで明らかにした。*Aphaenogaster senilis* は全身に銀色の毛が生えた黒いアリで、地中海沿岸の地域に生息している。そ嚢《のう》を持たないこのアリは、即席のスポンジを使って食糧を運ぶ。液状の餌を見つけると、採餌アリは森の中から葉や小枝を探してきて、チーズフォンデュの要領で餌に浸す。葉や小枝をお皿代わりにして食糧を巣に持ち帰り、コロニーの仲間たちとささやかなパーティーを開催するのである。

アリが道具を無作為に選んでいるのかどうかを調べるため、研究者たちは吸収力の異なる六つの素材をアリに提示し、選ばせるという実験を行った。実験に用いられた素材は、紙、スポンジ、発泡ウレタン、小枝、ひも、プラスチック片の六種類だ。実験対象のアリは、もちろん過去にこれらの素材を見たことも使ったこともない。研究者たちは、採餌アリが粘り気のある甘い溶液を運ぶのに、使いやすさと吸収力を基準に道具を選択していることを明らかにした。さらに、アリたちはスポンジを使う前に細かくちぎり、扱いやすい小さな道具に仕立てることも判明した。この観察により、アリたちは道具を使うだけでなく作れることも証明された。

おわかりのとおり、この小さな生き物たちはどんな難題にも打開策を見つけ出す。私たちは長いこと、道具の使用が人間の特性であると思い込んできた。ところが現実には、昆虫を含む動物の世界では、道具の使用は珍しくも何ともなかったのである。

第五の試練　環境に適応する

砂丘

アントワーヌ・ヴィストラール

リゾート地とは、えてして観光客でごった返すものであり、宿泊施設もすぐに満室になってしまう。競争を避けたければ、過酷な環境を目的地に選ぶことをおすすめする。たとえば砂漠の真ん中であれば、簡単に予約がとれるだろう。これこそが、サハラサバクアリ（*Cataglyphis bombycina*）が選んだ戦略である。このアリは、多くの生き物がひしめき合う環境で居場所を勝ち取ろうとはせずに、あえてサハラ砂漠の砂丘地帯という過酷な環境に身を置いた。厳しい暑さと乾燥から、サハラ砂漠は動物にとってほぼ生存不可能な土地と化している。日中の最も暑い時間帯には、地表の温度は七〇度にも達する。この暑さでは、サハラ砂漠に生息するヘリユビカナヘビ属（*Acanthodactylus*）のトカゲのようなしつこい捕食者でさえ、日陰に避難せざるをえない。サハラサバクアリが巣から出てくるのはまさにこの時間帯なのだ。このアリはサハラ砂漠に棲む動物の中でも飛び抜けて暑さに強い。暑さが最も厳しい時間帯に、灼熱の太陽に身を晒していられる唯一の動物なのである。専門家たちの間では、このアリには「耐熱性」があると言われている。サハラサバクアリが活動する時間帯には砂漠に他の動物の影はなく、よって捕食者に遭遇する心配もない。砂の上にあるのは、餌となる焼けた昆虫の死骸だけだ。もちろんだが、この戦略には相応の危険が伴う。サハラサバクアリといえど太陽の下で活動できる時間はほんの数分であり、それ以上になると自分自身が暑さによって命を失うことになる。スイスの研究者リュディガー・ヴェーナーが的確に指摘しているとおり、このアリの活動は二種類の奈落の上を通過する「熱の綱渡り」にたとえられる。気温が低すぎれば捕食による死が、気温が高すぎれば熱による死が待ち受けているのだ。さて、あなたならどちら側に体を傾けるだろうか？

　砂漠に棲むサハラサバクアリは、暑さへの耐性を高めるため、進化の過程で数々の一風変わった適応を獲得してきた。一つ目の適応は形態にかかわるものだ。その体つきを見れば、このアリが傑出した走者であることがひと目でわかる。全長一センチの引き締まった体は流線形の外皮に包まれ、すらりと伸びた細く筋肉質な脚がそれを支えている。このアリは、馬でいうところの純血アラブ種〔中東原産の馬の品種。砂漠環境で育成され、耐久性に優れる〕なのである。それどころか、同じ大きさで比較すれば、純血アラブ種の馬さえ圧倒してしまう。サハラサバクアリは瞬時に加速し、秒速一メートルに迫る速度で走ることができる。一秒間に自分の体長の一〇〇倍の距離を駆け抜けるのだ！　通常時四ミリの歩幅は、最高速度に達すると二〇ミリ以上にまで広がり、それぞれの脚は一秒間に四〇歩以上も前進する。各脚は一〇〇分の二秒ほどしか地面と接触しない。つまり走行中のアリは、実に二割以上もの時間、脚を一切地面につけずに滞空していることになる。これは六本脚で走る動物の中でも極めて稀な例だ。さらには、前脚をまったく使わずに四本の後ろ脚だけで走る場合もあるということが、この小さな短距離走者たちが砂上に残した極小の足跡から発覚した。

諸々の違いはさておき、もしこのアリが馬と同じ大きさになったとしたら、パリにあるロンシャン競馬場の一周二〇〇〇メートルのコースをわずか一〇秒で走破してしまうだろう。ちなみに馬の最速記録は二分三秒である……。この巨大アリは、ＴＧＶ〔フランスの高速鉄道〕の窓から外を眺める乗客たちを、列車の倍にあたる時速七二〇キロで追い抜いていく。言うまでもなく、比較によって算出されるこのような速度は、ミクロの世界を支配する様々な物理法則があってこそ可能になる。ミクロの世界の法則を維持したまま比率を変えれば、途方もなく大きな力が得られるからだ。とはいえ、こと短距離走に関して、サハラサバクアリの右に出るアリはいない。

二つ目の適応は生理機能に関するものだ。先ほど見たように、このアリは熱に対する高い耐性を備えており、体温が五三度以上に上昇しても体に異常は生じない。他の昆虫であれば、体温がそこまで上昇すれば体の大部分は機能しなくなる。サハラサバクアリに比べると、人間を含む恒温性の脊椎動物は非常に繊細だ。なにせ体温を常に一定に保っておかなければならないのである。五三度の熱があっては、とても仕事に行く気にはならないだろう。体温上昇に対するこのアリの高い抵抗力を生み出しているのは、「熱ショックタンパク質」と呼ばれる物質である。細菌から菌類、動植物まで、ありとあらゆる生き物に共通していえることだが、通常の範囲を超える体温上昇は「熱ショック応答」という生理現象を引き起こす。体温上昇によって生物の各細胞内では大きな変化が生じ、熱ショックタンパク質を合成するための特殊な遺伝子が活動し始める。熱ショックタンパク質の役割は、異変が生じている間、どうにかして他のタンパク質の正常な機能を維持することだ。「すぐに治まりますから、指示に従い落ちついて行動してください」――いわば細胞のレスキュー隊である。サハラサバクアリの特性は、熱ショックタンパク質を他の動物よりも多く生成できるだけにとどまらない。このアリは、他の動物がするように危険な暑さに反応して熱ショックタンパク質を生成するのではなく、なんと暑さに晒される前、すなわち巣から出る前にこれを生成してしまうのである。砂漠を駆けるアリたちはこのようにして、太陽の下に足を踏み出す前から、熱ショックに耐える準備を整えているのだ。

　三つ目の適応は体毛に関するものだ。これは三つの適応の中でも最も特異なものであると考えられる。太陽の下では、このアリたちは砂上を転がる小さな水銀の玉のように見える。まるで薄い銀のフィルムに覆われているかのように、外皮が輝いているのだ。この銀色の光沢はどこからくるのか？二〇一五年、ある研究者の一団がこの謎を解き明かした。発見の内容は驚くべきものなのだが、少々物理学が関係してくる話なので、心の準備をしておいてほしい。まず電子顕微鏡で撮影された写真からわかったことは、この銀色のアリが、長い毛で体を覆われているということだ。毛はまるでくしで丁寧に梳《と》いたように、体の表面に撫でつけられている。さらに拡大してみると、毛の内部が空洞になっていること、およびその断面が円形ではなく三角形であることがわかった。ちょうどトブラローネ

〔三角柱形の箱に入ったスイスのチョコレート菓子〕の空き箱のような形状である。アリの体に面する三角形の底面部分がなめらかであるのに対し、空気に接する残りの二面はトタン板のような波打った構造になっている。このような精巧な設計が意味する機能は一つしかない。研究者たちは「全反射フーリエ変換赤外分光法」と呼ばれる最新の技術を用いて、毛の立体構造が驚くべき光学的特性を備えていることを解明した。このアリの体毛は、非常に幅広い入射角で侵入する光線を一〇〇パーセント反射するのである。要するにこの体毛は、軽くしなやかな小型の鏡のように機能することでアリの体を太陽光から守る、正真正銘のボディースーツなのだ。

それだけではない。なんとこのボディースーツは、上質なスポーツウェアと同じく呼吸するのである。この体毛は、太陽光の中でもとりわけ放射照度の高い波長の光、すなわち可視光線と近赤外線を反射する。その一方で、体から発せられる赤外線は外に通す。こうして体にこもった熱を空気中に逃がすことで、砂漠を走る小さな短距離走者たちの体温は二〜五度も低下する。ただの毛にしては大した性能ではないか！　この発見は科学者たちの間で大きな話題となったばかりでなく、将来的には科学技術への応用も期待されている。

競争を避ければ、過酷な環境というもう一つの敵との闘いが待っている。サハラサバクアリは砂丘という環境を選択し、特殊な適応によってどうにかこの試練を乗り越えた。生存に必要な数度の耐熱性を付与するため、進化はこのアリに世界最速の脚と、熱ショックに耐え備えうるだけの生理機能と、驚異的な物理性能を有する体毛とを授けた。と同時に、このアリは自らの生き方に適合した行動を身につける必要にも迫られた。最も暑い時間帯にしか外出しないとなれば、このアリの体は極限の暑さに晒される。まさに死と隣り合わせの日々を送っているのである。砂上の小さなヒロインたちの運命は、決してうらやむべきものではない。外出を重ねるごとに、アリたちの脚は砂に焼かれていく。年老いた個体は、脚が欠けてもなお残った根元部分で走り続ける。ほぼすべての個体が、灼熱の太陽に焼かれてその生涯を終える。砂上に残った小さな足跡は、このアリたちが地球上で生きたことを物語る最後の証だ。アリたちは砂丘によって生かされ、砂丘によって殺されるのである。

風と共に去りぬ

アントワーヌ・ヴィストラール

砂漠の敵は暑さだけではない。私を含む研究者の一団は、オーストラリアの赤茶けた雄大な荒野の上空を三時間ほど飛行した後、果てしなく広がる砂漠の真ん中に突如出現した小さな街に降り立った。ようこそ、アリススプリングスへ。

人家もまばらなこの街では、これといってすることもない。川があるにはあるものの、ほとんど年中干上がっているため川遊びもできない。川の形に伸びた長い砂地の周りにはぽつりぽつりとユーカリの木が生えており、ときおりアボリジニ〔オーストラリアの先住民族〕の集団が輪になって木陰に涼んでいる。街の中心部を平行して走る三本の細い通りには、庇《ひさし》を張り出したカフェや、アボリジニの見事な絵画を展示したギャラリーがいくつかと、二軒の小さなスーパーがある。人間の文明が感じられるのはそこまでで、その先には手つかずの大地が何千キロにもわたり広がっている。周囲一〇〇〇キロ以内に街と呼べるものはない。陸路で移動するのなら「スチュアート・ハイウェイ」に乗ろう。案内標識には二つの行き先が示されている。南に一五三二キロ行けばアデレードに、北に一五〇〇キロ行けばダーウィンの街に着く。

私たちは、オーストラリアの砂漠に適応したある小さな生き物を研究しにやってきた。ゴウシュウオオアリの一種、*Melophorus bagoti* である。オーストラリアの乾燥した地域にしか生息しないこのアリは、地中に巨大なコロニーを形成する。このアリをよく知るアボリジニの人々は、ときどき地面に穴を掘って、腹部を甘露《かんろ》で膨らませた琥珀《こはく》玉のような「貯水アリ」を掘り起こす。冬を越すための食糧を腹部に貯め込んだアリは、格好のおやつになるのだ。アボリジニの絵画にしばしばゴウシュウオオアリが登場するのも、そのような理由からなのだろう。

オーストラリアの未開地では、地面はオレンジ色の砂に覆われており、乾燥した小ぶりな茂みや空に向かってそびえたつ立派なユーカリの木がところどころに点在している。夕暮れ時になるとヘビやトタテグモやオオトカゲが姿を現すが、夏の日中に砂漠を歩く動物はゴウシュウオオアリだけだ。このアリはどこからともなく現れ、まるで小さなスポーツカーのように勢いよく足元を駆け抜けていく。長い脚に支えられた体長一センチほどの体は、焼けつく地面の上を長時間走るのに適している。このアリの外見は、地中海沿岸の乾燥地帯に暮らすサハラサバクアリ（「砂丘」参照）によく似ている。一つ大きく違うのは、*Melophorus bagoti* がオーストラリアの地面と同じ色をしているということだ。このアリの全身は、赤みがかったオレンジ色の外皮に包まれている。地中海沿岸の仲間と同様、オーストラリアに棲むこのアリも暑さに強く、夏の暑い時間帯に単独で巣の外を探索する。焼けた昆虫の死骸を探して、速歩で砂の上を駆け回るのだ。

幸いなことに、このアリの気性は研究にはうってつけである。争いごとが嫌いで、研究者に触られても気を荒げないのだ。それでいて、巣にわずかでも餌を持ち帰ろうという意欲に常々燃えている。むしろ問題は、灼熱の太陽の下、体を二つ折りにした状態で暑さと闘う研究者たちの側にある。その上、辺境の地でそのような活動に明け暮れる科学者集団は嫌でも人目を引く。アリススプリングスの街で働く人々の大半は、空調の効いた室内で日中を過ごしている。そんな中、オレンジ色の土埃まみれになった汗だくの集団がいきなり現れて「水を一杯下さい」などと言えば、居合わせた人々はみな目を丸くしてしまう（よく冷えた水だとなおありがたい）。

そろそろ科学に話を戻そう。実験の中には個体の追跡が必要なものもあるが、そのためにはすべての個体に識別用の印をつけなければならない。アリに塗料で印をつける行為には、美的感覚と手際のよさと数学的思考が要求される。まずは、アリの脚が自由にならないよう注意しながら、人差し指と親指でそっとアリをつまみ上げる。次に、塗料をつけた針でアリの胸部を軽く撫で、ごく小さな印をつける。最後に、必要に応じて異なる色の小さな印を二つか三つつけ加える。この方法により、「黄・緑」の個体、「青・青・赤」の個体といった具合に、数百匹のアリを一目で識別できるようになる。いっぱしの研究者ともなれば、一シーズンに一〇〇〇匹以上のアリを塗り分けてみせる。

その日、私たちは固唾をのんで「黄土・黄土」の個体の歩みを見守っていた。入り組んだ自然の迷路をアリに攻略させるというその実験は、何時間もの学習をアリに要求する大胆なものだった。数台のカメラが回る中、一等のアリは秒速五〇センチの速度で慣れ親しんだ迷路に突入した。ところが、序盤のカーブをうまく曲がり重要な分岐点に差しかかったところで、一陣の風がアリをさらっていってしまった。せっかくの実験が台無しである……。

このようなトラブルはこれが初めてではない。レッドセンターと呼ばれるオーストラリアのこの地方では、突風はありふれた自然現象だ。毎朝、太陽によって赤い大地が急速に温められることで、突風の原因となる強い熱気流が生まれる。この突風は、研究者にとってはもちろん悩みの種であるが、アリにとってはそれ以上に厄介な一大災害であるはずだ。巨大な竜巻がいつ発生してもおかしくない状況で買い物に出かける人の心境を想像してみてほしい。ひとたび竜巻に巻き込まれれば、普段歩いている道から何キロも離れた見知らぬ場所まで飛ばされてしまうのだ。このことから、次のような疑問が浮かんでくる。アリたちがこの問題に対処するための戦略を発達させたとは考えられないだろうか？ アリたちは、自分が吹き飛ばされる方向を検知し、記憶しておくことができるのではないか？ 当初、この仮説はありえないことのように思われた。

ほとんどの昆虫は風を感知することができる。触角の根元に備わった小さな感覚器が、風による触角のねじれを検知するのだ。その一方で、昆虫が風向きを記憶できる可能性に言及した研究はこれまでに一つもない。ましてや件のアリは、風に吹き飛ばされているのである。「受動的飛行」と呼ばれるこの制御不能の現象は、位置情報に大きな誤差を生じさせるため、二〇世紀の飛行士たちにとって大きな課題だった。これを克服するには、GPSの登場を待たなければならなかった。迷わず目的地に辿りつける渡り鳥たちは、横風による移動を計算できているようだ。しかしながら、GPSもなしになぜそのような離れ業が成し遂げられるのか、その理由は解明されていない。いずれにせよ、この問題は空の専門家たちをも悩ませているのだから、安定した大地の上で生きるアリがこの問題を解決する術を備えていると考えるのは、さすがに無理があるだろう。

シーズンの終わりも近づき、シドニー帰還までに残された滞在日数は二〇日を切った。この短期間のうちに実験を考案し、機材をそろえ、装置を組み立て、この新たな問いに対する回答を得るために必要なだけの試行を重ねることは、ほとんど不可能に思われた。だが、挑戦しなければ何も得られない。必要なのはシンプルかつ効率的な手順設計だ。翌朝、私たちはアリススプリングスのホームセンターが開店するのを待ち、いぶかしげな目で見られることも厭わず、店員に実験の計画を説明した。私たちはそこで、大きな木の板とプラスチック製の雨どいを二つずつと、風を起こすために必要なガソリン駆動式の落葉清掃用送風機《ブロワー》を購入した。飛行準備は万端である！

実験の手順はこうだ。まずはゴウシュウオオアリの巣の入口を囲うようにクッキーのかけらを配置し、送風機を構えながらアリが出てくるのを待つ。巣から出たアリは「あ、クッキーだ！」と目を輝かせ、そのかけらを大あごで挟んで巣に持ち帰ろうとする。その瞬間、待ち伏せていた研究者は送風機の引き金を引き、アリとその宝物のクッキーを遠くへ吹き飛ばす。注意しなければならないのは、アリを飛ばす方向だ。送風担当者は、三メートル離れた場所に垂直に立てられた板に当たるよう、正確にアリを飛ばさなければならない。吹き飛ばされたアリは垂直の板にぶつかって止まり、その真下の地面に埋め込まれた雨どいの中に落下する。雨どいの内壁は滑りやすく高さもあるため、閉じ込められたアリは外の景色を見ることができない。つまりアリは、視覚によって自分がどこに飛ばされたかを確認できないということだ。次いで研究者は、光を通さない不透明な容器の中にアリをしまうと、一〇〇メートル先にある、アリがこれまで足を踏み入れたことのない場所へと運んでいく。アリはそこで、三六本の放射状の線が引かれた直径一メートルの円形の板の上に放される（三六等分されたカマンベールチーズをイメージしてほしい）。この装置によって、見知らぬ環境に放たれたアリがどの方角に向かって歩き出したのかを記録することができる。

では、アリがやってきた（正確には飛んできた）道を巣の方角に向かって引き返せるかどうかを検証するには、どのような方法があるだろうか？　正確な統計をとるには、次の二点を確かめる必要がある。一点目は、アリが勝手気ままな方向に歩いているのではないということ、二点目は、アリが放された場所に基づいてではなく、風向きに基づいて進む方向を決定しているということだ。この二点を確認するため、私たちは巣の北側と南側それぞれ三メートルの位置に垂直の板を一枚ずつ設置し、半分のアリは北に、もう半分は南に向かって飛ばすことにした。その後、どちらのアリも真っ暗な容器に入れられ、同一の見知らぬ地点に放される。あとは北に飛ばされたアリが南に、南に飛ばされたアリが北に向かうことを確かめればいい。シンプルだが効率のよい実験である。

簡単に思えるかもしれないが、この実験をうまく行うにはちょっとしたコツがいる。慣れないうちはかなりの数のアリを斜めに飛ばしてしまい、狙いどおり板に当てることができなかった。けれども練習を重ね、機械の操作に慣れていくうちに、私たちはアリ飛ばしの達人になった。初日の夕方までには一〇四匹のアリで実験を行うことができたが、南に飛ばされた五匹のアリはおおよそ北に向かって歩き出し、北に飛ばされたアリたちは南に向かって歩き出した。シャンパンを開けて祝うにはちと早いが、期待に胸を膨らませてにぎやかな晩を過ごせるほどには幸先のいい滑り出しだ。一週間かけて、二つの巣を対象に合計六二四匹のアリを試験した結果、もはや疑いの余地はなくなった。オーストラリアに暮らすこの小さなアリは、突風によって自分がどの方角に飛ばされたかを検知し、それを記憶しておくことができる。渡り鳥も顔負けというわけだ!

だが地上で生活するこのアリは、どのようにして空の情報を得ているのだろうか？　それを調査するために残された時間はわずか一〇日だった。アリが見知らぬ場所に放されても道に迷わないという事実は、アリが地上にある目印をもとに方角を見極めているのではないことを物語っている。アリはその場所に来たことがないからだ。滑空を得意とするこの小さな生き物たちは、たとえば太陽の位置のような、空にある目印を利用しているに違いない。実際、自分が向かっている方角を知るために空から得た情報を利用する昆虫は数多くいる。とはいえ、オーストラリアに棲むこのアリは、本当に宙を舞いながらそのような情報を収集することができるのだろうか？

私たちは早速、ハイスピードカメラと三脚を取り出した。吹き飛ばされたアリが空中でどのような行動をとるのかを、スローモーションで検証するためだ。予想していたとおり、アリは明らかに空中で姿勢を制御できていなかった。アリはあらゆる方向に回転し、ときには秒速四メートル——一秒間に自分の体長の四〇〇倍もの距離を進む速度——を超える速度で地面に激突し、跳ね返ることもあった。そのような状態で、アリは一体どのように太陽の位置を観測しているのだろうか？　ここで当然のように一つの仮説が浮かび上がってくる。そう、「単眼」である。単眼とは、昆虫の頭頂部にある簡単な構造をした小さな三つの眼のことだ。単眼は三角形に配置されていることもあり、それぞれの眼は一つのレンズのみで構成されている。ミツバチをはじめとする空を飛ぶ昆虫は、単眼によって地平線の位置を把握することにより、空中で体を水平に保つことができる。他方で科学者たちは、地上で生活するある種のアリの頭頂部にも単眼が備わっている理由について、長い間疑問を抱いてきた。それが祖先から受け継がれた形質の単なる名残りであり、クジラに見られる小さな後ろ足と同様、アリにとってはもはや用をなさないものであると考える研究者もいる。ところが、ある種の昆虫たちは単眼によって空にある目印を把握し、方角を知る手がかりにしているというではないか！　さらにこれらの小さな眼には、視覚情報を高速で脳に伝えることに特化した太い神経細胞がつながっている。空中で急回転や急旋回を行うトンボのような飛行の名手は特に発達した単眼を備えているが、この動きは宙を舞うアリの動きとぴったり一致する。私たちはついにアリの単眼に秘められた役割を発見したと思った。すなわち、主に突風によって引き起こされる制御不能な飛行の際、飛ばされた方角を把握するという役割である。この仮説はいたって簡単に検証できる。事前に光を通さない塗料でアリの単眼を塞いだ上で、再度同じ実験を行えばいいのだ。吹き飛ばされた後にアリが巣の方角を見失えば、この仮説は立証される。

翌日、私たちは再び送風機を持って意気揚々と荒野に繰り出した。しかしその数時間後、早くも雲行きが怪しくなってきた。単眼を塞いだ状態で試験したアリたちが、方角を記した板の上でさほど迷った様子を見せなかったのだ。二日目の夕方、もはや当初の興奮はどこかへ消え去っていた。アリは単眼がなくても飛ばされた方角を検知できることが、データによってはっきりと示されたのである。イギリスの生物学者トマス・ヘンリー・ハクスリー〔一八二五〜一八九五〕の言葉が脳裏によみがえる。「科学の大いなる悲劇——それは美しい仮説が醜い事実によって打ち砕かれることだ」。

私たちは、研究者であれば誰もが経験したことのあるもどかしさに苛《さいな》まれていた。答えはすぐそこにあるはずなのに、どうしてもそれを探り当てることができない……悶々としながら吹き飛ばされるアリの映像を見返していると、ふとアリのある行動が目に留まった。ほんの数ミリ秒の間だが、アリがある特定の姿勢をとっているのだ。おそらく自分たちが立てた美しい仮説に目を奪われていたがために、気づかなかったのだろう。突風が吹き始めたことを感知すると、採餌アリはすぐに六本の脚を広げ、吹き飛ばされないように地面にしがみつくのである。もちろん、風速が一定以上になると、踏ん張りも空しくアリは飛ばされてしまう。だがひょっとすると、アリは地面を離れる直前のごくわずかな時間のうちに、風向きを記憶しているのかもしれない。

この新たな仮説を検証するため、私たちは街に戻り赤色の光学フィルターを購入した。アリの眼は赤色を認識できない。赤色のフィルターは赤以外のあらゆる波長の可視光（紫外線を含む）を遮断することから、このフィルターはアリの眼には不透明に映る。私たちは、直径二〇センチほどのフィルターをゴウシュウオオアリの巣の五センチ上方に設置し、再度同じ実験を行った。私たちはフィルターを通して、巣から出てきたアリがクッキーをつかんでから吹き飛ばされるまでの様子を観察できる。アリは地面にしがみつくが、頭上のフィルターが邪魔をして空を見ることができない。つまりその間、アリは空にある目印を確認できないということだ。一方で、風に飛ばされて舞い上がってから垂直に立てた板にぶつかるまでの間は、アリはこれまでどおり空を見ることができる。もしアリたちが方角を記した板の上で迷った様子を見せれば、次の二つのことが結論づけられる。一つは、アリが空にある目印を頼りに飛ばされた方角を把握しているということ、もう一つは、アリが滑空中にではなく、地面にしがみついている最中に方角を把握しているということだ。

四八四のアリで実験を行った結果は、これ以上ない決定的なものだった。見知らぬ場所に放されたアリたちは、巣の方角を見失ってしまったのだ。自分が飛ばされた方角を把握できなかった証拠である。つまりこのアリたちが見つけた解決策とは、飛んでいる最中に苦労して進行方向を見極めようとするのではなく、飛ばされる前に風向きを記憶してしまうことなのだ。この昆虫たちは予言ができるのである。

科学論文の発表には多数の根拠が求められることから、私たちは最後にもう一つ実験を行った。もしアリが飛ばされる方向を予言できるのだとしたら、実際に吹き飛ばさなくとも、地面にしがみつく行動をアリに起こさせるだけで事足りるはずだ。そこで今度は赤色のフィルターを使わずに、これまでよりも威力を弱めた風をアリに当てることにした。アリが地面にしがみついたら、風で舞い上がる前にアリを捕まえてしまうのだ。見知らぬ場所に放されたアリは、私たちの予想どおり、捕獲直前に当てられた風とは反対の方向に歩き出した。たとえ風に飛ばされたことを体感しなくとも、見知らぬ環境にいるという単純な事実から、アリは自分が飛ばされたと推測するのである。

このようなアリたちの行動は、人間に次のような有名な教訓を思い出させてくれる。「簡単にできることをわざわざ複雑にする必要はない」。風にさらわれてから受動的飛行の情報を把握するのは至難の業だ。それどころか、アリの感覚をもってしては不可能なことかもしれない。その代わりに、この昆虫は地面にしがみついた状態で、ほんの数ミリ秒の間、これから起こるであろう飛行の情報に全神経を傾ける。まさにこの瞬間、アリは飛行の情報を把握しているのだ。触角の根元にある器官が感知する方角の情報は、アリの脳に刻み込まれ、複眼に映る空の情報と結びつけられる。このアリたちの世界では、イメージが感覚を凌駕《りょうが》するのである。

現在、科学者たちはアリの脳の神経細胞がこうした変換をどのように行っているのか、その仕組みを解明し始めている――だが、それはまた別の物語だ。

ところでアリの単眼の存在理由については、いまだ謎のままである。

流れに逆らって

アントワーヌ・ヴィストラール

トゲアリ属（*Polyrachis*）は、アリの愛好家たちの間ではよく知られたアリの仲間だ。木の中に巣を作るこのアリの仲間には、球形をした黄金色の腹部を持つものがいる。枝に沿って歩くその姿は、金色に輝くクリスマスツリーの玉飾りを思わせる。二〇〇七年、私たちの研究チームは実験室にこの種を招き入れた。コロニーは鉢植の低木に巣を作っていた。私たちはアリが逃げ出さないよう、水を張った大きな容器の中に鉢を入れた。こうしておけば、アリたちはおとなしく木の上で暮らしてくれるはずだ。最初の一週間は何事もなく過ぎ去った。黄金色の美しいアリたちは、部屋の片隅で木の手入れに専念していた。ところがある日、実験室正面の壁を歩いている一匹のアリが見つかった。どこから脱走したのだろう？　室内の状況をざっと確認したところ、枝の一本が水の入った容器の向こう側にまで伸び、床の上に張り出していたことがわかった。アリはこの枝の先端から床に落ちたに違いない。かわいそうに、巣に帰れなくなってしまったのだろう。ハサミで枝を剪定《せんてい》し、アリを仲間たちが待つ樹上に戻したことで、万事は解決したかに思われた。ところがその翌日、再び小さな黄金色の点が壁の上を散歩しているのが見つかった……またもや迷子のアリである。どうやって外に出たのだろうか。枝は短く切り落としてあるので、植木鉢から脱走するには、二〇センチ近くもの距離を飛び越えなければならない。困惑した研究チームは、逃げ出したアリを樹上に戻す前に、アリの胸部に白い塗料で目印をつけておくことにした。その数時間後、またしてものんきに壁の上を散歩する黄金色のアリが見つかった。驚いたことに、そのアリの胸部には白い目印がついていた。先ほどと同じ個体である。このアリは包囲の穴を見つけたに違いなく、それを利用してまんまと脱走し、室内を探検しているのだ。脱獄犯はみたび樹上に戻された。ただし今回、私たちは謎が解けるまで目を離さない覚悟でこのアリを見張ることにした。アリは最初、まるで何事もなかったかのように振るまっていた。アリは私たちの忍耐を試すかのように、枝の上を悠々《ゆうゆう》と散歩したり、姉妹たちと挨拶を交わしたりしていた。三〇分ほどが経過しただろうか、事件が迷宮入りするかと思われたそのとき、ついにアリが動きを見せた。アリは木の幹を下ると、次いで植木鉢の外壁を伝って、水面のすぐ近くにまできた。アリはそこで数秒間立ち止まり、ためらいながら、ちょうど人間がプールの水につま先をつけるように、触角で水面をそっとつついた。まさか泳ぎはしないだろう——と思った次の瞬間、アリは水面に身を躍らせた。そして見事な水平飛び込みで着水すると、驚くべき速度でまっすぐに泳ぎ始めた。六本の脚をうまく使いクロールのような泳法で容器の向こう側に辿りついたアリは、研究者たちが呆然と見守る中、ゆっくりと水から体を引き上げた。

陸地で生きる昆虫は泳げるようにはできていない。少なくとも学校ではそのように教わる。ミクロの世界では水の表面張力は絶大で、まるで糊《のり》のように昆虫を包んで閉じ込めてしまう。誰もが一度はプールに落ちたアリを見たことがあるだろう。生きようとして必死にもがきながらも一向に前に進まず、心優しい人が手を差し伸べでもしない限り、やがて力尽き溺れてしまう。水陸両生の甲虫であるゲンゴロウのような水辺の環境に適応した昆虫が泳げるのも、ひれの役目を果たす専用の器官が発達しているからだ。この器官は陸上生活では何の役にも立たない。これとは反対に、トゲアリの細いかぎ状の脚は樹上生活に適応したものであり、泳ぎとは無縁である。私たちの目の前で泳ぎを披露したこのアリは、水に興味を抱いた特殊な個体だったのだろうか？

アリが泳いだという記録を見つけるには、文献を片っ端から読み漁る必要がある。最初の記録は、一九八二年に刊行されたブラジルの研究誌『アマゾン録《アクタ・アマゾニカ》』に記載されていた。論文の著者たちは、トガリハキリアリ属（*Acromyrmex*）のアリがアマゾンで毎年発生する洪水をどのように生き延びているのかに疑問を抱いた。事実、アマゾンの熱帯雨林の一部では、六メートルの高さにまで達した水が数ヶ月間引かないこともあるのだ。トガリハキリアリは普段地中に巣を作るが、どうやらこの時期は樹上に巣を移すらしいことがわかった。シンプルだが効率的な対策だ。私たちの興味を引いたのは、洪水にもかかわらず隣の木まで餌を探しにいく個体がいたという記述である。それらのアリたちは、スイレンのような水に浮く植物をうまく利用して、水に濡れることなく隣の木に移ったという。だがスイレンがない場合、一部のアリたちは泳いで水面を渡ったとも書かれているではないか！ 論文の著者たちによれば、水泳はアリにとって非常に危険な行為である。魚に食べられたり、水に流されたりして、多くのアリたちが命を落としている。ともあれ、私たちはこの論文に出会えてひと安心した。泳いでいるアリを見たのは、私たちだけではなかったのだ。

その三年後、ついにこの問題を扱った研究が発表された。野外調査のためマレーシアを訪れていたカンザス大学の研究者たちは、水たまりを泳いで渡る一匹のアリを偶然目撃した。アメリカに帰国した後、彼らはこの問題を本格的に調査する決意を固めた。再びマレーシアを訪れた彼らは、現地のアリを複数種採集すると、それぞれの泳ぎの能力を確かめるべく、アリたちをその辺の池に次々と放り込んでいった。「簡単にできることをわざわざ複雑にする必要はない」とはまさにこのことだ。まったく泳げないアリが数多くいる中で、一部のアリは見事な泳ぎを見せた。研究者たちは、泳ぎの上手なアリの中からコーヒー色の美しい体を持つオオアリの一種 *Camponotus americanus* を選び出し、その泳ぎの能力について、実験室のプロジェクターの下でより詳細な研究を行うことにした。

出場選手たちは全長四〇センチのオリンピックプールに一匹ずつ入れられ、当時使われていた八ミリフィルム式の大型ハイスピードカメラで撮影された。計測可能なデータを集めるため、二人の研究者は映像をガラス製のテーブルに水平に投影し、トレーシングペーパーで絵を写し取る要領で、泳いでいるアリの輪郭をコマごとに鉛筆でなぞっていった。映像一秒につき七〇枚の図を写し取るのだから、根気のいる仕事である。

研究者たちの目的は、アリが歩行時と同じ運動機能を用いて泳いでいるのか、それとも水泳に特化した別の技術を用いて泳いでいるのかを突き止めることだった。犬をはじめとする四本足の哺乳類の大部分は、地上を駆けるときと同じように脚を交互に動かしながら泳ぐ。つまり理論上、それらの哺乳類にとって泳ぎのための特別な動作は必要ないということになる。走ることのできるすべての哺乳類は、おのずと泳げることになるからだ。しかしアリの場合、これとは事情が異なるらしく、泳ぐための特別な技術が必要となる。研究者たちは、研究対象のアリが前脚で水をかいて前進すると伝えている。アリは水中で、左右の前脚を交互に使いながら、垂直方向に円を描くような動作を行う。ちょうど犬の前脚と同じような動きである。ところが中脚と後ろ脚には、地上を駆ける動作に特徴的な(これは犬もアリも同じである)左右の脚の振りは見られない。中脚と後ろ脚は後方に伸ばされたまま、水面にくっきりと浮き上がって見える。これらの脚はなんと、方向転換をするための舵《かじ》の役割を果たしているのだ。左舷(左側)に舵を切る場合、アリは左側の中脚と後ろ脚を大きく広げることで、左側の水の抵抗を大きくする。ちょうど二人乗りカヌーの後ろに乗っている人が、左に旋回するために左側のパドルを水に浸すのと同じ原理である。

このことから、アリの泳ぐ能力は特殊な適応の成果であると考えられる。すべてのアリが泳げるわけではないという事実にも、これで説明がつく。さらにこの実験を行った研究者たちによれば、ミニチュアのプールに投げ込まれたアリたちは最初、まるでパニックに陥ったかのように、不規則で無意味な動きを見せるという。美しいフォームのクロールで泳ぎ始める前に、数秒の準備期間（これは昆虫にとっては長い時間だ）が必要であるかのような様子だ。もしかするとこの最初の反応は、適応によって泳ぎを習得する前の世代のアリたちが直面した、パニックの記憶の断片なのかもしれない。

最近になって、また別の研究者たちがこの難題に身を投じた。その研究者たちは、年に数ヶ月間激しい洪水に見舞われるペルーとパナマの熱帯雨林に赴いた。現地のアリにとって、この洪水の季節は正念場である。この時期になると、一分間に数百万匹ものアリや虫たちが樹上から水へと落下する。低い枝から高さ三〇メートルの林冠部にいたるまで、あらゆる階層に棲むアリたちが一斉に降り注ぐのだ。あまりの光景に、この現象を「蟻の雨《アントレイン》」と呼ぶ人もいるほどだ。このアリの雨は、森の最上部から地面へと向かう食物の大きな流れを形づくっている。森の地上部と水中の均衡を保つために欠かせない、重要な現象なのである。水に棲む捕食者たちにとってみれば、次から次へとごちそうが降ってくる恵みの雨というわけだ。水に落ちたアリは、一〇秒もしないうちに魚に飲み込まれてしまう。こうなったら、是が非でも泳ぎを覚えるしかない。

科学者たちは、森林の最上層へと上るために登山用ロープを取り出した。この湿潤な森林では枝の一本一本に多くの生き物たちが暮らしており、一本の樹木には実に二〇種以上ものアリが棲んでいる。数本の木に登っただけで、研究者たちは三五種ものアリを数百匹採集することができた。まさに理想的な採集環境といえるが、いざ地上三〇メートル（一一階建ての建物と同じ高さ）の木にぶら下がって採集を行う際には、おとなしいアリと人を刺すアリの区別はつけられるようにしておいたほうが賢明だ。

木から下りた研究者たちは、樹上で集めた種々雑多なアリたちを携え、水没した地帯に架かる橋へと向かった。彼らはそこで、三〇年前の先人たちに倣《なら》い、アリたちを一匹ずつ水に落としていった。うまくいった方法を踏襲しない理由はない。唯一の違いは、この研究者たちが水に落ちたアリの移動距離を測るのに高精度のレーザー距離計を用いたことだ。実験の結果、約半数の種はまったく泳げないことがわかった。四分の一の種は、時間こそかかったものの何とか岸まで辿りついた。残りの四分の一は、一番近い岸を目指してまっすぐに泳ぐことのできる一流の泳ぎ手であることが判明した。最も優れていたのは、秒速一六センチの速度で泳いだメダマハネアリ（*Gigantiops destructor*）だった。なんと一秒間に自分の体長の一六倍もの距離を泳いだのである！　これに対し、オリンピックで二八個のメダルを獲得した水泳選手のマイケル・フェルプスは、最も得意な型で泳いだ場合でも、一秒間に自分の身長の一・五倍の距離すら進むことができなかった。残念ながらフェルプスは世界最速の泳ぎ手ではないということだ。私の知るかぎり、メダマハネアリに勝る泳ぎ手に言及したアリ学の研究は存在しない。メダマハネアリは現在にいたるまで、アリ界最速の泳ぎ手の座を守っている。

研究者たちの目的は、単に泳ぎの得意な種のアリを特定することだけでなく、泳ぐという行為にまつわる進化の歴史を紐解くことにもあった。DNAの解析技術が発達した現在、様々なアリの種同士の血縁関係はある程度解明されてきている。つまり、家系図のようにアリ同士の血縁関係を表した「系統樹」を作成することができるということだ。これにより、泳ぎの能力は系統樹上で同一の枝に属する姉妹種に多く見られることがわかった。この事実は、これらの種に共通する祖先が獲得した水泳能力が、その祖先から派生したすべての種に受け継がれてきたことを示唆している。とはいえ、泳ぎの能力を持った種の群は遠く離れた枝上にいくつも存在しており、それらの群同士を隔てる進化の歴史はときに一億年にもおよぶ。この結果から導き出される最も妥当な結論は、進化の歴史において、アリの水泳能力が四度にわたり個別に獲得されたということだ。

驚くべきことに、いくつかの種は前述の *Camponotus americanus* が見せたものとは異なる泳法を披露してみせた。前脚二本だけを使って水をかくのではなく、中脚二本も使って前進していたのである。水をかく際には、脚全体が水面よりも上に出る。まさに四本腕のクロールとも呼ぶべき泳ぎ方だ。なかには、表面張力を利用して一時的に水面の上を走るアリも見られた。これらのアリは、表面張力によって体を支えきれなくなると再びクロールに切り替えて泳ぎ始めた。一サイクルの動作にかかる時間は二〇〇ミリ秒から七〇〇ミリ秒と様々だった。最も熱心なアリは、一秒間に（脚一本あたり）五回も水をかいている計算になる。

数々の差異があり、種によっては何千万年もの進化の歴史がお互いを隔てているにもかかわらず、この小さな泳ぎ手たちにはある共通点が見られる。水に落ちると、みな一様に最寄りの木の幹を目指して突き進むのだ。この行動の意味は一目瞭然である――「各自、何とかして生き延びろ！」。木の幹がない実験室では、視界に入る垂直で薄暗い場所が目標になる。この泳ぎ手たちは単純かつ実践的な生存戦略に従って、視覚を頼りに泳ぐ方向を決めているのだ。研究者たちは、塗料で眼を塞がれた状態のアリたちを泳がせる実験も行った。予期したとおり、哀れなアリたちは方向を見定めることができず、同じ場所をぐるぐると泳ぎ回っていた。当然の結果に思われるかもしれないが、実は研究者たちはこの実験によって、アリたちが水面に立ったさざ波の情報をもとに、水に浸かった木の位置を特定できるかどうかを確かめようとしたのだ。またしても一つの美しい仮説が現実の前に崩れ去った。どうやら岸を目指すには、視覚が不可欠なようである。月明かりのない闇夜には、木から落ちない方がよさそうだ。

魚の餌になってしまわないよう、アリがその進化の歴史の中で複数回にわたり泳ぐ能力を獲得してきたことは明らかである。その一方で、自分の意志で水に飛び込む個体もいる。新たな世界を探索すべく、容器に張った水に幾度となく飛び込んだ勇敢な黄金色のトゲアリがその一例だ。この種のアリも、通常は水を毛嫌いして避けようとする。同じ巣の仲間たちが水に濡れる心配のない樹上でおとなしくしていたのも、そのためである。この個体の行動が示すのは、同じコロニーに所属する個体間にさえ見られる多様性の存在だけではない。この行動は、人間にとって高所恐怖症が克服可能であるように、アリにとっても祖先から受け継がれた恐怖心は克服可能であることを示している。最も勇敢な個体は、この恐怖心に打ち勝つことができるのだ。水に体を投じる直前、この勇気ある探検家はきっと覚悟を決めていたに違いない。

メデューズ号の筏《いかだ》

オドレー・デュストゥール

たとえ泳げなくとも、水に沈まなければ問題ない。ヒアリ（*Solenopsis invicta*）はブラジルの熱帯林原産のアリだ。侵略的外来種に指定されているこのアリは、わずか六〇年足らずの間にアメリカを征服してしまった。現在、アメリカ合衆国の領土のうち一億二八〇〇万ヘクタール以上がヒアリに侵略されている。郡によっては一ヘクタールに五〇〇〇個もの巣が見つかることもある。コロニー一つあたりの個体数は二〇万匹以上にもなるというのだから恐ろしい。体長五ミリほどのこのアリは獰猛な性格で、無脊椎動物を片っ端から仕留めては貪欲に食らいつくす。餌となるバッタなどの昆虫が見つからなければ、農場の家畜に躊躇なく襲いかかって殺してしまう。

人を襲うとき、ヒアリはまず大あごを皮膚に食い込ませる。そうして姿勢が安定したら、今度は引きはがされるまで執拗に毒針を刺し続ける。ヒアリは人が対応するまでに平均して八回、毒針による攻撃を行う。毒針が皮膚に食い込むたびに、体内には毒が注入される。引きはがすのが遅れれば、ヒアリは大あごを支点に体を回転させ、ミシンのような動きで繰り返し刺してくる。厄介なのは、この怒れるアリたちがしっかりと皮膚に食らいついて離れないことだ。引きはがそうとしても離れるのは体だけで、大あごのある頭部は、まるでホチキスの針のように肌に食い込んだままである。毒針には鉤《かぎ》がついており、最後の一滴まで毒を注入し続ける。刺された箇所は痒《かゆ》くなり、白く腫れあがって膿が出る。だがそれでもまだましなほうだ。ヒアリの毒針はアナフィラキシーショックと呼ばれる激しいアレルギー反応を引き起こすこともある。アメリカでは年間一〇〇〇万人がヒアリに刺され、平均して一〇人が命を落としている。被害規模はミツバチと比較すれば一〇分の一程度だが、サメと比較すれば一〇倍にも上る。

ヒアリは植物や建物、機械類などにも害を与える。なぜかはわからないが、このアリは電流に引き寄せられるようだ。ケーブルにかじりついて体に電流が流れると、このアリは逃げるどころか反対に仲間を呼び寄せる化学物質を分泌する。この習性から、ヒアリは配電盤やパソコンの内部に巣を作り、甚大な被害を生じさせている。また、ヒアリは信号機の内部にも棲みつくことがある。もしかすると、交通事故の一部はヒアリの仕業かもしれないということだ。こうしてヒアリは、年間六〇億ドルもの膨大な損害をアメリカにもたらしている。

研究者たちは、この侵略者が陸路ではなくリオ・グランデ川〔アメリカとメキシコの国境を流れる大河〕を泳いでアメリカにやってきたのではないかと疑っている。正確には「浮かんで」やってきたと言うべきか。というのも、ヒアリは洪水が発生すると、幼虫を脚で抱えて大急ぎで巣から飛び出し、身を寄せあって「イカダ」

と呼ばれる水に浮かぶ巨大なコロニーを形成するからだ。イカダは直径五〇センチ以上の大きさにもなる。研究者たちは、洪水が起きた際、どのようにしてこの宝船が形づくられるのかを観察した。アリたちはまず幼虫を一番高い場所へと集め始めた。「災害に見舞われると、多くのアリたちは彼らの愛の結晶を巣の外へと運び出す」という、プルタルコス〔四六頃－一二五頃、古代ローマ時代のギリシャ人著述家〕が一世紀に書き記した一節が頭に浮かぶ。ところが予想に反して、幼虫はイカダの土台部分に使われる。次いで成虫は幼虫の上に登ると、お互いの体をがっしりとつかみ合う。処女女王はイカダの構成要員とはならずに、完成したイカダの上を自由に歩き回る。世話役のアリたちは、小さな幼虫や卵を大あごで抱え、イカダの中心部に陣取る。オスは早々に水中へと投げ捨てられる。食糧が足りなくなれば、オスが捨てられる時期はなお早まる。

実験室で行われた検証では、このイカダは一二日間以上も沈まずに水面にとどまっていた。幼虫の数が多いほどイカダは長持ちする。反対に幼虫がまったくいない場合、イカダは数時間しか水に浮いていられず、コロニーは壊滅してしまった。つまり幼虫は浮きの役割を果たしているのだ。研究者たちによれば、幼虫は着水時に無数の気泡を身にまとうことで、イカダの浮力を向上させている。アリたちの宝であるこの生きたブイを拡大したところ、全身に枝分かれした巻き毛が生えていることが判明した。幼虫はこの軟毛によって気泡をとらえているのだ。それを確かめるべく、研究者たちは容器に水を張って即席のプールを作り、幼虫を沈めた。ところがヒアリの幼虫は水が大の苦手で、どうしても水中にとどめておくことができない。そこで研究者たちは、水槽の底に接着剤で幼虫を貼りつけておき、その状態で顕微鏡による観察を行った。またそれと並行して、気泡をとらえる特性がアリの幼虫全般に備わっているものであるかどうかを調べるため、様々な種のアリの幼虫を用いて同様の実験を行った。ごわごわした長い毛の生えた種や、短い毛がまばらに生えた種など、数十四の幼虫を水に沈めた結果、多量の気泡をとらえられるのはヒアリの幼虫だけであることがわかった。

イカダの構造を検証するため、ある生物物理学者のチームはイカダを液体窒素に浸し、抱き合ったアリたちをそのままの姿で凍結させた。その結果、アリたちは跗節《ふせつ》〔脚の先端の節〕（あるいは爪）を用いてお互いの体を連結させていることがわかった。接続の多くは、跗節‐跗節、跗節‐大あご、跗節‐腿節《たいせつ》〔脚の第三節〕、腿節‐胸部後端という組み合わせになっていた。お互いの体をつかむと、アリたちはイカダが小さくなるように体をまるめる。イカダを構成する個体は、それぞれが平均して五四の仲間と連結する。連結したアリ同士の間に働く牽引力を測定するため、研究者たちは一風変わった実験手順を考案した。まずはアリをスライドガラスに背中が下になるようにして貼りつけ、六本の脚が宙に差し出された状態にする。次にゴム紐の先端に吊るしたもう一匹のアリで、このアリの脚の先端を軽く撫でてやる。地面に固定されたアリは、助けがきたと思い本能的に仲間の脚をつかむ。アリ同士の連結が確認できたら、ゆっくりとゴム紐を引っ張り上げる。この実験により、アリ同士の間に働く牽引力が六・二グラムメートル毎秒であることが明らかになった。これはアリの体重の実に四〇〇倍もの力である。この力は、アステカアリが特定の植物の葉に生えた繊毛の輪に爪を引っかけ、マジックテープの原理で体を固定する力（自分の体重の五七〇〇倍）には遠くおよばないものの、驚異的な力であることに変わりはない。人間にたとえれば、砂浜に打ち上げられたザトウクジラを両手でつかんで引っ張るようなものだ。ところで、実際の人間の牽引力は二五〇キログラムメートル毎秒程度である。これは体重の三倍ほどの力でしかなく、せいぜい子豚一頭を引っ張るのが関の山だ。

アリは水が嫌いな生き物である。そのため、自分の体に気泡をまとって少しでも浮力を高めようとする。この現象を理解するには、少しだけ物理学の知識が必要になる。水に沈んだアリには、アルキメデスの原理により垂直方向に押し上げる浮力が働く。これはあらゆる物体に対して働く力であり、物体を囲む液体から生じている。浮力は重力とは反対方向にかかり、アリの体積が増えるにしたがって増大する。一方、上から下に働く重力は、アリの重さが増すにしたがって増大する。重力の押し下げる力よりも浮力の押し上げる力の方が大きければアリは浮き、逆であればアリは沈む。言い換えれば、アリが水に浮くかどうかは、アリの体の密度（単位体積あたりの質量）にかかっているということだ。体の密度が水の密度よりも小さければアリは水に浮く。海水浴場でのんびり仰向けに浮かんでいるとき、肺に空気が入っている方がよく浮かぶことに気がついた方はいるだろうか。これは胸郭《きょうかく》が広がり体の体積が増えたことで密度が減少し、浮力が増加したためである。

気泡を一切身にまとわないアリはすぐに沈んでしまう。体の密度（一・一グラム毎ミリリットル）が水の密度（一グラム毎ミリリットル）よりも高いからだ。頭部と胸部の間に気泡を一粒挟むと、アリの体の密度は〇・四グラム毎ミリリットルにまで急低下し、水に浮かぶようになる。ヒアリは仲間同士で連結することによって、気泡をとらえるための比較的大きなくぼみを作り出し、さらに密度を低下させている。こうしてイカダの密度は水の密度の五分の一（〇・二グラム毎ミリリットル）にまで低下する。アリたちはそのままなら水に沈む体を、協力することで防水性のイカダへと変貌させるのだ。「全体は部分の総和に勝る」とはまさにこのことである。

アリは気門《きもん》と呼ばれる、体の側面にあいたいくつもの小さな孔で呼吸する。取り入れられた酸素は、気門につながった気管および毛細気管によって全身に運ばれる。研究者たちの観察によれば、水に沈んだアリは必死になって気泡を探し、いざ気泡を見つけると、今度はそれを気門の位置に引き寄せて呼吸をするという。さらに、気泡をかき集めたことでアリの体はおのずと上昇し、表面張力を突き破って無事水面に浮上することができる。その様子は、まるでエレベーターに乗って地上に戻ってくるかのようである。

イカダが組み立てられる仕組みを理解するため、研究者たちは数百匹のアリを一つのコップに入れた。ヒアリはお互いにくっつきあう習性があるため、コップを軽く振るだけでアリの球ができあがる。この複雑に絡み合ったアリの塊をガラスの上に置くと、アリたちはすぐさま連結を解き、散り散りになって逃げていく。ではこの塊を水面に置くとどうなるかというと、なんと二分も経たないうちにイカダに変形するのだ。研究者たちはこのようにして、アリがまるで粘性のある液体のように振るまうことを解明した。この状態のアリたちは、水銀の五倍の表面張力と、油に匹敵する粘性とを備えている。

イカダの内部には、水に直接触れる層を構成するアリたちもいる。この貴重な絨毯《じゅうたん》のおかげで、他の個体は水に濡れずに済んでいる。研究者たちは、イカダの中心部にいるアリたちを取り除くと、すぐに別のアリがその穴を埋めて沈没を防ぐことを確認した。そこで研究者たちは、イカダに外部から力を加え、その抵抗力を調べることにした。研究者たちはまず、中心部にピンセットで圧をかけてイカダを沈めようと試みた。この外部からの圧力に対し、イカダはまるでゴムのように変形して力を受け流し、ピンセットを離すとすぐに元の形に戻った。液体とは程遠い動きである。研究者たちはさらに大きな力をかけようと、イカダの中央に一枚の硬貨を乗せた。するとどうだろう、一ペニー硬貨の真下にいたアリたちは即座に連結を解除し、硬貨を水中に落下させたのだ。イカダの中央にあいた硬貨大の穴は、瞬く間に修復された。こちらの実験では、アリたちがまるで液体のように振るまうことが証明された。つまり、アリたちは状況に応じて固体にも液体にもなれるのである！

二つの岸を結ぶ橋

オドレー・デュストゥール

前項で見たように、ある種のアリは自らの体を材料にして水上に浮島を建設することができる。だがなかには、安定した大地の上でも同じような工夫を凝らすアリが存在する。

南米原産のバーチェルグンタイアリ（*Eciton burchellii*）は、大群による狩りでその名を馳せるアリ界のカリスマ的存在である。すでに登場したアフリカに生息する軍隊アリの仲間のサスライアリ（*Dorylus*）と並んで、このアリは一見に値する。バーチェルグンタイアリのコロニーは五〇万匹もの個体で構成されており、その体長は三～一五ミリとまちまちだ。兵隊アリと呼ばれる最も大型の働きアリは、SF映画『スターシップ・トゥルーパーズ』に出てきそうな恐ろしい見た目をしている。高々と掲げられた白っぽい頭部には、まち針の頭のような形をしたごく小さな眼がぽつんとついている。長く伸びた脚で素早く動き回るその姿はまるでクモのようだ。だがなかでも一際目を引くのは、人間の皮膚などいともたやすく切り裂いてしまう鎌状の大あごである。

軍隊アリは決まった巣を持たず、ビバークと呼ばれる仮巣を建設して暮らしている。その材料となるのは自分たちの体だ。アリたちは爪によってお互いの体を連結し、直径一メートルにも達する巨大な塊を形成する。チアリーダーのピラミッドも、五〇万匹のアリが織りなすこの複雑な集合体には遠くおよばない。ビバークには通気口がついており、アリたちはこれを開け閉めすることでビバーク内部の温度を一定に保っている。女王と卵と生まれたばかりの幼虫は、ビバークの中心部の安全な場所にいる。大型の働きアリと兵隊アリは乾燥に強いため、ビバークの外壁部分を担当する。

ニューヨークで教授職に就いている同僚の一人が、次のような話を聞かせてくれた。ビバークの形成に関する予備実験を計画していた彼は、熱帯林での野外調査に出向く際、軍隊アリのコロニーを一つ持ち帰ろうと思い立った。その準備として、彼はまず世界的に有名なグンタイアリ属（*Eciton*）の専門家に助言を求めた。その専門家は、「長いゴム手袋をはめたらビバークをそのまま両手でつかんで容器に入れ、素早く封をするといい」と答えた。ところで、同僚が採集したかったのはある特定の種のグンタイアリ――バーチェルグンタイアリ――だった。この細かな点を知らされていなかった専門家は、同僚に *Eciton hamatum* という種のグンタイアリの採集方法を教えてしまった。些細なことに思われるかもしれないが、実はこの取り違えこそが後の悲劇を生むことになるのである。*Eciton hamatum* はアリ同士ががっちりと絡み合った密度の高いビバークを形成する。これに対し、バーチェルグンタイアリは爪先のみでお互いの体を連結させた、隙間だらけの構造体を建設する。そして少しでも触れるものがあると、たちどころに連結を解いてばらばらになる。あとはおわかりだろう……この些細な違いを見落としていた同僚は、バーチェルグンタイアリの巨大なビバークをわしづかみにした。彼は瞬時に自分の過ちを悟り飛びのいたが、間に合わなかった。アリたちは群れをなして彼に襲いかかり、少しでも皮膚の露出した箇所があれば、日本刀のように鋭い大あごを容赦なくそこに突き立てた。長い格闘の末になんとかアリを追い払うことはできたが、同僚はどこかに潜んでいるかもしれない兵隊アリの影に怯えながらその日一日を過ごす破目になった。ダモクレスの剣〔古代ギリシャの故事。ディオニュシオス一世は、頭上に一本の毛で剣が吊るされた王座に廷臣ダモクレスを座らせ、王者には危険がつきまとうことを悟らせた〕さながら、彼はズボンのしわに潜んで虎視眈々と機をうかがう兵隊アリの幻影を見ていたのである。

グンタイアリは誰もが恐れる狩りの名手だ。襲撃は明け方に始まる。日の光がビバークに差し込むと、太陽の熱で温められたアリたちは目を覚まし、結合を解いて地上に降り立つ。はじめアリたちは、まだ寝ぼけてでもいるかのように四方へと散らばっていく。そうして、たまたま大勢のアリたちが選んだ方向に他の仲間たちが合流し、リーダー不在の狩りの行列ができあがる。行列の先頭にいるアリたちは、前方に数センチ進んだ後、列の最後尾に回る。こうしてベルトコンベアのように移動する行列は、時速二〇メートルの速度で前進していく。行列は二〇万匹以上の個体で構成され、幅数メートル、長さ一〇〇メートルにも達する。軍隊アリはたった一日で三万匹以上の獲物をビバークへと持ち帰る。この全身武装したアリの戦士たちは、相手が脊椎動物であろうと無脊椎動物であろうと見境なく襲いかかるため、動物たちはこのアリの姿を見るや否や一目散に逃げ出していく。密林の地を揺さぶるアリの大群と、全力で逃げまどう獲物たちが立てる騒々しいざわめきは、貪欲な動物たちの注意を引きつけずにはおかない。軍隊アリの行列付近では、鳥類や昆虫を中心におよそ三〇〇種の動物が目撃されている。この動物たちは、恐るべき捕食者たちによって駆り出された昆虫や小さな脊椎動物を食べにくるのである。

グンタイアリのコロニーは静止期と放浪期を交互に繰り返す。静止期は平均して二〇日ほど続くが、その間ほとんどのアリはビバークに残り、狩猟部隊だけが二、三日に一度襲撃に出かける。この期間に、体長が二・五センチに達するほどまるまる太った女王は三〇万個以上の卵を産む。幼虫たちは、この一時的な停滞を利用して変態に取りかかる。無事卵がかえり蛹《さなぎ》が羽化すると、グンタイアリは放浪期に入る。その間、コロニーは毎日のように荷物をまとめて引っ越しを行い、数百メートル離れた場所に新たなビバークを建設する。放浪期には、アリたちは日中に狩りを行い、夜間に引っ越しを行う。夕方、狩りを終えて帰ってくると、すぐさま引っ越しが始まる。太陽が沈んで辺りが暗闇に包まれると、アリたちは元のビバークに食糧を運び込むのを止め、新たな野営地へと幼虫たちを運び始める。夜も更けた二〇時〜二二時頃にかけて、すっかり痩せて細身になった女王がビバークから外に出てくる。女王の腹部は平常時の大きさに戻り、体長も一・七センチほどの動きやすい大きさになっている。女王が現れると、働きアリたちはこぞってそばに近寄ろうとする。女王に体を押しつけたり、脚の下に潜り込んだり、背中によじ登ったりして、ときには自分たちの体で女王をすっぽり包み込んでしまうこともある。このような愛情の発露にも構わずに、女王は新たな野営地を目指して歩み続ける。コロニーの引っ越しは日付が変わるころに完了し、アリたちは束の間の休息を享受する。明け方にはまた過酷な狩猟遠征へと出発するのだ。

軍隊アリはほとんど眼が見えないため、主に化学物質と触覚と振動によって仲間と交流する。行列になって移動する際、各個体は化学物質の道しるべを地面に残すとともに、仲間との接触を絶やさないことによって、道に迷わないようにしている。不幸なことに、前方を走る仲間に盲従するこの移動方法には一つ落とし穴がある。それが「死の渦巻き」という悲劇的な名前を与えられた現象だ。この現象は、ある自然科学者によって一九三六年に初めて報告された。報告の内容は次のとおりである。歩道を横断しようとしていたある軍隊アリの行列が、ひょんなことから輪になってしまった。化学物質の道しるべに沿って歩くアリたちは、四八時間もの間ぐるぐると同じ場所を回り続け、一匹また一匹と力尽きて倒れていった。この死のメリーゴーラウンドは、雨が降って歩道に水があふれても止まらなかったそうだ。この物悲しい光景は、その後も好奇心旺盛な観察者たちの手で数多く撮影されてきた。実はこの現象は、コンクリートやアスファルトで舗装された、人間が管理する環境でしか発生しない。自然の棲み家では、小枝などのちょっとした障害物がこの悪循環をさえぎり、アリたちを「死の渦巻き」から救い出してくれるからだ。だが私たち人間も、輪になって回り続けるアリたちを笑ってはいられない。ヘヴィメタルのコンサートで行われる「サークルモッシュ」あるいは「サークルピット」と呼ばれるものをご存じだろうか？　これは二〇〇〇年代から流行し始めた、観客たちが輪になって走り回る行為の名称だ。イギリスで開催されたダウンロード・フェスティバルでは、ヘヴィメタルのバンド「デビルドライバー」のライブ中に二万人もの観客がサークルモッシュに参加し、巨大な渦巻きを作り出した……。

襲撃部隊は、落ち葉や小枝や枯れ枝が複雑に折り重なった密林の地面を移動する。そのため、アスファルトにできた穴ぼこのような比較的大きなくぼみが通り道に口をあけていることも珍しくない。ところが不思議なことに、グンタイアリは地面のへこみなどものともせず、かなりの速度を保ったまま駆け抜けていく。なぜだろうか？　アメリカの動物心理学者セオドア・クリスチャン・シュネーラは、軍隊アリの行動について論じたその著書の中で、アリたちが地面に点在するくぼみを自らの体で覆うことで道を平らにすると書いている。自らが渡し板となることで、盲目の姉妹たちが駆け抜けるための道を作るのだ。でこぼこだらけの田舎道を走行中、友人の一人が車から降りて道路の陥没箇所に横たわり、「さあ、早く渡って」などと言った日には——あなたはアクセルを踏めるだろうか？

この現象を詳しく検証するため、研究者たちは穴のあいた板を軍隊アリの行列の進路上に設置した。板にはそれなりの幅があり、直径の異なる複数の穴があけられている。驚いたことに、穴を塞ぐアリの体の大きさと穴の直径は見事なまでに一致していた。この謎を解き明かすため、研究者たちは板を渡るアリたちを撮影し、障害物に直面した際のアリの行動を分析した。穴の直径が自分の体よりも小さい場合、アリはやすやすと穴をまたいで行軍を続けた。反対に穴が自分の体よりも大きい場合、アリは走るのを止め、自力では越えられないこの穴のすぐそばで待機した。穴の直径と体の大きさが同程度の場合、アリは脚を伸ばして穴の上に体を渡した。このように自らが橋となることで、このアリは穴のそばでじっと待っている小柄な仲間たちに穴を渡るよう促しているのだ。研究者たちは、自分の背中を渡る仲間たちがいる限り、穴を塞いでいるアリはその場を動かないことを確認した。往来に五秒以上の空白が生じると、このアリは素早く穴から抜け出して行軍を再開する。生きた「蓋《ふた》」の役割をするアリは、行列全体の移動速度を上げるだけでなく、時間あたりの獲物の運搬量をも増加させる。つまり蓋になるアリは、自分で餌を運ばなくとも余りある利益を生み出しているのである。

一匹の体では塞ぎきれないほど大きなくぼみが軍隊アリの行列の進路を阻むこともある。そんなとき、アリたちは鎖状に連なって生きた「橋」をかける。研究者たちは、この重力に逆らう構造物がどのようにして建設されるのかに興味を抱いた。とはいえ、実験室でグンタイアリを飼育することは、そもそも不可能である上にとてつもなく危険な行為だ。軍隊アリは、ダルトン兄弟〔フランスのテレビアニメシリーズの登場人物。監獄からの脱獄を企てるが毎回失敗に終わる〕にも劣らない脱獄の名手なのである。黙々と研究にいそしむ同僚の部屋に、鋭い大あごを持つおなかを空かせたアリたちが二〇万匹なだれ込んだとしたら、目も当てられない。そんなわけで、研究者たちは実験を行うためにパナマ共和国の密林へと赴いた。軍隊アリの行列は簡単に見つけることができる。餌のにおいに興奮した鳥たちが行列の周囲でわめき散らしているからだ。鳥の鳴き声がするほうに向かえば、おのずと軍隊アリのもとに辿りつく。研究者一行は軍隊アリを見つけると、行列を横断するような形でプラスチック製の陸橋を設置した。ビバークへと帰還するには、この陸橋を渡らなければならない。ところが、この陸橋は直線ではなくくの字形に湾曲しているため、アリたちは大きく回り道をするよう強いられる。目的地を目の前にして迂回せざるをえない状況というのは、とかくやきもきするものだ。誰も並んでいない空港で、整列用の分離帯をまたいでしまいたい衝動に駆られたことはないだろうか？　あるいは登山中、直線距離にして一〇〇メートルの断崖を迂回するために一〇キロも歩かなければならないと知り、げんなりした経験はないだろうか？　アリたちも実験開始直後はおとなしく道なりに歩いていたが、やがて道が混んでくると、アリ同士の衝突が頻繁に起こるようになった。先を急ぐアリたちは、なるべく曲がり角の内側を通ろうとする。ところがこのせっかちなアリたちは他のアリたちに押し出され、くの字の内角部分に前後の脚を突っ張るような形で宙吊りになってしまった。こうなると、このアリたちが近道として仲間に利用されるのも時間の問題だ。案の定、姉妹たちは悪びれもせずにその背中を踏んづけて通行していく。歩道橋と化してしまったこの不幸なアリたちに、同じ災難を被《こうむ》った新たな犠牲者たちが次々と加わっていく。すると、行列は一時的に進路を変更し、曲がり角を一部省略できるこの生きた橋を利用し始めた。橋になるアリの数は段々と増えていき、それに伴い少しずつ反対側までの経路も短くなっていった。それと同時に、用済みになった湾曲部付近のアリたちは、橋を離脱して再び行列に加わっていった。およそ一〇分後には、くの字の両端を最短距離で結ぶ吊り橋ができあがっていた。

研究者たちはさらに、グンタイアリが断崖によって隔てられた道にも橋を架けられることを明らかにした。これを証明するため、研究者たちは行軍の邪魔をせずに谷の幅を変えられる機械仕掛けの見事な実験装置を考案した。可動式の橋にも似たこの装置は、滑車によって橋の中央にある溝の間隔を広げることができる。実験開始の時点では、道を隔てる崖の幅は二センチに設定されていた。崖の淵に到着した最初のアリは一瞬ためらいを見せるが、このわずかな逡巡《しゅんじゅん》が命取りとなる。アリたちは安全な走行間隔を守らないのだ。仲間に激しく追突され、このアリの体は宙に躍り出た。転落の瞬間、このアリは辛うじて崖の淵に後ろ脚の爪を引っかけ、宙吊り状態になった。このような体勢でぶら下がったことにより、このアリは予期せずして谷の幅を狭める結果になった。続いてやってきた二匹目のアリは、宙吊りになった仲間の背中に足を踏み出した。このアリも危うく奈落に落ちかけたが、転落の間際、反対側の崖に前脚を引っかけて難を逃れた。一匹目のアリはこれ幸いと仲間の腰にしがみつき、二匹目のアリが崖を登るのを妨げた。絡み合った二匹のアリは、こうして一本の橋を形成した。より多くのアリが通行できるよう、橋はすぐさま仲間たちによって補強された。研究者たちは、橋が頑丈になったころを見計らって滑車を回し、溝の幅を二倍に広げた。耐えきれないほど大きな力が加えられたことで、アリたちはたまらず爪を離し、アリの橋は一本の綱へと様変わりした。空中でしきりに脚をばたつかせるアリたちは、いまや崖をしっかりとつかんだ二、三匹のアリの力のみによって支えられている。先端にいるアリたちが急いで崖の淵に引き返したため、綱は房のような見た目に姿を変えた。その後、待ち切れなくなったアリたちが続々と加勢し、うごめくアリの塊は少しずつ大きくなっていった。そしてついに、一匹のアリが反対側の崖に脚をかけることに成功した。橋はあっという間に再建され、行列は行軍を再開することができた。少々サディストの気がある研究者たちは、橋が補強されるたびに滑車を回し、溝を広げてみた。その結果、橋はなんと全長一二センチ、幅五センチに達するまで成長を続けた。長さにしてアリ一二匹分、幅にしてアリ一〇匹分の巨大建造物である！

大都市《メトロポリス》

オドレー・デュストゥール

　グンタイアリは毎日違う道を通るため、道路を造るよりも仮設の橋を組む方が勝手がいい。これに対し、すでに登場したハキリアリ（*Atta*）のようなアリは、何年もの間同じ道を通る。まさに会社と家の往復にも似た日々を送るこのアリは、移動が楽になるよう道路を建設してしまう。ハキリアリのコロニーは、一本あたりの長さが二〇〇メートル以上もある道路を最大で三〇本ほども建設する。これらの道は、幅五〇センチ、高さ二～六センチ、長さ九〇メートルにも達する地下通路によって巣とつながっている。この地下通路を人間の尺度に換算すると、幅一〇〇メートル、長さ二〇キロのトンネルに相当する。これはテキサス州にある二六車線の世界一広い高速道路「ケイティー・フリーウェイ」と同じ幅である。ハキリアリのコロニーの収穫範囲は巣の周囲一ヘクタールにわたり広がっており、道路は餌場に向かうアリと巣に戻るアリとでごった返している。

　ハキリアリはいくつかの工程に沿って道路を建設する。まずアリたちは化学物質の道しるべによって巣と餌場とを結び、次いで経路上に生えている邪魔な草を刈り取っていく。森に分け入った人が鉈《なた》で道を切り拓くのと同じ要領である。それが終わると、今度は根っこを一本一本引き抜いて道幅を広げていく。この段階で、たとえアリが歩いていなくともアリの道が肉眼で視認できるようになる。最後に散らかった草の切れ端や小石や小枝を片づければ、道路の完成だ。科学者たちの試算によれば、アリたちは一日に七メートル、一年で二・七キロの道路を建設する。人間でいえば、一年で五〇〇キロの高速道路を建設するようなものだ。ちなみに南仏アヴェロン県で二〇一〇年に着工したラ・モットーレ・モリニエール間を結ぶ全長一四キロの片側二車線道路の工事は、二〇二四年に完了する予定である。アリの世界では、この程度の工事はものの二ヶ月で片づいてしまう……。生き物の中でも、アリと人間だけが移動効率を上げるために自ら道路を建設するという点は、ここで強調しておきたい。それにしても、こと道路建設に関してはアリの方が明らかに一枚上手である。

道路が完成してもまだやることは残っている。際限なく降り積もる落ち葉や枝を掃除しなければならない。アリたちは道路網を保全するため年間四〇キロものごみを片づけているが、この作業は一四万時間分の労働に相当する。幸い、五〇〇〇匹の保全要員が日々この仕事に従事しているため、アリのコロニーが道路の保全に費やす実際の時間は二八時間程度である。道路が整備されていることによって得られる利益に比べれば微々たる手間だ。というのも、道にごみが落ちていない場合、アリたちは未整備の道を通るときの三倍の速度で移動できるからである。これによって時間あたりの収穫量が増加し、アリたちはより多くの葉のかけらを巣に持ち帰ることができるようになる。

ナナフシアリの一種 *Myrmicaria opaciventris* も道路を建設するアリだが、用いる工法はハキリアリのそれとはまったく異なる。このアリは障害物を撤去するのではなく、直接地面を掘削して道を造るのだ。このアリの全身にはぼさぼさの毛が生えており、胸部の下へと折れ曲がった腹部は、このアリが何かやましいことを隠しているかのような印象を与える。中央アフリカ原産のこのアリは、二〇万匹以上の個体からなるコロニーを形成し、それらの個体はいくつかの巣に分かれて暮らしている。はじめ、巣はたった一つしかなく、アリたちはそこから新たな巣の建設予定地へと化学物質の道しるべをつけていく。新たな巣は餌場の近くに建設される。採餌アリたちは、植物の樹液を餌にするビワハゴロモという昆虫が出す甘露《かんろ》を特に好んで食する。道しるべをつけ始めてから一週間ほど経つと、アリたちは道路の掘削を始める。働きアリたちは、掘り出した土の塊を道路沿いに積んで壁を作る。一ヶ月後にはこの溝の深さは三センチほどに達するが、これはアリの体高の五〜六倍の深さである。三ヶ月におよぶ過酷な労働が終わると、溝はアリの唾液をしみ込ませた土の塊で塞がれ、立派な地下道が完成する。このトンネルは、数十キロある哺乳類が上を通っても崩れないほど頑丈にできている。このトンネルのおかげで、アリたちは捕食者の目だけでなく、太陽光からも逃れながら移動することができる。なにせ中央アフリカでは日中の気温が四〇度を超える日もあるのだ。また採餌アリたちはこの地下道を利用することで、ごく短時間のうちにビワハゴロモが食事をしている植物のもとへと辿りつくことができる。このアリはこのようにして、複数ある棲み家同士と農場をつなぐ地下道網を形成するのである。巣は合計で三〇個ほど建造され、それぞれが平均しておよそ三〇メートルの距離で隔てられている。トンネルは最長で四五〇メートルにも達する。人間に置き換えれば、バカンスを過ごす別荘と自宅とが全長三〇〇キロの地下トンネルで結ばれているようなものだ！　残念ながら、人間の力はこれには遠くおよばない。世界最長のトンネルであるスイスのゴッタルド基底トンネルでさえ、たった五七キロの長さである。それにもかかわらず、竣工《しゅんこう》までには八年の月日を要している。

こうして道路や地下トンネルを建設することには、とても大きな利点がある。これらの道を利用するハキリアリやナナフシアリは、草地の中で道に迷う心配をせずに済むのだ。体長わずか数ミリメートルの採餌アリにとって、一ヘクタールにもわたる密生した芝生の中を迷わずに進むのは至難の業である。人間でいえば、ディズニーランド・パリ〔約二二〇〇ヘクタール〕と同じ広さのエゾマツ林を探検するようなものだ。生態学の先駆者であるヤーコプ・フォン・ユクスキュル〔一八六四－一九四四、エストニア生まれのドイツの生物学者〕は、こうした生き物による視点の違いを明快に説明している。ユクスキュルによれば、ある一つの「環境」というものは存在しない。環境は、そこに生きる生き物の種や、感性や、知覚能力や、経験に応じて、その都度定義し直される必要がある。ユクスキュルは次のように書いている。「もし関係性の対象を人間に限定せず、人間以外の動物にも広げるのであれば、森という環境が意味するものは百倍にも増殖する」。

第六の試練　他者を利用する

寄生虫

オドレー・デュストゥール

狩りや道路建設に労力を割かなくとも、他のアリから食糧をくすねてしまえばいい。この考えを実行するのが、ミツツボアリの一種 *Myrmecocystus mimicus* だ。ラテン語名の響きに惑わされてはいけない。このアリは「かわいい」どころか、札つきの泥棒なのである。このアリの悪行に話を移す前に、まずはこのアリの簡単な紹介を済ませておこう。というのも、このアリの名を知らしめる要因となったのは、ずる賢さではなくその独特な食糧貯蔵方法なのだ。*Myrmecocystus mimicus* が生息する北米の砂漠地帯では、食糧と水が長期間手に入らないこともままある。この困難を乗り越えるため、コロニーに暮らす個体の一部は貯水槽の役目を買って出る。文字どおり、生きた冷蔵庫としてコロニーに奉仕するのだ。貯水槽役のアリたちは、巣内にある特定の部屋の天井に逆さまにぶら下がり、フォアグラ用に飼育されるガチョウのように無理やり蜜や甘露《カンロ》を飲まされる。たわわに実ったブドウの粒のように腹部がぱんぱんに膨らむことから「ミツツボアリ」という名がつけられた。外部から食糧が調達できなくなると、この生きた貯水槽は腹部に貯めた栄養価の高い液体を吐き出してコロニーを養う。このような保存方法であれば、食糧が腐ってしまう心配はない。しかしながら、貯蔵した食糧が空になっても、貯水槽役のアリたちが元の姿に戻ることはない。この不幸なアリたちは、からっぽの腹部をしぼんだゴム風船のようにたるませたまま死んでしまうのだ。なんとはかない運命だろう……。

いくら甘いものが好物とはいえ、ミツツボアリも生きるためにはタンパク質を必要とする。このアリは不要な危険を冒して狩りに出るよりも、別のアリから食糧を強奪することを選んだ。明け方になると、このアリは種子食性のシュウカクアリの仲間 *Pogonomyrmex maricopa* の巣に近寄っていく。砂漠に暮らすこの赤い体をしたシュウカクアリの仲間は、昆虫の中で最も強力な毒――わずか一〇ミリグラムで人を死にいたらしめる猛毒――を有しているが、巣の入口から離れたところにいる限り、見張りの個体は襲ってこない。そんなわけで、食糧泥棒たちはシュウカクアリの巣の近辺を自由にうろつきまわりながら、ときには数時間もの間、採餌アリが戻ってくるのを待ち続ける。ようやく採餌アリが戻ってくると、ミツツボアリはその前に立ちふさがり、相手にのしかかって頭と大あごをひっかく。一匹の採餌アリを二、三匹のミツツボアリが同時に身体検査することもある。シュウカクアリが種子以外の食糧を運んでいなかった場合、泥棒たちは入念な検査を行った後、このアリを無傷で釈放する。こうして検査を無事通過した採餌アリは、巣に種子を持ち帰ることができる。一方、シュウカクアリが運悪く昆虫を運んでいた場合、ミツツボアリは牙をむいて相手に襲いかかり、獲物を横取りして走り去っていく。シュウカクアリは、なんと巣に持ち帰った昆虫の二〇パーセント以上をミツツボアリに奪われてしまう。スーパーで何時間もかけて買い物を済ませ、ようやく家に着いたと思ったら、玄関先で買い物袋を強奪される――そんな毎日を思い浮かべてみてほしい。

なかには被害者の巣に住みついてしまう厚顔無恥な泥棒アリもいる。キショクアリの一種 *Formicoxenus provancheri* がそれだ。「シャンプーアリ」の異名を持つ体長わずか二ミリほどのこのアリは、自分の五倍も大柄なクシケアリの一種 *Myrmica incompleta* から食糧をまきあげて暮らしている。キショクアリは、クシケアリが残したフェロモンの道しるべを辿ってその巣を突き止める。新たな住まいに着くと、およそ五〇〇匹の個体からなるキショクアリの小さな家族は、巣内の目立たない一角に腰を落ちつける。幼虫の隠し場所には特に注意を払う。もし家主に見つかったら、ひと飲みに食べられてしまうからだ。幼虫の隠し場所はせいぜいどんぐり一個分の空間しか占めない。しかしなぜ「シャンプーアリ」なのか？　実はこの通称は、このアリ特有のある行動にちなんでつけられている。宿主が近づいてくると、この招かれざる客はおしりを高く上げ、鎮静作用のある香りを放出する。鎮静剤が効いて宿主の動きが止まると、この小柄なアリは宿主の背に登り、その頭部をせっせとなめながら触角で撫でまわす。この心遣いにすっかり気をよくした宿主は、そ嚢《のう》に蓄えていた食糧を吐き戻すのだが、この時を待ち構えていた計算高いキショクアリは、すかさずこの餌を食べてしまう。だが盗みはこれだけにとどまらない。キショクアリはなんと、子どもからも食糧をまきあげるのである。たまにこのアリが宿主の幼虫に食糧をせがみにいくと、押しに弱い幼虫は肛門から透明な液体を分泌する。キショクアリはこの液体を臆面もなくその場で平らげてしまうのである。この泥棒の生死は宿主が一手に握っている。それにしても、触れ合ってやる代わりに食糧を要求し、一日中身づくろいをして過ごし、飼い主に養ってもらいながら生きるとは、まるでネコのようなアリではあるまいか。

ストックホルム症候群

オドレー・デュストゥール

アリは自らを犠牲にしてコロニーに尽くす生き物として知られている。働きアリは女王に仕えるために生き、幼虫の世話、食糧の調達、巣の手入れといった日々の暮らしに欠かせないあらゆる仕事を引き受ける……果たして本当にそうだろうか？　というのも、奴隷狩りを行うアリは、コロニーの維持に必要なあらゆる仕事を他種のアリに押しつけるからだ。

血のようにくすんだ赤色をしたアカヤマアリ（*Formica sanguinea*）は、毎年夏になると奴隷狩りに出かける。このアリは近縁種である温厚なヤマアリの一種 *Formica fusca* の巣を侵略する。その第一歩として、まずは奴隷狩りを行う数匹のアリが手ごろな標的の巣を探しに出る。ぴったりの巣が見つかると、アリたちは早速、仲間を呼びに自分たちの巣へと戻る。数分後、アリたちは一〇〇匹ほどの個体からなる集団を複数形成し、巣を後にする。こうして総員数一〇〇〇匹、長さ一二メートルにも達する行列ができあがる。標的の巣に辿りついたアカヤマアリは、侵攻を速めるために巣の入口を拡張する。突然の侵略に仰天した巣の住民たちは、急いで主通路を駆け上がり、道を封鎖しようと試みる。しかし激しい戦闘の末、劣勢に立たされた住民たちは次々と倒れていき、ついには降参してしまう。奴隷狩りのアリたちは女王を殺し、幼虫をさらい、成虫を食糧として巣に持ち帰る。こうしてさらわれた幼虫たちは、新しい主のもとで育てられる。幼虫たちには誘拐の記憶がない。そのため、羽化後はあたかもそこが自分のコロニーであるかのように、食糧調達や巣の防衛に従事する。たとえば、奴隷たちはアリジゴクの罠にはまった主を救出するため、自分の身を犠牲にすることも厭わない。その反対に、奴隷が同じ状況に陥ったとしても主は見向きもしない。それどころか、同じ運命を歩んできた不幸な仲間たちさえもが、このアリには目もくれずに立ち去ってしまう。見捨てられた奴隷はこの化け物の餌食となる。

カマアゴアリの一種 *Harpagoxenus sublaevis* などは、これよりもさらに冷酷な方法で奴隷狩りを行う。子どもをさらうだけでは飽き足らず、襲撃した巣を恐怖と混乱の渦に陥れるのだ。バスク地方〔ピレネー山脈を挟んでスペイン・フランスにまたがる地域の名称〕沿岸部で見かけるこの毛深いアリは、なんと化学兵器を用いるのである。タカネムネボソアリの一種 *Leptothorax kutteri* の巣に攻め入る際、このアリは相手を混乱させる毒ガスを噴射する。毒を吸ったタカネムネボソアリは気が狂ったように四方八方に走り出し、巣の守りを放棄して同士討ちを始める。カマアゴアリはこの混乱に乗じて道を塞ぐ邪魔者を解体し、幼虫と卵を奪い去っていく。この野蛮なアリたちは、ひとたび開戦すれば電光石火の速さで決着をつけるが、開戦にこぎつけるまでがとにかく遅いことで知られている。襲撃部隊の招集方法が、以前にも紹介した「二匹乗り《タンデム》」

なのだ。めぼしい巣を見つけると、リーダーは仲間を一匹ずつ背負ってその近くにまで運んでいく。集められた奴隷狩り要員たちは、十分な数の仲間が揃うまで目立たない場所でじっと待機している。リーダーの移動距離が長ければ準備は遅々として進まず、包囲網の完成までに数日かかることさえある。新たに卵からかえった奴隷たちには、化学物質で目印がつけられる。これにより、奴隷たちはたとえ故郷に戻ったとしても敵とみなされてしまうため、帰るに帰れなくなるのである。とはいえ、奴隷たちもおとなしく主に従っているわけではない。ときにはトンネルの物陰で主に襲いかかったりもするのだ。通常、このような反抗は嚙みつきや殴打にとどまり、流血沙汰には発展しない。その後、心変わりした奴隷たちは服従の姿勢をとり、足早に主のもとから立ち去っていく。だが、なかには囚われの身でありながら、牢獄内で正真正銘の破壊工作を行う切れ者もいる。実際、主が目を離した隙に幼虫が殺されてしまうことは珍しくない。「目には目を、歯には歯を」である。

　これまでに見てきた奴隷狩りを行うアリたちは、襲撃が終わると自分の巣に戻っていった。実を言えば、これらのアリたちは奴隷がいなくとも、自分たちだけでコロニーの存続に必要な日々の仕事をこなすことができる。その一方で、奴隷なしには生存できないアリたちもいる。これらのアリたちは、生きるために奴隷の巣に住みついてしまう。その代表格ともいえるのが、サムライアリの一種 *Polyergus rufescens* だ。アマゾンアリとも呼ばれるこのアリは鎌状の鋭い大あごを備えているのだが、子どもを切り裂いてしまうおそれがあるため、自分の手で子育てをすることができない。またこの巨大な歯が邪魔をして、他のアリの助けなしには食事をとることすらできない。まさにアリ界の「シザーハンズ」のような存在なのだ。

交尾が終わると、サムライアリの女王は大切な卵を産むのに最適な場所を探す。ただし他のアリの女王とは異なり、この女王はすでにヤマアリ属（*Formica*）のアリが暮らしている巣を物色する。サムライアリの女王は体臭がほとんどないため、ヤマアリに気づかれることなく巣の中を探索できるのだ。もし万が一見つかってしまった場合、女王は嫌なにおいのする物質を分泌して住民を追い払う。サムライアリの女王は、巣の奥深くまで潜り込んでヤマアリの女王を見つけ出すと、すかさず襲いかかってその首を切り落としてしまう。その後、死骸に体をこすりつけて地面を転げ回ることで、サムライアリの女王は犠牲者の体臭を身にまとう。こうしてまんまと王座を横取りした女王は、コロニーの指揮を執り始める。奴隷の軍隊がいるおかげで、女王は産卵に専念することができる。奴隷たちは巣を手入れするとともに、新女王が生んだ幼虫たちの世話を本能的に行う。だが正体を隠していられるのも変態が完了するまでだ。なぜならサムライアリの働きアリたちは、女王のように奴隷のにおいを身にまとってはいないからである。羽化と同時に首をはねられてしまわないよう、働きアリたちは肛門から、奴隷が好む成分を含んだ鎮静作用のある透明な液体を分泌する。若きサムライアリの唯一の仕事は、新たな召使いをさらってくることだ。このアリたちは任務を遂行すべく襲撃部隊を編成するが、そこには奴隷たちも加えられる。つまり奴隷たちは、同種の仲間をみじめな奴隷生活に引きずり込む手伝いをするよう強いられるのである。襲撃の際、奴隷狩りのアリたちは混乱を引き起こす「プロパガンダ物質」を標的の巣の入口でまき散らす。この化学物質によって住民たちはパニックに陥り、巣から逃げ出していく。邪魔者がいなくなったところで、奴隷狩りのアリたちは悠々と子どもをさらっていく。アリたちはこのようにして、暴力沙汰や無駄な殺生を避けるのである。さらわれてきた幼虫たちは奴隷階級に加えられる。

　これよりもさらに無慈悲な女王は、王座を奪う際に正真正銘の大虐殺を行う。『キャメロット』〔フランスで制作された中世が舞台のコメディードラマ〕の登場人物ゲトノーの台詞を借りれば、まさに「残虐礼賛、あるいは蛮行崇拝の儀式」のような光景が繰り広げられるのだ。地中海周辺に生息するムネボソアリの一種 *Epimyrma ravouxi*〔*Epimyrma* の属名は現在ムネボソアリ *Temnothorax* に統合されている〕およびアルプス山脈の涼しい気候を好むその近縁種のムネボソアリ *Epimyrma stumperi* は、悪魔のようなサイコパスだ。その残虐さはノーマン・ベイツやパトリック・ベイトマン〔いずれも小説に登場する架空の殺人鬼〕にも引けをとらない。*Epimyrma ravouxi* はムネボソアリ属（*Temnothorax*）のアリの巣に入り込むと、住民を撫でて懐柔する。一方 *Epimyrma stumperi* は、標的の巣の近くで死んだふりをしながら住民が近づいてくるのを待ち受ける。偽の死骸を見つけた好奇心旺盛な住民たちは、これを巣に運び込むと、またもとの仕事に戻っていく。巣の中でそっと起き上がったしたたかな女王は、最初に出会った働きアリを捕まえると、相手のにおいが染みつくまでこのアリに自分の体をこすりつけた後、毒針の一撃で殺してしまう。思い思いの作戦でのんきな住民たちに受け入れられた二種のアりだが、ここからはまったく同じ計略で巣を乗っ取りにかかる。何食わぬ顔で巣の女王に近づくと、相手を強引にひっくり返し、大あごで絞め殺してしまうのだ。犠牲者の体臭ができるかぎり長く自分の体に残るよう、殺害は数日（ときには数週間）かけて行われる。身動きのとれない敵方の女王は、苦闘の果てに絶命する。その後、この残忍な女王たちはたくさんの働きアリを産むが、生まれてきた働きアリたちは巣の手入れには加わらない。その代わりに、持ち駒となる奴隷の数を増やすべく近隣のムネボソアリ（*Temnothorax*）の巣を略奪しに出かけるのだ。働きアリたちは仲間との接触を絶やさないよう、列車のように数珠つなぎになって移動する。標的の巣に着くと、働きアリたちは成虫を刺し殺し、幼虫をさらっていく。*Epimyrma ravouxi* は奴隷の出自にはこだわらず、複数種のムネボソアリ（*Temnothorax*）を巣に招き入れるが、そのせいで奴隷同士のもめごとは絶えない。一方、*Epimyrma stumperi* は巣内のいざこざを避けるため、奴隷にするアリの種を選別する。

幸いなことに、暴力に訴えずに奴隷狩りを行うアリもいる。俗に「ニンジャアリ」と呼ばれるムネボソアリの一種 *Temnothorax pilagens* は、体長二ミリほどの小さなアリだ。このアリは、標的である同じムネボソアリ属のアリ *Temnothorax ambiguus* の幼虫を巣からそっと持ち去ってしまう。標的となるムネボソアリは、どんぐりの中で暮らしている。小柄なアリにとって、どんぐりは穴をあけるだけで使えるようになる天然の要塞なのだ。奴隷狩りに出向くのは、たった四匹のアリからなる略奪部隊である。このアリたちは入口から標的の巣に忍び込むが、化学物質で巧みに変装しているため住民に気づかれる心配はない。傍観する住民を前に、侵入者たちは幼虫や卵（ときには成虫までも！）をさらっていく。万が一住民に正体を見破られた場合には、このアリは忍者のように毒針を振りかざし、警報が発せられる前に相手を麻痺させてしまう。しかしこの賢明な侵入者たちは、襲撃したコロニーが存続して個体数が再び増えるよう、略奪範囲を一定にとどめる。将来、奴隷が不足したときに、また同じ巣を荒らしてやろうという魂胆なのだ。

最後にこうしたアリの行動は、実際には「奴隷狩り」よりも「家畜化」という表現の方が現実に即していることを心に留めておきたい。というのも、いかに系統上の近縁種にあたるとはいえ、奴隷と主は別の種に属する生き物だからだ。人間がホモ・サピエンスの近縁種であるチンパンジーを飼いならす行為を「奴隷化」と呼ばないのと、同じ理由である。

第七の試練　縄張りを守る

身近な敵

アントワーヌ・ヴィストラール

食糧を求めて何日もの間さまよい続けた末、ようやく理想の餌場を見つけた一匹の採餌アリ。この場所を他のアリに荒らされてしまうのはもったいない。アリにだって、秘密にしておきたいことの一つや二つはある。

舞台は仏領ギアナの森の奥深く。以前にも登場した大きな眼が特徴のメダマハネアリ（*Gigantiops destructor*）を観察してみよう（「森の呼び声」参照）。密林での単独遠征を幾度となく繰り返し、ようやく獲物を発見した一匹のメダマハネアリは、この餌を大切そうに大あごで抱えると、巣の方角に向かって大急ぎで走り出した。敵との遭遇を避けるに越したことはないからだ。ところが折悪しく、別のメダマハネアリと遭遇してしまった。二匹のアリは数センチの距離を挟んで足を止めた。互いに触角を前に突き出し、にらみ合う格好で、二匹は古代ローマの剣闘士のようにじりじりと歩を横に運んだ。争いをそこで止め、別々の方向に立ち去ることもできただろう。だがこの二匹の間には、すでに一触即発の緊迫した空気（というよりは蟻酸《ぎさん》の臭い）が漂い始めていた。次の瞬間、アリたちの体がぶつかりあった。二匹は激しく揉みあいながら、互いの体に噛みつき、毒を浴びせかけた。落ち葉の上で繰り広げられる闘いは乱闘の様相を呈し、辺りには酢とアンモニアを混ぜたようなツンとする臭いが立ち込めた。数十秒が経過し、闘いは当初の激しさを失っていった。蟻酸を全身に浴びた戦士たちは、重なりあった体勢のまま永遠に動かなくなった。こうして、この死闘は勝者不在のまま幕を閉じた。

同種のアリ同士の闘いがここまで激しくなったのはもちろん、この二匹が別々のコロニーに属する個体だったからである。他種のアリには寛大なメダマハネアリがなぜ同種のアリには容赦しないのか、その理由は簡単に説明がつく。それはこのアリが特定の獲物を狩ることに特化した捕食者だからだ。視覚を頼りに狩りを行うメダマハネアリは、俊敏さと跳躍力とを兼ね備えており、同じ場所に暮らす他種のアリが捕えられない敏捷で小さな獲物も捕食することができる。言い換えれば、同種のアリこそが最大の競争相手なのだ。命懸けで同種のアリと闘うその姿からは、コロニーの縄張りを守ることの重要性がうかがえる。端的に言えば、この競争は「種内」における「コロニー間」の争いなのである。

ところが、それだけでは説明のつかない事象も存在する。同じコロニーに属する二匹のメダマハネアリが森の中で鉢合わせたとしても、両者の関係が常に良好であるとは限らないのだ。一匹が餌を運んでいた場合、もう一匹がこのアリを追い回して乱暴に突き飛ばし、餌を奪ってしまうことさえある。餌を奪ったアリは意気揚々と巣に引き揚げていくが、その巣というのは他でもない、最初に餌を運んでいたアリの目的地なのである。状況がさっぱり飲み込めない恐喝の被害者は、大抵の場合、失くした獲物をあてどもなく探し回った後、新たな餌を探しに別の方角へと立ち去っていく。同じコロニーの仲間たちと分け合うために餌を探す二匹のアリが、なぜ獲物をめぐってこのようないざこざを繰り広げるのだろうか。本来協力関係にあるべき個体同士による「コロニー内」の争いには、どのような理由があるのだろう？

この逆説に対する答えの一端は、ある一人の研究者によってもたらされた。一九八五年、その研究者はハリアリ亜科のアリ *Neoponera apicalis* の調査のため、メキシコ南部サン・ホセ・ラ・ヴィクトリアの熱帯林を訪れていた。*Neoponera apicalis* は艶のない黒色の体と先端が黄色い触角が印象的なアリで、大きな眼、長く突き出した大あご、刺した相手に激痛を与える細長い腹部を兼ね備えた、隙のない出で立ちをしている。メダマハネアリ同様、このアリも単独で餌を探しに出かける。目立たないよう素早く動くメダマハネアリを潜入中のスパイにたとえるなら、こちらのアリの形態と行動はむしろラグビーチームに近い。大柄なこのアリは、触角を高速で震わせながら、地面の上を力強い足取りで不規則に走り回る。くれぐれも素手で捕まえようとはしないように！

巨大なイチジクの木の根元に目を凝らし、太い根と根の間にある三つの巣を特定したこの研究者は、思い切った行動に出た。三つの巣に暮らすすべての採餌アリの胸部に小さな背番号を貼りつけ、陸上競技に出場する選手たちのように、各個体を識別できるようにしたのだ。幸いこのアリのコロニーはほとんどが小規模なものなので、まったく無謀な挑戦というわけでもない。一つのコロニーにつき、個体数はせいぜい一〇〇〇匹前後である。次いでこの研究者は、一つの巣に暮らす採餌アリ一匹一匹の足取りを四五日間連続で追跡するという難題に取り組んだ。しかも、三つの巣すべてに対してそれを行ったのである。森を歩く一匹のアリの移動経路を記録するのは、決して楽な仕事ではない。現在でも時折用いられることがあるその記録方法とは、散歩中のアリが通った道筋に、等間隔で無数の小さな旗を突き立てていくというものだ。一つの経路につき一色の旗を用い、アリの番号も忘れずに記録しておく。それに加え、*Neoponera* というアリは非常に早起きで、日の出とともに活動し始める。そういうわけで、熱意あふれるこの研究者は数ヶ月もの間、朝五時から立ちっぱなしで（正確には前かがみの姿勢で）アリを追いかけ、森の湿った腐植土に小さな旗を立てていった。一日の終わりには、地面を美しく彩る数百本の小さな旗が、旅するアリたちの足跡を浮かび上がらせていた。疲れ切ったアリたちが眠りにつくころ、研究者は体を起こし、もう一つの仕事に取りかかる。アリたちの移動経路を一つひとつ紙に写し取っていくのだ。もう一つ、研究者を苦しめたに違いないある重要な情報も忘れずに補足しておこう。この調査が行われたのは雨季だった。調査結果をお目にかける前に、それがどのような苦労と引き換えに得られたものであるかを伝えておくことは、無駄ではないように思う。それによって、ソファーの上で雨に濡れずにその成果を楽しめることのありがたみがより一層増すからだ。

この調査から浮かび上がってきたのは、壮麗な図形の数々だった。第一に、採餌アリのほとんどは三〇平方メートルほどの小さな縄張りを有しており、各個体は狩りに出るたびに、自分の縄張りに戻って獲物を探していることがわかった。さらに、一つの巣に暮らす個体すべての縄張りを重ね合わせてみると、驚くべき図が浮かび上がってくる。それぞれの縄張りがうまくはまり合い、さながらモザイク画のように、巣をおおよその中心に据えた円ができあがるのだ。まさに理想的な分布といっていいだろう。この半径二〇〜三〇メートルの円は、巣の周囲およそ二〇〇〇平方メートルの範囲にわたり広がっている。実にテニスコート一〇面分の広さだ。この調査によって、一つのコロニー全体の狩猟範囲が浮き彫りになったのである。

続いての疑問は、単独で行動するこのアリがどのように集団の統率を図っているのかという点だ。この疑問を解く最初の手がかりは、同じ研究者の調査結果の中に見つかった。円の周縁部、すなわち巣から最も離れた場所を縄張りにする個体は、他の個体と比べて狩りに出る頻度が高く、収穫量も多かったのだ。巣から遠ざかるほど、仲間のアリと出会う確率は低くなる。そのため、これらの個体は手つかずの餌場を独占することができるのである。また巣に近づけば近づくほど、経験が浅く、縄張りを確立していない個体の割合が多くなった。この採餌アリたちは、まだ縄張りを探して巣の周囲をうろついている段階なのだ。最後に、縄張りの仕組みを解明する最も重要な手がかりとして、食糧を見つけた採餌アリは再び同じ場所に戻ってくる傾向があることがわかった。これに対し、獲物を見つけられずに手ぶらで帰ってきた採餌アリは、それ以降別の場所を探索しにいくようになる。アリたちはいわゆる「勝てば残り《ウィン＝ステイ》、負ければ移る《ルーズ＝シフト》」戦略を実践しているのだ。
縄張りの分布はこのような仕組みで成り立っていたのである。食糧のある場所に向かった採餌アリは当然獲物を見つけ、またその場所に戻ってくる。これは強化学習の原理そのものだ。ある地域に食糧が豊富であればあるほど、採餌アリはそこに足繁く通うようになり、その分だけ他の地域を探索する機会も少なくなる。その反対に、獲物がもともと少ない地域や、すでに別のアリによって占有されている地域を訪れた新米の採餌アリは、食糧をほとんど見つけられないため、新天地を求めて旅立っていく。こうして、巣の周囲の食糧事情をそのまま反映した採餌アリの分布図ができあがる。もちろん、全体像を把握している個体など一匹もいない。図面もリーダーもなしに組み立てられるこのような縄張りの分布も、自己組織化の一例である。

同様の結果は、単独で狩りを行う他種のアリでも多く確認された。このことから、同じコロニーに暮らす個体を恐喝したあのメダマハネアリの意図を推し量ることができる。経験豊富なこの個体は、同じコロニーに属する他の個体に獲物を持ち帰らせないことで、新米アリが自分の縄張りに居つくのを防いでいたのだ。いわばあの行動には、「お若いの、他の場所をあたりな。ここには二匹もいらないよ」というメッセージが込められていたのである。

無論、アリ自身がそのように考えた上で行動しているわけではないだろう。幾世代もの時を経て形成されてきたある行動の「進化上の理由」と、ある瞬間に個体の頭をよぎった同じ行動の「直接的理由」（あるいは「認識上の理由」）とを混同してはならない。昆虫であれ、人間を含むそれ以外の動物であれ、個体は総じて自分の行動の「進化上の理由」を自覚してはいない。たとえば、発情期のライオンは性的な欲求（直接的理由）に突き動かされて交尾相手を探すのであって、「子孫を残すために一刻も早く繁殖せねば」（進化上の理由）などと考えて行動するのではない。これと同じように、アリも「コロニー全体の収穫量を最大化するために仲間から餌を脅し取ろう」などとは考えていないはずである。このアリの行動には、これとは別の直接的理由があるはずだ。それはいったい何だろうか？一つ確かなのは、数多くの成功を体験してきている熟練の採餌アリが、非常に高い意欲をもって自分の縄張りに出向き、狩りをしているということだ。このアリの熱意は、見知らぬ土地をおそるおそる探検する新米アリの控えめな態度とは対照的である。意欲の高いアリがおとなしいアリから獲物を奪ったとしても、驚くにはあたらない。結局のところ、このアリは狩りの欲求に従っているだけなのかもしれない。仲間がくわえていようがいまいが関係なく、獲物は獲物なのだ。二匹のアリが同じコロニーのにおいを共有していることで、争いの激化は避けられる。しかしだからといって、獲物をめぐる小競り合いまではなくならない。局所的な競争が、全体の協力を生み出しているのだ。これぞまさに、個の単純な行動原則が、社会全体にとって有益となる解決策を生み出す模範的な例といえよう。さて、人間の場合はどうだろうか？

無蟻地帯《ノー・アンツ・ランド》

オドレー・デュストゥール

たったいま見てきたのは、兄弟げんかにも似た家族内での些細ないざこざだった。この程度のもめごとなら、熱が冷めればすぐに忘れ去られる。ここからは、コーザ・ノストラ〔イタリアのシチリア島を拠点とするマフィア組織〕内で繰り広げられるファミリー同士の抗争にも似た、血で血を争う家族間の争いをご紹介しよう。主役となるのはいずれもオーストラリアに生息する二種のアリだ。

アフリカ・アジア・オセアニア地域に広がる熱帯林の樹上には、ツムギアリ属（*Oecophylla*）のアリが築いた大都市が広がっている。高々と掲げられた頭部と長い脚が特徴的なこのアリは、バレリーナを思わせる優雅な足取りで枝の上を走り回っている。オーストラリアに生息するツムギアリは、腹部の色がエメラルドグリーンであることから、俗に「緑アリ」と呼ばれている。それ以外の地域では「ツムギアリ」という呼び名が一般的だ。というのも、このアリは文字どおり巣を紡《つむ》いで作るからである。巣の建設は葉を折ることから始まる。アリたちはチームになって、折り紙を折るようにして葉を折っていく。体長数ミリのアリにとって、自分の体の五〇倍もある硬い葉を折るのは簡単なことではない。

人間でいえば、サッカーフィールドと同じ大きさの紙を折るようなものである。アリたちは仲間の腰をつかんで鎖状に連なり、葉の縁と縁を引っ張って折り合わせる。無事に葉が折れると、今度は幼虫が吐く糸を利用して、葉の縁同士をミシンで縫い合わせるように貼り合わせていく。

ツムギアリは縄張り内にサッカーボール大の巣を一〇〇個以上も建設する。葉を材料に作られるこれらの住居は、人間の家同士が道路で結ばれているのと同じように、木の枝でつながっている。なかには二〇本の木にまたがって縄張りを形成するコロニーもある。その広さは一五〇〇平方メートルに達し、個体数は五〇〇万匹にもおよぶ。ツムギアリの社会では小型の個体が主に幼虫の世話をし、大型の個体が食糧調達と巣の防衛を担う。ツムギアリは、数あるアリの中でも群を抜いて複雑な化学信号を用いる。「食糧を見つけたよ」「ついておいで」「危ないから気をつけて」「みんな集まれ」「攻撃開始!」「ここは私の家」――フェロモンを使い分けることで、これほどまでに多様なメッセージを仲間に伝えられるのだ。

いたずら心からツムギアリの巣を棒でつついたりすれば、無数のアリが葉を打ち鳴らしてこれに応じてくる。「襲われたくなければ速やかに退散せよ」というアリからの警告だ。樹の上で生活するこの生き物は元来攻撃的な性格で、樹上から森の地面にかけて広がる縄張りを守るために死力をつくす。不審者に遭遇すると、ツムギアリは腹部を垂直に持ち上げて大あごを開き、敵意をむき出しにする。不意の来訪を歓迎していないことは明らかだ。研究者たちによれば、不審者が顔見知りの相手であった場合、ツムギアリはより一層攻撃的な態度をとる。この研究者たちはあるコロニーの縄張り内に、隣接するコロニーに暮らす個体と、数キロ先にあるコロニーに暮らす個体をそれぞれ一匹ずつ投入するという実験を行った。すると、近くに棲む方のアリは追い払われるか、場合によっては無残にも殺されてしまったのに対し、遠くに棲む方のアリは撫でられたり、食糧を分けてもらったりしたというではないか。隣人には固く戸を閉ざし、初対面の人には紅茶とクッキーを振るまう社会とは、なんとも奇妙なものに思える。しかし実際には、競合相手にならない遠方のアリよりも、近場に棲むアリの方が警戒すべき相手なのだ。ツムギアリは近隣に棲む個体とすれ違った際に相手のにおいを覚え、識別できるようにしている。そうすることで、将来起こりうる侵略に備えているのである。領地を守護する番兵役のアリは、ときおり敵の死骸を巣に持ち帰り、まだ外に出たことのない若いアリたちに敵のにおいを学ばせている。まるでマフィアの入会儀式ではないか……。

ツムギアリはそれまで来たことのない土地に足を踏み入れると、腹部の先端を地面につけ、肛門から大粒の茶色い液体を分泌する。ただの排泄物ではない。この液体にはコロニーのにおいが内包されているのだ。このアリたちは、隣接するコロニーの縄張りのしるしと自分たちの縄張りのしるしとを、はっきり区別することができる。通常、このような「立入禁止」の標識を見つけたよそ者は引き返していく。ところが、なかにはこの化学物質で引かれた境界線を越えて縄張り内に侵入してくる好奇心の強い敵もいる。ツムギアリはこれに対抗するため、大型個体のみが配置された検問所を縄張りの境界に設けている。境界付近にあるこれらの巣をつぶさに調べた研究者たちは、そこに棲むアリの大部分が体の一部を失った老兵であることに気がついた。脚が四、五本しかない個体もいれば、触角や大あごの片方が欠けた個体もいる。老兵たちは縄張りの境界を休みなく巡回し、侵入を試みる不届き者からコロニーを守っている。侵入者と老兵の間では激しい戦闘が繰り広げられるが、大抵は侵入者の死をもって決着する。大型個体一匹では太刀打ちできない強敵が侵入してきた場合、老兵は化学物質の道しるべをつけながら、仲間を呼びに検問所へと走る。いざ仲間を見つけると、この個体は闘いの仕草をまねて危機を伝え、道しるべを辿って戦場に向かうよう仲間を鼓舞する。迫りくる危機に奮起した仲間たちは、目印を辿りながら全速力で敵のもとを目指す。そうしてあっという間に侵入者を取り囲むと、地面に押さえつけてバラバラにしてしまう。ときには敵を巣に持ち帰り食べてしまうこともある。縄張りの境界線上で繰り広げられるコロニー間の攻防は苛烈をきわめる。そのためか、ときに境界付近にはどちらの軍勢のアリも立ち入ることのできない「無蟻地帯《ノー・アンツ・ランド》」ができあがるという。

ファイトクラブ

オドレー・デュストゥール

ハヤルリアリの一種 *Iridomyrmex purpureus* は縄張りをもつ獰猛なアリで、ツムギアリと同じくオーストラリアに生息している。このアリは、相手が小さなトカゲであれ散策中の人間であれ、縄張り内に侵入する者には容赦なく襲いかかる。オーストラリアの農家は、動物の死骸を片づけるのにこのアリを利用する。そのため、このアリには「肉食いアリ」の異名がつけられている。すらりと長く伸びた脚に支えられた深紅の体は、光を反射して紫色に輝く。このアリの巣は直径二メートルほどの大きさの小山で、砂利や小枝に覆われて草木が生えていないため、簡単に見つけることができる。巣はいくつにも分かれており、母巣から分巣へは肉眼で確認できる道がのびている。一平方キロメートル以上の範囲にわたって広がるこれらの巣は、全体で一つのスーパーコロニーを形成しており、総個体数は数十万匹にもおよぶ。

その凶暴な気質にもかかわらず、ハヤルリアリはオーストラリア人に重宝されている。侵略的外来種にも指定されている厄介な毒ガエルの一種、オオヒキガエルを退治してくれるからだ。このカエルの毒は、蛇、鳥、爬虫類など捕食者のほとんどを死にいたらしめる。その存在がオーストラリアの生態系破壊の一因として指摘されるほど、この両生類は疎まれている。このカエルは捕食者に襲われると一切の身動きを止め、相手の体に毒が回るのを待つという戦略をとる。しかしどういうわけか、ハヤルリアリはこの毒に完全な耐性があるらしく、微動だにしないカエルをこれ幸いと食べつくしてしまう。

ハヤルリアリは縄張り意識が非常に強く、常に縄張りの境界付近を巡回している。とはいえ、このアリはツムギアリ（*Oecophylla*）のように、コロニーの仲間を犠牲にしながら日々終わりのない戦いに興じたりはしない。巡回中に同種のアリを見つけたハヤルリアリは、相手のすぐそばまで駆け寄っていくと、その頭部を触角で軽く叩く。その際、ちょうど目の見えない人がするように、顔の輪郭に沿って入念に触角を当てていく。もし相手が無数にいる姉妹の一匹だと判明した場合、この接触は一五秒ほどで終わる。二匹のアリたちは前脚を櫛《くし》代わりにして触角を整えると、脚をきれいに舐めてから思い思いの方向に去っていく。もし相手が敵だった場合には、触角による殴打は激しさを増す。敵対する二匹のアリ同士は、一秒間に五回の速さで触角をぶつけ合い、大あごを大きく開いて敵意をあらわにする。そして、お互いの頭を触角で叩きながら奇妙なダンスを踊り始める。まるで宙で舟でも漕いでいるかのように、一秒間に一〇回という驚異的な速度で前脚を上下に動かすのだ。アメリカの中国武術家ジョン・オズナは、人間が一秒間に繰り出せるパンチの回数の世界記録を打ち立てたが、このアリの手数はそれに匹敵する。五秒間の立ち合いの後、一方のアリは触角を下げ、地面にひれ伏すように体を前に傾けて降伏の意志を表明する。これとは反対に、勝利した方のアリはつま先立ちになり、ひざまずいた相手の倍ほどもあるように自分を大きく見せながら、大あごをめいっぱい開く。そして唐突に敵の大あごを片方くわえると、数秒間激しく揺さぶってから、おもむろに相手を解放して立ち去っていく。アリたちはよく開戦と同時に脚を小石の上にのせ、自分を大きく見せようとする。高い踏み台を選んだ個体の勝率が高いことから、これも勝敗を分ける重要な戦略なのだろう。

大抵の場合、勝負に負けて辛酸をなめたアリは、腰をすぼめてすごすごと巣に帰っていく。しかしなかには、雪辱を晴らそうと再戦を挑む粘り強いアリもいる。これらのアリは、体を前後左右に揺らしながら間合いを詰めていき、相手を誘い出す。こうして再び相まみえた二匹のアリは、後ろ脚で体を支えながら、前脚を前方に突き出した姿勢でにらみ合う。キックボクシングの試合さながら、二匹のアリは向かい合ったまま旋回し、突破口を探る。ひとたび乱打戦が始まると、アリたちは一秒間に八回という速度で後ろ脚の蹴りを繰り出す。ほとんどの場合、前回の勝者が再び試合を制する。敗者は敵からなるべく遠ざかろうとするかのように、体を大きく後ろにのけぞらせる。そのままバランスを崩して後ろに倒れてしまうことも珍しくない。負けたアリは今度こそその場を離れ、二度と戻ってはこない。儀式にも似たこの試合の様子を論文に掲載した研究者は、たった一度しか本物の闘いを目撃しなかったと語っている。この研究者によれば、二匹のアリは血みどろの闘いを繰り広げた末に、どちらも死んでしまったという。通常、ハヤルリアリは自分に勝ち目がないことを悟ると降伏の姿勢をとる。こうして闘いが回避されることで、勝利した方の個体も傷を負わずに済むのだ。このような力比べの儀式は、縄張りの境界線上で一日中繰り広げられる。戦場の区間は一〇メートルにもおよび、一〇〇〇匹以上の個体が参戦することもある。どこかしら、南北朝鮮の軍事境界線上にある共同警備区域を思わせる話だ。人間もハヤルリアリ同様、実際の戦闘はできるだけ避けようとするが、軍事パレードの開催やミサイルの発射によって武力を誇示することには、余念がないように見える。

第八の試練　外敵から身を守る

スカイフォール

アントワーヌ・ヴィストラール

人間よりもはるかに巨大で敏捷な怪物たちがひしめく世界に暮らすことを想像してみてほしい。その怪物たちは人間を食べたくてうずうずしている。生き延びたければ、買い物に出かける際、決して甲冑《かっちゅう》を忘れてはならない（「生存の心得その一」）。以前にも紹介した、巣の入口を自分の体で塞ぐナベブタアリ属（*Cephalotes*）のアリは、まさにこの戦略をとる。この昆虫は、頭部と肩と腰に大きな突起のついた褐色の装甲を身につけているのだ。重装備で全身を固めた中世の黒騎士のようにのっそりと移動することから、このアリは「亀アリ」とも呼ばれている。その名が示すとおり、このアリは素早さを捨てて装甲を身につける戦略を選んだ。違いがあるとすれば、本当の亀は甲羅をつかんで持ち上げたとしても、首を勢いよく後ろに回して指に噛みついてきたりはしないということだ。

このアリの食生活は長年謎に包まれていた。巣に帰った採餌アリが小さな黄色い玉を吐き出すとの報告は、複数の研究者から上げられていた。現在では、それが花粉の塊であることが判明している。ナベブタアリは、風に飛ばされて樹木の葉に降り積もった花粉を舐める。その後、消化できない膜を巣の外で吐き出し、残りを巣の仲間たちと分け合うのである。

ナベブタアリは花粉を求めて樹上の枝を渡り歩く。アメリカの昆虫学者ニール・ウェバーは、一九五七年に発表された論文の中で驚くべき観察結果を伝えている。葉やつるを伝って木から木へと移動し、巣から三五メートルも離れた地点にまで花粉を探しにいく個体がいるというのだ。ウェバーによれば、樹上におけるコロニーあたりの採餌範囲は二〇〇〇立方メートル以上にもおよぶ。実にオリンピック用のプールと同等の広さである！　だが花粉を探す騎士たちにとっては不幸なことに、樹上には腹を空かせた怪物たちがうようよしている。のろまで簡単に捕まえられる獲物がいるとなれば、とげのある外皮を飲み込むことなど意に介さない連中だ。そのような惨事に備えるべく、ナベブタアリはまさに奥の手ともいえる「生存の心得その二」を編み出した。敵が近づいてきたら、木から飛び下りてしまうのである。

一見すると、この戦略は投げやりを通り越して、自殺行為に近いように思われる。アリにとって、高さ三〇メートルの樹上から飛び下りるということは、体長の三〇〇〇倍もの距離を落下するに等しい。人間の大きさに換算すれば、これは五キロ上空からの落下に相当する。五キロといえば、一般的なスカイダイビングの降下開始地点よりも高い。その上、ナベブタアリは重い装甲を身につけた状態で、パラシュートもなしに飛ぶのである。

とはいえ、アリは着地時の衝撃を吸収できるため、落下自体は問題ない。厄介なのはむしろ着地した後だ。林床という、自分の縄張りから遠く離れた見知らぬ環境の中に、文字どおりおちいってしまうからである。空から降ってきたアリには酷な話だが、土の上もまた空腹の捕食者たちで溢れ返っている。もちろん、切り札である「ジャンプ」も地上では役に立たない。

研究者たちは、林床に降り立ったナベブタアリが実際にどのような危険にさらされているのかを調べようと試みた。方法はいたって単純だ。木に登ってナベブタアリを一匹捕獲したら、地面に降りてアリを放し、その様子を観察するのである。結果は壮絶なものだった。苦労して落ち葉の山を乗り越えるこのアリに、およそ五分に一度の頻度で、巨大グモをはじめとする捕食者が襲いかかったのだ。皮肉なことに、ナベブタアリが最寄りの木の幹に辿りつくまでには平均五分かかる。だが、これでもまだ状況はましな方だ。一年のうち最大で六ヶ月ほど続く熱帯雨林特有の洪水の時期には、アリは水中に落下することになる。その場合、平均して九秒に一度、魚に襲われることになるのだ。このように、木から飛び下りる行為には多大な危険がつきまとう。「生存の心得その二」は、お世辞にもいい戦略とはいえないように思える。

それならば、なぜこのアリたちは樹上から飛び下りるという運任せの行動をとるのだろうか？　研究者たちはこの点を是が非でも確かめずにはいられなくなった。そこで彼らは、ハーネスを装着して地上三〇メートルにある枝からぶら下がると、ピンセットで捕獲したナベブタアリを空中に放り投げ、その落下の様子を観察するという実験を行った。結果は目を見張るものだった。アリは最初、石ころを落としたときと同じように、きりもみ状に回転しながらまっすぐ落下していた。ところが落下の最中、アリはにわかに姿勢を立て直すと、ハングライダーさながらに美しいカーブを描きながら、近くの木の幹めがけて滑空していったのだ。機会があれば、ぜひ「gliding ants」というキーワードで動画を検索してみてほしい。びっくりするような光景が見られるはずだ。アリにとって命綱となる細い木は、三メートル以上も横に離れた場所にある。それにもかかわらず、宙に放たれたナベブタアリの八五パーセントが、落下中に方向転換して、一〇メートルほど下方で木の幹につかまることに成功したのだ。落下中でも見分けがつきやすいよう、アリには事前に白い塗料が塗られていた。アリを放り投げてから一〇分と経たないうちに、真っ白に塗られたアリが巣の周囲を元気に走り回っているのを見て、研究者たちはたいそう驚いたという。

それにしても、羽を持たないこの昆虫はどのように滑空しているのだろうか？　おわかりのとおり、自由落下する体長一センチのアリの体勢を密林内で正確に観測するのは、簡単なことではない。この問題に対処すべく、研究者たちは「アリ専用垂直送風機」なるものを開発した。研究室の同僚たちは目を疑ったことだろう。この垂直に立った小さな透明の筒状の装置は、上に向かって気流を発生させる。この筒の中にナベブタアリを放り込んで風の強さを調節すれば、その場で滑空するアリの姿を好きなだけ撮影できるというわけだ。

空中で姿勢を安定させるため、アリはプロのスカイダイバーのように脚を背中側にめいっぱい広げる。腹を下にして脚を空に掲げたこの状態は、空気力学的に安定した姿勢である。猫が脚から着地するために自ら体を回転させなければならないのに対し、アリはこの姿勢をとるだけで、空気の摩擦力が体の回転を生み、小さなパラシュートのように自然とバランスをとることができる。姿勢が安定すると、アリは腹部を下方に向けて滑空の軌道を調整するのだが、それによってアリの体は後方に進むことになる。落下しながら後ろ向きに進むというのは奇妙に思われるかもしれないが、以前触れたように、アリは周囲三六〇度を見渡せる広い視野を持っている。背後にある木を目標に滑空することなど朝飯前なのだ。さらに、この熱帯林に生えている巨木の幹は白い苔に覆われているので、薄暗い森を背景にちょうど一本の白い筋のように浮き上がり、アリにとっては格好の目印になる。あとは脚を細かく動かして摩擦を調節し、好きな方向に曲がるだけだ。

それにしても驚くべきは、移動の速さと正確さである。研究者の一人は次のように語っている。「太陽が葉に反射してきらめいていたので、そちらを目指して滑空するアリたちがいたのですが、［誤りに気づくと］瞬時に方向転換し、［本物の］木の方に向かっていきました」。着地の際、アリは腹部を上に持ち上げ、頭部を下にした状態で脚を使って木の幹にしがみつく。難度の高い動作のため、多くのアリが木の幹をつかみ損ねて跳ね返されるが、アリたちはすぐに体勢を立て直して再挑戦する。この圧巻のパフォーマンスには、ただただ賛辞を贈るほかない。

アリが視覚を頼りに飛行していることを裏づけるため、研究者たちは新たに二つの実験を行った。一つ目の実験は、ナベブタアリを月の出ていない真っ暗な夜に樹上から落下させるというものだ。落下の様子が確認できるよう、アリの体には蛍光塗料で小さな印がつけられた。二つ目の実験も同じくアリを樹上から落下させるというものだが、こちらはアリの眼を塗料で塞いだ状態で日中に行われた。いずれの実験でも、目が見えないアリたちは空中で体勢を整えるために脚を広げはしたものの、地面に向かってまっすぐ落ちていった。この実験により、目標に向かって滑空するためには周囲の様子が見えている必要があることが、はっきりと証明された。

これらの実験結果はある不可解な観察記録を想起させる。アリの胸部に糸を貼りつけて持ち上げると、宙吊りにされたアリは自ら進んで脚を広げ、落下中のナベブタアリと同じような姿勢をとるのだ。滑空への適応だろうか？　だが不思議なことに、木など一本も生えておらず、よって落下の危険もほとんどない砂漠地帯に暮らすアリも同様の反応を示すのである。この反応は「跗節《ふせつ》反射」と呼ばれており、その名のとおり跗節（脚の先端部）が地面から離れると、アリは反射的にこの姿勢をとる。この反射は、地上で生活する多くの昆虫や動物に共通している。転落した際に落下速度を緩め、空中で体勢を整えることがその目的だ。腹を下に向けた姿勢が特徴的なことから、「パラシュート降下技術」と呼ばれることもある。クモのような翅《はね》のない虫を捕まえて二階の窓から放り投げてみれば、空中で落下を制御するその様子が観察できるはずだ。祖先から受け継がれてきたこの反射は、生き物として のアリの一部になっているのだろう。木から落ちる心配などはるか昔になくなったはずの砂漠に暮らすアリですら、この反射を受け継いでいるのだ。

　ひとたび反射が獲得されれば、あと一つ進化の過程を経るだけで、ナベブタアリのように落下しながら移動できるようになる。残る課題は、パニックに陥らず、ほんの少し腹部を下げ、脚で進行方向を調整するだけだ。着地する木を見定めるため、高速で流れていく落下中の視覚情報を処理し、適切な運動指令に変換する脳の機能も必要になるかもしれない。研究者たちは、落下中の移動を可能にするアリの能力が、進化の歴史の中で少なくとも三度にわたり別個に獲得されたことを明らかにしてみせた。予想に違わず、いずれの進化も樹上で生活する種のアリにおいて確認された。つまり、落下中に脚を広げて「パラシュート降下体勢」をとる能力はおそらくどのアリにも備わっているが、落下中の移動を可能にする「運動指令」を体得した樹上性のアリが現れたのは、つい最近のことなのである。なかには、これらの進化のちょうど中間に位置するアリたちもいる。それらの哀れなアリたちは、落下しながら近くにある木の方向を向くことはできるものの、木に向かって進む（正確には後退する）ことはできない。木を見つめながら、まっすぐに落ちていってしまうのだ……。なんとも歯がゆいが、もしかするとこのアリたちは、空中で向きを変えることによって、着地した後に向かうべき方向を記憶しているのかもしれない。この説については検証が必要である。

　次に起こる進化では、アリは正真正銘の飛行能力を獲得することになるのだろうか？　事実、多くの研究者たちが、樹上で生活し落下を制御することのできる現在のナベブタアリのような生き物こそが、飛行能力の生みの親であると考えている。飛行能力は、地球上でこれまで四度にわたって別個に発達してきたとみなされている。哺乳類において発達した飛行能力は、現在のコウモリに受け継がれている。爬虫類においては二度にわたって獲得され、すでに絶滅したプテラノドンおよび恐竜の子孫である鳥類にその存在が確認できる。残る一度の進化は昆虫において発生し、現存するあらゆる有翅《ゆうし》昆虫のおおもとになっている。いずれの分類においても、飛行する生き物の近縁種には、はるか頭上の枝から滑空する生き物の存在が認められる。実のところ、思いもよらない滑空の名手が自然界には多数存在するのだ。カエル、トカゲ、ヘビ、フクロネズミ、「空飛ぶリス」(正確には「滑空するリス」)と呼ばれるモモンガなどがその一例である。もちろん、これらの生き物はすべて樹上で暮らしている。

昆虫についていえば、現存する種の中で飛行する昆虫の祖先に最も近いのはシミであると考えられている。たまに浴室で見かける細長い体をしたこの小さな生き物は、翅《はね》を持たない敏捷な昆虫で、なかには銀色に光る個体もいる。空とは縁がなさそうなその見た目からは想像もつかないが、実は樹上性のシミは滑空の名手である。研究者たちは試しに数匹のシミを樹上から放り投げてみた。すると、この昆虫はおおかたの予想に反して、まるでロケットのように美しい軌道を描きながら木の幹に向かっていったという。

現在、一部の生き物が享受している自由に空を飛び回る能力も、もとを辿れば樹上で暮らしていた祖先より受け継がれたものだ。現代のナベブタアリより一億年も昔に生きた祖先たちが、森の最上層から飛び下りるという偉大な一歩を踏み出したのである。

ジョーズ

アントワーヌ・ヴィストラール

サメの歯は無限に生え変わることをご存知だろうか。それも一本ずつではなく、一列ずつ生え変わっていく。歯が抜けると、その後ろにあった歯がベルトコンベアのように前にせり出してきて、隙間を埋めるのである。もしこの話を聞いて驚かれた方がいれば、続きをぜひ楽しみにしていてほしい。というのも、地上にはさらに奇想天外な歯を持つ生き物が存在するからだ。

昆虫の大あごは、蝶番のような仕組みで頭部の前端に固定されている。それぞれの大あごの動きは、あごを開く方向に引っ張る筋肉と、あごを閉じるためにその反対方向に引っ張る筋肉の二種類によって制御されている。あごを閉じる瞬間にこそ大きな力が必要となることから、通常はあごを閉じるための筋肉の方がはるかに発達している。この筋肉はさらに速筋（力はないが速く動く）と遅筋（動きは遅いが力はある）という二種類の筋繊維によって構成されている。これらの筋繊維の比率は、その必要性に応じて種ごとに異なっている。たとえば、木を噛み砕く昆虫は力の強い遅筋の比率が高く、飛んでいる獲物を狙う昆虫は速筋の比率が高い。いずれにせよ、大あごを閉じる速度が速筋の収縮速度に依存するという点については、疑う余地がないように思うだろう。だが実はそうではない。「罠顎アリ」とも呼ばれるアギトアリ属（*Odontomachus*）のアリは、この考えが誤りであることを実証してみせる。アギトアリは、理論上の最高速度をはるかに上回る速さで大あごを閉じることができるのだ。

それを可能にするのが、他に類を見ない独特な大あごの「設計」である。ある種の昆虫の大あごがノコギリのような形状なのに対し、アギトアリの大あごは二本の巨大なバールのような見た目をしている。大あごの先端は内側に折れ曲がり、鹿の角のように枝分かれしている。獲物を串刺しにするためだ――「まあ、おばあちゃん、なんて大きな歯をしているの！」。これら二本の重い凶器を閉じるための筋肉は、とてつもなく発達している。アギトアリの頭部はほぼすべてこの筋肉で埋めつくされており、脳が入る隙間はほとんどない。進化の過程で選択されたこのような妥協案には、驚嘆の念を禁じえない。しかしながら、筋肉の太さだけでは、アギトアリの大あごが閉まる際の速度と力の強さを説明しきれない。その秘密は大あごの特殊な構造にある。あごを開くための筋肉が収縮することによって、アギトアリは大あごをバレエのスプリッツのように一八〇度開くことができる。大あごがこのように広げられると、左右のあごの根元にある関節が、掛け金の役割を果たす頭部の特殊な器官に引っかかる。つまり、大あごが一八〇度に開いた状態でロックされるのだ。こうしてアギトアリは、大あごを開いたままの状態で、あごを閉じる筋肉だけを収縮させることができる。あごだけでなく頭部全体で負荷を支えることにより、筋肉と腱《けん》には強い張力が蓄えられる。さしずめ矢をつがえたボウガンといったところだ。あとはもう、この蓄えられた膨大なエネルギーを解放するだけでいい。戦闘準備は万端である！

続いては、蓄えられた力を解放するための工夫に富んだメカニズムを見ていこう。アギトアリの大あごの内側には、細い毛がまばらに生えている。これらの毛は検知器の役目を担っており、それぞれの毛には接触情報を高速で伝達することに特化した太い神経細胞がつながっている。そのうちの一本に軽く触れるだけで反射が引き起こされる。微小な筋肉の働きによってあご関節のロックが外され、先端に突起のある二本の巨大なバールが目にもとまらぬ速さで打ち下ろされるのだ。この仕組みを成立させているのは、反射が引き起こす毛の絶妙な長さである。これらの毛は、触れた相手がちょうど左右の大あごの先端部で挟まれる位置にくるような長さに調整されているのだ。挟まれる前に脱出できる可能性は皆無に等しい。一八〇度に開かれた大あごが閉まるまでの猶予は、たったの一万分の一秒しかないからである。大あごが閉まる際には、一〇万Gの加速度（自由落下時の加速度の一〇万倍）が生じる。わずか一ミリの距離を移動する間に、アギトアリの大あごは静止状態から時速二三〇キロにまで加速するが、これは動物界最速の動きとして知られている。いや、知られていたというべきか。というのも、この記録はヘラアゴハリアリ属（*Mystrium*）のアリに僅差で破られたからだ。ちなみに新王者は、ボウガンのような仕組みではなく、人間が指をパチンと鳴らすのと同じような仕組みで大あごを動かす。こと歯に関して、アリの世界は画期的な発明の宝庫なのである。

比較のため、ボクシングの試合を引き合いに出してみよう。プロボクサーがパンチを繰り出すときに生じる加速度はおよそ一〇G（アギトアリの大あごの一万分の一）であり、拳が当たる瞬間、時速三五キロに達する。比較対象のボクサーが放った見事なパンチの衝撃力は、五四〇〇ニュートンという数値を叩き出した。これはボクサーの体重の六・八倍に相当する力である。このボクサーは試合全体を通して二一五発のパンチを命中させた。対戦相手の体には、頭部を中心に、ボクサーの体重の二五二倍近い衝撃力が加えられた計算になる。これに対し、アギトアリはたった一撃で自分の体重の五〇〇倍もの力を生じさせる。パンチ四二八発分、ボクシングの試合にしておよそ二試合分に相当する衝撃力である。果たして誰が挑戦者に名乗りを上げるだろうか？

相手が自分の半分ほどしかない体長五ミリ程度のシロアリであれば、アギトアリは相手を見下ろす体勢から大あごの一撃をお見舞いする。この一撃によって、シロアリは五〇パーセントの確率で即死する。ときには大あごが体を貫通することさえある。不幸にも死にきれなかったシロアリの個体は、大あごで挟まれたまま持ち上げられ、毒針でとどめを刺されることになる。相手がシロアリよりも柔らかい体長五ミリほどのミールワームであれば、大あごの一撃による致死率は八〇パーセントに上昇する。それよりも小さな相手、たとえば体長二ミリ程度のシロアリが相手の場合には、致死率は一〇〇パーセントに達する。こうなると、もはや八百長試合といっても差し支えないだろう。小さなシロアリが恐怖で動けなくなってしまい、大あごを使うまでもなく勝負が決することさえある――「対戦相手の棄権により、アギトアリの不戦勝とする！」。

柔らかく小柄な平和主義者が相手であれば、アギトアリが負けることはまずない。では、硬い外皮に守られた大柄で素早い敵と闘う場合はどうだろうか？　これを検証するための実験が、アギトアリの一種 *Odontomachus ruginodis* を対象に行われた。地中に営巣する体長一センチほどのこのアリは、フロリダ州の日当たりのよい道路沿いに暮らしており、個体数が一〇〇匹未満の小規模なコロニーを形成する。このアリの巣は簡単に見分けることができる。大あごを水平に開き、頭を外に向けた番兵が巣の入口に必ず立っており、果敢にも侵入を試みる外敵を待ち受けているからだ。昆虫が巣の近くを通りかかると、番兵は触角をそちらに向け、脅しつけるようにその一挙手一投足を監視する。決して近づきすぎてはならない。

研究者たちはこの番兵の狙いを確かめるべく、巣の入口付近に一匹のヒアリ（*Solenopsis invicta*）を放った。以前にも紹介したこのアリは、光沢のあるオレンジ色の外皮と強力な毒針を備えており、アギトアリの対戦相手としては申し分ない。ところが研究者たちの思惑に反し、アギトアリの番兵に差し向けたヒアリたちはことごとく反対方向へと逃げ出してしまった。アリもばかではないということだ。研究者たちは仕方なく、乱暴だがより効率的な実験方法に切り替えた。採集してきた二〇〇匹のヒアリを、アギトアリの巣めがけて一斉に投げつけたのだ。乱雑に扱われたことで、ヒアリは戦闘態勢に入った。数秒後、早くも血の気の多い一匹のヒアリが巣の入口に近づき、アギトアリの番兵と触角を突き合わせた。次の瞬間、ほんの一一三〇分の一秒足らずの間に、番兵は巣穴から飛び出してヒアリの頭部に大あごの一撃を炸裂させた。攻撃を受けたヒアリは後方に一〇センチ以上も弾き飛ばされた。実に自分の体長のおよそ一〇倍もの距離である。対戦相手の懐に飛び込んで電光石火のアッパーカットを繰り出したボクサーが、対戦相手を観客の頭上一五メートルまで吹き飛ばし、客席の三〇列目に激突させたとしたら、話題を席捲すること間違いなしだ。

ハイスピードカメラは、大あごの一撃が炸裂した瞬間に起きた出来事をとらえていた。まず、大あごの先端にある小さな二つの突起が両側からヒアリのまるい頭部に接触する。大あごはつるつるした外皮に横滑りし外れてしまうが、挟む力が強力なことから、ヒアリは後方に弾き飛ばされる。石鹸を親指と人差し指でつまんで力を込めると前に飛んでいくのと同じ原理だ。ちょうど猟銃を発砲した直後のように、アギトアリ自身も相当な衝撃を受けて後方に吹き飛ばされそうになるが、しっかりと踏ん張ってさえいれば、飛んでいくのは相手の方になる。番兵がヒアリを二、三匹宙に打ち上げている間に、別のヒアリたちが守りのいない入口からアギトアリの巣に侵入した。巣は大騒ぎになり、すぐさま戦闘態勢が敷かれた。アギトアリの反撃にあい宙を舞うヒアリもいれば、不幸にも脚や触角を失ってしまうヒアリもいた。大あごの一撃が頭に当たれば体を弾き飛ばされるだけで済むが、もし脚や触角が挟まれれば、その部位は切断されてしまうのだ。戦場は、千切れた脚や触角やヒアリの体が飛び交う花火会場と化した。侵攻は失敗に終わり、ヒアリたちは取るものも取りあえず一目散に逃げていった。戦場にはヒアリの体の残骸だけが残されていた。アギトアリの勝利である。

これ以外にも多くのアギトアリ属のアリを対象に同様の実験が行われたが、結果はほとんど同じだった。決着のつき方は相手の大きさによって異なる。吹き飛ばせないほど体重のある大柄な敵と闘う際には、アギトアリは相手を取り囲み、すべての脚を切断して地面に這いつくばらせる。小柄な敵が相手であれば、大あごの一撃で頭を砕いてしまう。進化がもたらした大あごの利便性がここに見てとれる。

戦術の多様さを目の当たりにした研究者たちは、アギトアリがどの感覚を頼りに闘っているのかに興味を抱いた。彼らはまず、あごを閉じる反射を引き起こす「センサー」の役割を果たすとされる、大あごの間に生えた毛を剃り落としてアリを闘わせてみた。その結果、アギトアリは毛がなくなってもこれまでと変わらない華麗な立ち回りを見せ、堂々たる大あごの一撃を相手に浴びせてみせた。つまりこれらの毛は、反応速度を向上させはするものの、反射を引き起こすために不可欠なものではないということだ。ちょうど人間にとってのまつ毛と同じようなものである。人間も、まつ毛に触れるものがあれば反射的に目を閉じるが、飛んでくるものが見えてさえいれば、事前に目を閉じることは可能だ。続いて研究者たちは、毛も触角もないアギトアリがどのように振るまうかを検証した。この実験でも、アギトアリは敵を見つけて飛びかかり、左右の大あごによるお得意の一撃を難なく決めてみせた。研究者たちはさらに、眼を塗料で塞いだアリを用いて同じ実験を繰り返した。目を塞がれたアリは、遠くの敵を狙うことこそできなくなったものの、体が接触する距離にいる相手であれば、触角をうまく利用して正確にその後を追い、痛打を浴びせてみせた。目を塞がれた上に触角と毛を取り除かれたアリは、もはや自分から攻撃を仕掛けることはできなくなったが、噛みついてくる相手に対しては、体をよじりながら大あごを打ち鳴らして対抗してみせた。おわかりのとおり、アギトアリは視覚、触覚、嗅覚および深部感覚を複雑に組み合わせて、大あごの攻撃を繰り出している。深部感覚とは、自分の体そのものを感知する感覚のことであり、これがあれば自分と相手の位置や動きといった情報を構築することができる。要するに、単なる反射とは一線を画すということだ。

一九八〇年代に実施されたこの幾分残酷な実験は、当時の昆虫に対する倫理観の欠如を表しているように思える。しかしながら、こうした研究が行われたことによって、アリたちに宿る思いもよらない知性の存在が明らかになり、逆説的にではあるが、昆虫の尊厳を守ろうとする意識が芽生えたことも忘れないでおきたい。

近年になって、これよりも穏便な実験手法を用いたある研究が行われた。研究の目的は、哺乳類などの巨大な敵がコロニーの食糧を奪いにきた場合、アギトアリがどのように対処するのかを検証することだ。自分よりもはるかに大きな敵が相手では、串刺しにすることも、弾き飛ばすことも、解体することもできない。そこでアギトアリは奥の手を使う。例の大あごで、なんと自分自身を弾き飛ばしてしまうのである。岩や地面などの安定した面に大あごを叩きつけることによって、アギトアリは文字どおり空を飛ぶことができる。その飛距離は、強靭な脚の力で跳躍する昆虫が跳ぶ距離にも匹敵する。すでに見たとおり、アギトアリが大あごを閉じたときに生じる衝撃力は、自分の体重の数百倍にもおよぶ。攻撃対象がヒアリではなく、びくともしない岩や地面であれば、飛んでいくのはアギトアリの方なのだ。

研究者たちは、高性能ハイスピードカメラでこの行動を観察した。その結果、どうやらこの動作は「防御のための後退」と「脱出のための跳躍」の二種類に分けられることがわかった。「防御のための後退」とは、岩や樹木や敵の体などの垂直面に大あごをぶつける防衛手段だ。その反動でアリは四〇センチほど後退するが、アリの体はせいぜい六センチ程度しか宙に浮き上がらない。一方、「脱出のための跳躍」では、アリは頭を下に向け、大あごで地面を弾く。戦闘機の緊急脱出用座席さながら、アリは一〇センチほど垂直に跳ね上がる。いずれの場合にも、頑強な面に大あごを叩きつけた衝撃により、アリの頭部は後方に激しく揺さぶられる。人間でいえば、プロボクサーのパンチを四二八発同時に顔面で受け止めるようなものだ。人間なら重度のむち打ち症になるところだが、アギトアリの関節は丈夫なため、首を痛めることはない。その代わり、弾かれた頭部の動きは体全体を後方へと引っ張り、回転を生じさせる。空中に弾き飛ばされたアリは、地面に落下するまでの間に最大で六三回転もする。「ヤマカシ」のようなパルクール〔走る・登る・跳ぶなどの移動動作を競技化したスポーツ。ヤマカシはその創始者集団の名称〕のチームが壁を蹴って後方宙返りを決める姿は、ご覧になったことがあるだろう。そのチームが、壁を弾いて一〇メートルの高さに跳ね上がり、六三回転後方宙返りを決めて六〇メートル先（テニスコートおよそ三面分の距離）に着地する様子を思い浮かべてみてほしい。もちろん、使うのはあごだけである。宙に跳ね上がったアリの体はすさまじい速度で回転するため、ときには到達点が、射出時の衝撃からニュートンの法則で算出された高度を上回ることさえある。回転するアリの体がヘリコプターのように作用し、揚力が生じるためだ。では着地はどうかというと、こちらは無様なものである。大あごの力で宙を舞ったアリは、地面にぶつかって跳ね返り、何度も転がった末に起き上がる。なお、傷は一切負っていない。

捕食者と対峙した際、なぜアギトアリは自らの体を空中に弾き飛ばすのだろうか。これを単なる事故と考える研究者もいる。強力すぎる兵器を扱う上で、このような危険は避けようがない。破壊力が非常に高く、高感度センサーの役割を果たす毛がところどころに生えた武器を持ち歩くことを想像してみてほしい。センサーの先端がうっかり壁をこすりでもすれば、即座に宙を舞う破目になるだろう。しかしハイスピードカメラがとらえた映像には、頑強な面に狙いを定めて大あごを打ち下ろすアリの姿がはっきりと映っていた。やはり、アリは意図してこの戦略を用いていたである。

このような反動を利用した跳躍が、捕食者から身を守るためのアギトアリの戦略である可能性は大いにある。実際に野外でアギトアリの巣を採集してみれば、この戦略の利点はすぐに実感できる。少しでもアリの機嫌を損ねれば、たちまち怒り狂った多くのアリが巣から飛び出してきて、フライパンの上で弾けるポップコーンのように、四方八方に跳ね回るからだ。この混乱に乗じて、多くのアリが体に飛び乗ってくる。次に待っているのは毒針の一撃だ。このように、反動を利用した跳躍と毒針の組み合わせは、巨大な敵から巣を守る上で非常に有効な手段となる（少なくとも研究者を追い払うことはできる）。

やや攻撃的な側面が目立ちはするものの、アギトアリの大あごの話にはもう一つの面白い面が隠されている。それは、この明らかに一つの目的に特化した大あごが、実際には様々な用途に用いられているということだ。獲物を捕えたり、敵を吹き飛ばしたり、自分自身を空中に弾き飛ばしたりと、その用途は多岐にわたる。ゼロから新しいものを生み出すのではなく、すでにあるものの新たな使い方を発見することによって、生物は進化を遂げてきた。アギトアリの大あごは、進化がどのようにして起こるのかを示すまたとない事例なのである。

鬼の訪問

オドレー・デュストゥール

競争相手との遭遇による無駄な戦闘を避けるため、アリは様々な手段を用いて敵対勢力を追い払う。前項でも紹介したヒアリ（*Solenopsis invicta*）は、競争相手が自分たちの餌に近寄ってくると防虫剤を噴霧する。つま先立ちになり、腹部を地面と垂直に立てて毒針を空に向けたヒアリは、小刻みに震えながら毒液を噴射する。振動によって細かな霧状になった毒液は、スプリンクラーの要領で周囲にばらまかれる。近くにいた競争相手はさっと飛び退くと、触角を地面にこすりつけ、大慌てで全身についた毒を拭き取ろうと試みる。毒を浴びた相手はほとんどの場合、何も持たずに引き返していく。スーパーを出たところで買い物かごを盗まれそうになったら、ヒアリのまねをして泥棒に催涙スプレーを吹きつけよう。

競争相手を追い払うためにヒアリが用いる戦略は強力だが、常に周囲を警戒していなければならないのが欠点である。ホクベイルリアリの一種 *Forelius pruinosus* も似たような戦略を用いるが、こちらはヒアリのそれと比べてはるかに効率的だ。開けた土地に生息するこのアリは、主に岩の下に巣を作る。けれどもあまり選り好みしない性格なのか、キッチンの戸棚や砂漠の真ん中にも平気で棲みつく。普段は屍肉《しにく》を漁っているが、アブラムシが出す甘露や樹液などの甘い食べ物も大好物である。日中の厳しい暑さの中でも平然と動き回ることから、このアリは俗に「真昼アリ」とも呼ばれている。オレンジ色の体をした体長二ミリほどのこのアリは、自分の四倍も大柄なミツツボアリ（*Myrmecocystus*）と縄張りを共にしていることが多い。ミツツボアリといえば、すでにご紹介したとおり、他のアリの食糧をくすねることに情熱を燃やすアリだ。ホクベイルリアリは獲物を捕まえるとその場で解体し、部位ごとに手分けして巣まで運んでいく。重い荷物を素早く運ぶことのできる大柄なミツツボアリにとって、ホクベイルリアリが手分けして運んでいる餌は格好の標的となる。そのような争いを避けるため、獲物を見つけたホクベイルリアリの集団はある行動に出る。数匹の個体が集団を離れて餌の周囲を捜索し、ミツツボアリの巣の位置を特定するのだ。敵の巣を見つけると、三〇匹ほどが巣の入口に近づき、挨拶がてら、おしりの先から防虫剤を噴射する。この物質は肛門にある腺から分泌され、直腸を経由して外に放出される。要するに、おなかに溜まったガスを敵の顔めがけて吹きつけるのだ。これを食らったミツツボアリは、たまらず頭部を地面にこすりつけ、巣の中に後退する。そうして、二度とホクベイルリアリの食事会に混ざろうという気を起こさなくなる。ホクベイルリアリはこのようにして、餌の周囲にある敵の巣すべてを封鎖しにかかる。巣の入口では、アリたちが代わるがわるガスを噴射し、防衛線を維持する。封鎖が完了すれば、仲間たちは安心してご馳走にありつくことができる。悪だくみをする人に買い物袋を奪われないよう、あらかじめ悪臭を放つ罠を隣人の家の前に仕掛けてから買い物に出かけるのもいいかもしれない。

クビレアリの一種 *Dorymyrmex bicolor* もホクベイルリアリと同じくミツツボアリを恐れている。このアリは腹部が黒色で、頭部と胸部は鮮やかなオレンジ色をしている。ラテン語の学名が示すとおり、二色《ビコロール》のアリだ。体長わずか数ミリと小柄なこのアリは、中米およびアメリカ合衆国南部に生息している。このアリもホクベイルリアリと同じように、餌を見つけるとその近辺を捜索して、敵であるミツツボアリの巣の位置を特定しにかかる。通常、ミツツボアリの巣は出入口が一箇所しかなく、噴火口のような形状をした入口の周縁には小石が積まれている。巣穴の周りでは、数匹の個体が見張りの目を光らせている。クビレアリはミツツボアリの巣を見つけると、駆け足でその周囲を取り囲み、落ちている小石を敵に投げつける。この襲撃に意表を突かれたミツツボアリは、投石をかわそうと巣の中に逃げ込んでいく。敵が撤退してもクビレアリは攻撃の手を緩めようとはせず、巣の奥へと続くトンネルに石を投げ込み続ける。一〇分後、ミツツボアリが巣の奥底にまで避難したころ、襲撃部隊は五、六匹のアリを後に残して引き揚げていく。残されたアリたちは依然として集中砲火を続ける。クビレアリは、一分あたり一〇個のペースで数時間にもわたり小石を投げ続けることができる。この投石は二、三ヶ月もの間、毎日のように行われ、その間ミツツボアリの採餌活動はなんと八〇パーセントも減少してしまう。泥棒らしき人の家に家族の誰かが石を投げ入れている間、スーパーでゆっくりと買い物を済ませるようなものだ……。

それよりもさらに効率的で、負担の少ない妨害の方法がある。それは、競争相手の巣の入口を厳重に塞いでしまうことだ。フタフシアリ亜科のアリ *Novomessor cockerelli* は、メキシコに生息する細身の体と長い脚が特徴的な収穫アリの仲間だ。このアリは、競争相手であるアカシュウカクアリ（*Pogonomyrmex barbatus*）の動向に気を配っている。暑さに弱い *Novomessor cockerelli* は、夕方ごろ巣から出てきて種子の採集を始め、朝の九時ごろ帰ってくる。夜間の涼しい時間帯を利用して活動するアリなのだ。一方、競争相手のアカシュウカクアリは、日が昇る朝五時ごろから活動を始め、地表の温度が四〇度に迫る正午ごろ巣に帰ってくる。つまり午前五時から九時の間、両者は鉢合わせる危険があるのだ。アカシュウカクアリを出し抜くため、*Novomessor cockerelli* は日が昇る直前に競争相手の巣に忍び寄る。敵がまだ眠っているうちに、巣の入口に小石や砂を詰めて塞いでしまうのである。

こうしてこのアリは、アカシュウカクアリが三時間かけて障害物をどけている間、落ちついて種子の採集を行うことができるのである。

カミカゼ

オドレー・デュストゥール

小説家のアーサー・ケストラーが『真昼の暗黒』という作品の中で描いたスターリン体制下ソ連の戒律によれば、個人は無価値であり、自己を犠牲にし、全体の一部分として存在しなければならない。個人とは「一〇〇万人の群衆を構成する人間の一人」にすぎない。このような社会において、個人は交換可能な部品以外の何者でもなく、集団に奉仕することがその唯一の存在意義となる。自由主義的な精神を持つ人間にとっては悪夢のような社会に思えるが、ある種のアリのコロニーはこれに近い社会を構築する。集団の利益のために個を犠牲にする類の行動や生理的適応が、多くの種の働きアリに見られるのだ。

ホクベイルリアアリの一種 *Forelius pusillus* は熱帯地域に棲む南米原産のアリで、乾燥した気候を好む。体長は二ミリほどと小さく、体はオレンジ色をしている。巣の入口は漏斗《ろうと》のような形をしている。日中は一〇〇匹ほどの個体が入口付近で忙しそうに働いているため、巣を見つけるのは造作もない。一分間に一〇〇匹ほどの建設作業員たちが、大あごの間に砂の塊を挟んで巣から出てくる。巣穴の奥深くから掘り起こされてきたこの砂は、巣の入口から数センチのところに捨てられる。そのため、巣穴の入口はクレーターのような形状になる。日が沈んできたからといって、観察を中断し、夕飯を食べに街に戻ろうものなら、残念ながら十中八九同じ巣を再び見つけることはかなわないだろう。だが、なぜ巣が跡形もなく消えてしまうのだろうか？　その謎を解き明かすべく、研究者たちはブラジルのサンパウロ州サン・シマオン市付近に広がるサトウキビ畑を訪れ、そこに作られた複数のコロニーを観察した。日が沈むと、アリたちはすぐにトンネル工事の手を止めた。建設作業員たちは、一匹また一匹と重い荷物を運ぶのを止め、疲れた体を癒しに巣へと帰っていった。数十分後には、外に残っているのは三、四匹の個体だけとなった。これらの個体は、どうやら巣穴の周囲に積み上げられた砂の塊を入口まで運んでいるようだ。日中に仲間が巣穴から運び出した砂を戻しているのだから、この行動は支離滅裂であるように思える。二〇分後には、砂の塊は完全に巣の入口を塞いでしまい、一切の出入りができなくなった。けれどもこれはまだ序の口にすぎない。というのも、いくら砂のバリケードが築かれたとはいえ、巣の入口は依然として肉眼で確認できるからだ。棲み家を隠すため外に残ったアリたちは、続いて後ろ脚で地面をかき、細かい砂で巣の入口を覆い始めた。五〇分後、巣穴はもはや熟練の観察者の目をもってしても見分けがつかなくなった。アリたちは支離滅裂な行動をしていたのではない。ただ棲み家の門を閉ざしていただけなのだ。だとすると、外に残されたアリたちはどうなってしまうのだろうか？　早朝、まだアリの巣の門が開く前に、研究者たちは生き残りの個体を見つけようと巣の周辺をくまなく捜索した。小石をひっくり返したり、茂みや草の表面を丹念に調べたりしたが、アリの影はどこにも見当たらなかった。どうやら、前夜外にいたアリたちは一匹残らず死んでしまったらしい。その証拠をつかむため、研究者たちは門が閉ざされた後のアリたちの動向を追った。その結果、外に残された個体のほとんどは、風にさらわれるなり、敵に襲われるなりして、命を落としていたことが判明した。数匹の個体は自らの脚で巣から離れていったが、二度と戻ってはこなかった。研究者たちは、このアリたちが最終的には道に迷ってしまったものと推測している。

夜になると奇襲に備えて巣の入口を念入りに閉ざすアリは多いが、コロニーの個体を犠牲にしてまで戸締りをするアリは珍しい。通常、アリは巣の内側から入口に蓋をする。その場合、巣の場所は捕食者からまる見えになってしまう。外敵の目から巣の入口を隠すという予防措置のため、*Forelius pusillus* は一日に平均三、四匹の個体を犠牲にする。ところで、成熟したコロニーの個体数は一〇万匹から二〇万匹にもおよび、女王は一日に四〇〇個以上の卵を産む。個体数の増加が著しいことから、一日に三、四匹の働きアリを失ったところで、コロニー全体にとっては大した痛手にならない。実際のところ、巣の入口を隠すアリの自己犠牲は、社会にとっては取るに足らない出費にすぎないのである。あなたは無数にいる姉妹を凶暴な外敵から守るために、自分の命を捨てられるだろうか?

なかには、これよりもはるかに過激な方法で自己犠牲を行うアリもいる。その有様はまさに特攻隊と呼ぶにふさわしい。東南アジアに生息するヒラズオオアリ属（*Colobopsis*）の仲間は、バクダンオオアリやカミカゼアリといったものものしい異名を持つ。コロニーの棲み家は複数の巣に分かれており、巣同士は地上につけられた道しるべによって結ばれている。一つのコロニーの居住範囲は二五〇〇平方メートルにもおよぶ。通常、巣は木の内部に建造され、採餌アリはそこで蜜や昆虫を採集する。働きアリには大型個体と小型個体の二種類がおり、姉妹だというのに、両者は別の種のアリかと思うほど似ても似つかない外見をしている。門番の役目を務める大型個体の頭部は、栓のような形をしている。巣の入口の小さな穴に頭をはめこんで、外敵の侵入を防ぐのである。小型個体は、見た目こそ他のアリと変わらないものの、火のつきやすい性格をしている。珍しいことに、このアリのコロニーでは大型個体が安全な巣の内部にとどまり、小型個体が食糧調達とコロニーの防衛を担う。小型個体は、家族を守るために独特な戦法を用いる。なんと敵の目の前で自爆するのである！　このアリの存在は、一九七〇年代にある研究者によって初めて報告された。研究者がピンセットで捕獲しようとしたところ、このアリは奇妙な液体をまき散らしながら爆発したのだ。

小型個体の大あごには肥大化した腺がある。この腺は、頭部から胸部を経由して腹部の先端にまで伸びており、全身に張りめぐらされた強大なあごの筋肉につながっている。腺に溜まった液体の色は、クリーム色、白色、黄色、オレンジ色、赤色など、種によって様々である。採餌アリが満腹のとき、あるいは観察者の態度に気を悪くして腹部をそり立たせたときには、この液体が透けて見える。この有色の液体のおかげで、小型個体は捕食者に食べられずに済んでいる。一度でもこのアリに手を出したことのある捕食者は、この毒入りの獲物を二度と口に入れようとはしなくなるからだ。

　ヒラズオオアリの一種 *Colobopsis explodens* の分泌液は鮮やかな黄色をしており、カレーのようなにおいを放つ。捕食者に襲われたり、縄張り争いで敵と対峙したりすると、このアリは相手にしがみつき、あごの筋肉を一気に収縮させる。その圧力によってアリの腹部の膜は破裂し、分泌腺の中身が放出される。粘性と腐食性のあるこの液体は、炎症を引き起こすだけでなく、空気に触れると固まる特性を持つ。この液体を浴びて身動きがとれなくなった相手は、段々と体の自由を失っていき、数秒後には死んでしまう。毒液をまき散らすこの攻撃は、一度に数匹の敵を無力化できるため、数の上で戦いを有利に進めることができる。なかには爆発から生還する敵もいるが、その場合もただでは済まない。この敵は毒液でべとべとになりながら、頭を一つ余計にぶら下げて巣に帰ることになるからだ。このアリはたとえ死んでも、つかんだ相手を離さないのだ。

　このアリの命懸けの特攻は、日本の「カミカゼ」を彷彿させる。第二次世界大戦中、陸軍大臣の東条英機は「生きて虜囚《りょしゅう》の辱《はずかしめ》を受けず」という訓戒を発した。海軍中将の大西瀧治郎はこの教えに則り、二五〇キロの爆薬を積んで敵の戦艦に突撃する航空部隊「神風特別攻撃隊」を編成した。自らの命を投げうって戦った特攻隊員の志は、いまも日本の人々に称えられている。命を捨てて突撃するこの行為は、美しく砕け散る玉になぞらえて「玉砕」と呼ばれた。

生ける屍

オドレー・デュストゥール

　野生動物が老衰で死ぬことは滅多にない。大抵の場合、ウイルスや細菌や寄生虫が引き起こす感染症が死の原因となる。アリのように、個体同士の関係が密接な家族を築いて暮らす生き物にとっては、その分だけ感染の危険も大きい。事実、アリは仲間同士で触れ合ったり、舐め合ったり、抱き合ったりしながら多くの時間を過ごしている。食糧を口移しで分け与える栄養交換などは、病原菌にとっては願ってもない繁殖の機会だ。感染性胃腸炎のような病気がアリのコロニー内で流行したとしたら、その被害は甚大なものになるだろう。菌を巣に持ち込むのは主に採餌アリだ。それはもちろん、コロニー内で唯一採餌アリだけが、病原菌がうようよしている外の世界を歩き回るからである。

　ハキリアリ属（*Atta*）のアリを観察していると、葉のかけらを運搬する行列の中に、極小個体と呼ばれるとても小さな個体の姿を見かけることがよくある。極小個体は葉を切断できないため、食糧調達の一団にこの個体が混ざっているのはなんとも不思議である。さらに奇妙なのは、巣への帰り道、この個体が自分の脚では歩かずにヒッチハイクをする点だ。この個体は仲間が運んでいる葉の上に乗って帰るのである。葉を運搬するアリのおよそ三分の一が、一匹〜三匹の極小個体を荷物の上に乗せている。ハキリアリの一種 *Atta colombica* のコロニーを観察しに、パナマ共和国のバロ・コロラド島を訪れた研究者たちは、この個体がハキリアリの宿敵であるノミバエ科のハエ *Apocephalus attophilus* から仲間たちを守っていることを突き止めた。このハエには「アリの首狩りバエ」という異名がつけられている。

Apocephalus attophilus はハキリアリの頭部に卵を産みつける。このハエは葉のかけらを運んでいるアリに狙いを定めて襲いかかる。アリが運ぶ葉を滑走路代わりに利用するためだ。葉に着陸したハエはアリに近づくと、かぎ状に曲がった長い産卵管を伸ばし、アリの口の位置を探り当てようとする。口を見つけると、ハエはアリの口腔内に直接卵を産みつけ、飛び去っていく。一連の動作はわずか〇・一秒足らずの間に行われるが、これにはかなりの器用さを要する。たとえるなら、高速道路を時速一〇〇キロで走行しているトレーラーの運転席に、ハトが卵を産み落とすようなものだ。口の中で孵化したハエの幼虫は、やがて頭部全体を埋めつくすほどに成長する。この幼虫は宿主の大あごの筋肉を食べて育つ。最初のうち、幼虫は自分専用の食糧庫が早死にしてしまわないよう、アリの神経系を傷つけずにおく。寄生から数日が経つと、採餌アリは大あごを動かすことができなくなる。これではもはや葉を切ることもかなわない。寄生から二週間後には、幼虫は宿主の体を支配するようになり、アリはあごをだらりとぶら下げながら、ゾンビのように徘徊することになる。一ヶ月後、脳を食べつくした

寄生虫は、アリの外骨格を溶かす酵素を分泌して首を落としてしまう。こうして、長かったアリの受難はようやく終わりを告げる。宿主の首を刈り取ったハエの幼虫は、地面に転がったアリの頭部の中で繭を作り、変態を始める。それが終わると、成虫になったハエがまるでエイリアンのようにアリの口から飛び出してくる。

極小個体が便乗していることにより、ハエが葉の上で活動できる時間は著しく減少する。極小個体は、脚や触角をハエ叩きのように振り回しながら、懸命にこの寄生虫を追い払う。ハエの数が増えてくると、葉を運搬するアリたちは、腹部にある出っ張りを後ろ脚でこすって助けを呼ぶ。摩擦により発せられる鋭い鳴き声を聞いた極小個体たちはすぐさま助けに駆けつけ、葉の上に上ってしつこい寄生虫を追い払う。

研究者たちによれば、極小個体は寄生虫から仲間を守るだけでなく、葉の消毒まで行っている。自然環境下に存在する土や植物には、アリのコロニーを壊滅に追いやりかねない危険な菌が数多く潜んでいる。なかでも危険性の高いメタリジウムという昆虫病原糸状菌は、感染した多くの昆虫を死にいたらしめる。その効き目は強力で、この寄生菌は家屋に巣くうシロアリの駆除にも利用されているほどだ。この菌の胞子は宿主に触れただけで付着し、発芽する。菌糸は酵素を分泌して昆虫の外骨格にひびを入れ、体内に侵入する。そして脂肪組織と筋肉を順番に冒した後、神経系を侵食して宿主の命を奪う。アリがこの菌に感染して死ぬと、全身からくすんだ緑色のカビが生え、無数の胞子をまき散らす。巣の内部でこのような事態が生じれば、コロニー全体がこの菌に感染しかねない。おわかりのように、この菌を巣の中に侵入させないことが何よりも肝腎なのだ。

野外調査を行った研究者たちは、アリによって切り取られたばかりの葉に付着している細菌の数が、巣の入口まで運ばれてきた葉に付着している細菌の数よりもはるかに多いことに気がついた。この現象の謎を解明するため、研究者たちは、実験室で飼育しているアリのコロニーにメタリジウムの胞子が大量に付着した葉を与え、その様子を観察した。するとどうだろう、荷物が巣に到着するまでの間、仲間が運ぶ葉のかけらに多くの極小個体がよじ登り、胞子を一つひとつ取り除いているではないか。検疫官としての極小個体の仕事ぶりは、律儀の一言に尽きる。巣に入る前に、葉を運んでいた仲間の体まで除菌するからだ。

とはいえ、このような衛生検査も完璧というわけではない。ときには検査の網の目をすり抜け、細菌が巣内に侵入することもある。スーパーで食品衛生管理者の目を逃れたサルモネラ菌が、人間の胃袋でたびたび悪さを働くのと同じことだ。侵入を許してしまったからには、菌を巣から追い出す手段を講じるしかない。

ムネボソアリの一種 *Temnothorax unifasciatus* はヨーロッパに生息するアリで、体はオレンジ色に近い褐色で、腹部には黒い線が一本入っている。一部屋しかない簡素な造りの巣には、一〇〇匹～二〇〇匹ほどの個体が暮らしている。このアリは通常、小石の下や樹皮の裏側に巣を作る。正直なところ、ひと目見ただけでは、何の変哲もないのんきなアリにしか思えない。だがアリを見かけで判断してはならない。このアリは、象や猫によく見られるある不思議な行動をとる。死ぬ前に、仲間の前から姿を消すのである。研究者たちが、コロニーに暮らす数匹の個体に昆虫病原糸状菌のメタリジウムを付着させたところ、感染した個体は他のアリとの交流をぴたりと止め、巣を離れたという。これらの個体は、数時間から数日後、誰にも看取られることなくひっそりと死んでいった。この不思議な行動は、家族を守ろうとするアリの意志によるものなのだろうか？　それとも、胞子をまき散らそうと画策する菌のしわざによるものなのだろうか？　アリがメタリジウムによって操り人形のように操作されている可能性は少なからずある。それほどまでに、寄生菌はうまく宿主になりすますのである。

宿主の操作に最も長けているのが、オフィオコルディケプス（*Ophiocordyceps*）という菌類の仲間だ。この菌は多くの種のアリに寄生し、「ゾンビ化」させる。採餌アリは、巣の外で食糧を集めている最中にこの寄生菌の胞子と接触する。菌は体内に入ると宿主の行動を徐々に支配していき、強制的に宿主を巣から離れさせる。菌はまるで運転手のように、アリの脚と大あごの筋肉を直接操作する。失神状態の採餌アリは、巣から出て数メートル前進すると、食糧の運搬路に張り出した草木の上に登っていく。頂上に辿りついたアリは、草に大あごを食い込ませ、自分の体をしっかりと固定する。「死の《デス・》噛みつき《グリップ》」と呼ばれるこの行動は、正常なアリにはまず見られない。虜になった採餌アリは、菌が体内から自分を蝕んでいる間、この姿勢を崩さない。ホラー映画の脚本よろしく、寄生菌は宿主の外骨格を破り、アリの体長の三倍以上もある長い柄を伸ばす。子実体と呼ばれるこの柄にはたくさんの胞子が詰まっている。菌の目的はつまり、宿主を操り胞子をばらまくのに都合がいい場所まで自分を運ばせることなのだ。その都合のいい場所とは、普段からアリが行き交っている運搬路の真上である。

宿主を操る寄生菌の力を知った上で、死ぬ前に姿を消したムネボソアリの行動がメタリジウムのしわざでないと言いきれるだろうか？　研究者たちはこの説を退けるため、寄生菌も細菌も用いずにアリを病気にする実験を行った。実験に用いられたのは二酸化炭素だ。二酸化炭素には、これを多量に吸引した生き物の寿命を縮める効果がある。実験の結果、二酸化炭素を吸って中毒になった個体も、寄生菌に感染した個体と同様の反応を示した。死の一週間前に巣を離れ、仲間の前から姿を消したのである。この結果は、アリが自らの意志で自分自身を隔離しているという説を裏づけるものだ。さらに、研究者たちが仲間のもとを離れたアリを巣の中に戻したところ、この個体は仲間と接触しないよう気を配りながら、再び巣を離れていった。社会からの隔離は、病の蔓延を予防するためのシンプルかつ効率的な措置である。死ぬ前に巣を離れるという行動は、小さな社会を構成し、単純な構造の巣の中で折り重なって生きるアリたちが辿りついた適応の形なのかもしれない。

二〇〇人近くの人がひしめく一〇〇平方メートルの物置小屋に、コロナウイルスに感染した人が入ってきたとしたら、どうなるだろうか？　ソーシャルディスタンス〔感染予防のために対人距離を確保すること〕はとても守れそうにない……とすれば、やはり病人には出ていってもらうしかないのである。

第九の試練　攻撃する・反撃する

畏《おそ》れ慄《おのの》いて

アントワーヌ・ヴィストラール

外敵から身を守る最も有効な手段の一つは、攻撃することだ。アマゾンの奥地に再び足を踏み入れよう。タランチュラやジャガーや毒蛇が棲まう赤道直下の熱帯林を散策することには、当然ながら危険がつきまとう。だからこそ、観光客向けの散策路の入口に立てられた注意書きの内容に、思わず目を疑ってしまう人もいることだろう。タランチュラでもジャガーでも毒蛇でもない。看板にはただ一言、「弾丸アリに注意!」と書かれているのである。この警告文が指しているのは、サシハリアリ（*Paraponera clavata*）という種のアリだ。もしこのアリに遭遇するようなことがあれば、きっと一生忘れられない思い出になるだろう。

これまでにもたびたび見てきたように、ジャスティン・シュミット博士は虫に刺されたときの痛みを区分する指数を考案した。測定方法はいたって単純だ。運悪く虫に刺されてしまったら、ただちにその痛みを評点するのである。客観性に欠けると思う人もいるだろう。この指摘に対し、シュミット博士は「客観性こそまったく的外れな基準だ」と答える。なぜならば、主観的な痛みを測ることこそがシュミット指数の目的だからだ。シュミット博士はこれまでに一五〇種以上の虫に刺され、その毒を味わってきた。それも大抵の場合、結果をより確実なものにするため、一種につき複数回の試行を重ねている。シュミット指数は1から4の段階に分かれており、1はごく軽い痛みを、4は心が挫《くじ》けるほどの耐えがたい激痛を表す。もちろん、ここでいう痛みには、多くの人を苦しめるアレルギー反応は含まれていない。痛みの段階のうち、レベル2はミツバチやキオビクロスズメバチやモンスズメバチに刺されたときの痛みに相当する。ヨーロッパに生息する身近なアリのいくつかは、レベル1に区分される。蚊はレベル0だ。レベル3に区分される昆虫は、これらに比べるとはるかに珍しく、刺されたときの痛みも比較にならないほど激しい。アシナガバチの一種*Polistes canadensis*のような、主に熱帯地域に生息する大型のハチがこのレベルに区分される。一九八四年、シュミット博士はアマゾンの森林を歩いている最中に運悪くサシハリアリと遭遇した。体長二センチの貫禄あるこのアリは、赤みを帯びた黒い装甲に身を包んでいる。この出会いによって、シュミット博士はサシハリアリ以外に該当する昆虫のいない「レベル4」の区分を創設することを余儀なくされた。それほどまでに、このアリがもたらす痛みはすさまじかったのだ。博士はその痛みを次のように評している。「混じり気のない、強烈で、目がくらむような痛み。八センチの釘をかかとに刺したまま、真っ赤に燃える炭の上を歩いているかのようだ」。刺された瞬間には、「銃で撃たれたような」あるいは「金槌で思い切り殴られたような」痛みが走る。しかも、その痛みは数時間経っても治まらないのだ！「氷のうで冷やしたり、ビールを飲んだりしてみたが、一二時間経っても体の震えは治まらなかった。寄せては返す波のような痛みに私は悶絶《もんぜつ》し、叫び声を上げていた」。サシハリアリに刺された不運な人々の証言は、これ以外にも数多く挙げられる。たとえば、イギリスの自然科学者スティーブ・バックシャルは次のように語っている。「痛みは全身に広がり、汗と震えが出始める。全身のあらゆる部位が傷みに冒されるんだ。痛みは体の隅々にまで広がり、神経系に異常を起こさせる。心拍数も上がる。もし複数箇所刺されてしまったら、意識がもうろうとした状態と覚醒した状態を行き来することになる。少なくとも三、四時間の間、痛み以外のことは何一つ考えられなくなるだろう」。

アリの写真家としても有名なテキサス州出身の生物学者アレックス・ワイルドは、もう少し痛みに強いようだ。「銃で撃たれるほどの痛みとまではいかない。それよりも、釘抜きで腕を思い切り殴られたような、持続する痛みといった方がしっくりくる。刺されてから八時間後、寝床に入ってからも、耐えられないほどとは言えないが痛みはまだ残っていた」。

痛みだけではない。けいれんに近い震え、熱、冷や汗、吐き気、嘔吐、むくみ、不整脈といった症状も、後々になって現れてくる。なぜこのアリに注意しなければならないのか、これでおわかりいただけただろう。

このアリはアマゾンの住民たちにはよく知られており、コンガ、シャシャ、バラ、ムヌリ、クマナガータ、シアムニャ、ヨローザ、トゥカンデイラなどといった様々な名で呼ばれている。直訳すれば、

「深く傷つける者」「弾丸アリ」（英語では「ブレット・アント」）「二四時間アリ」という意味になる。最後の通称は、痛みの持続時間にちなんでいる。アマゾンに住む多くの部族が、サシハリアリを多種多様な通過儀礼に用いている。最も有名なのは、ブラジルのサテレ・マウェ族が一二歳以上の少年を対象に行う儀式だろう。天然の鎮静剤で眠らされた八〇匹の（八〇匹である！）サシハリアリは、葉で織られた大きなミトンのような手袋に、毒針を内側に向けた状態で編み込まれる。アリが目を覚ますと、自分の番が回ってきた少年は手袋に手を突っ込み、仲間と腕を組んで踊りながら五分間耐えなければならない。儀式が終わり手袋から引き抜かれた少年の手と腕は、ときに半日以上も痙攣し続ける。戦士を称される勇敢な男性は、一生の間に二〇回もこの試練を耐え抜くという！

オーストラリア人コメディアンのハミッシュは、カメラの前でこの儀式に挑戦するという企画を立てた。しかし、彼はその場で痛みをうまく言い表すことができなかった。手袋に手を入れた途端に大声で叫び出し、激しく震え始めてしまったからだ。その後、ハミッシュは大粒の汗を流してもがき苦しみ、泣きながら地面に横たわってしまった。数時間後、青ざめた顔で病院のベッドに横たわりながら、彼はようやく口を開くことができた。「信じられない痛みだった……」。弱々しい声で彼が語るところによれば、それは「人類が経験しうる中で最も耐えがたい痛み」だという。動画はインターネット上で検索すれば簡単に見つけられるが、視聴は自己責任でお願いする。

なぜこのアリの毒針は、これほどの痛みを引き起こすのだろうか？　サシハリアリの進化の歴史をさかのぼることで、その答えの一端を紐解くことができる。このアリは一七七五年、デンマークの動物学者ヨハン・クリスチャン・ファブリシウスによって発見された。当時、このアリはヤマアリ属に分類され、*Formica clavata* という名で呼ばれていた。

アリの種を記載する際には、進化系統樹上にそのアリの居場所を見つけてやる必要がある。簡単にいうと、アリの「科」はいくつもの「亜科」に分けられ、さらにその亜科は「族」に、族は「属」に、属は「種」に分けることができる。サシハリアリの分類は、先人たちの頭を常々悩ませてきた。一七七五年から二〇〇三年までの間に、なんとこのアリは五回も分類を変更され、六つの名を与えられてきたのである！　その理由はいたって単純だ。サシハリアリは、それほどまでに特別なアリなのである。現在、専門家たちはこのアリが「サシハリアリ亜科」に分類される唯一の種であることを認めている。これに対し、庭でよく見かけるヨーロッパトビイロケアリはヤマアリ亜科に分類されるが、この亜科に分類されるアリは一一族五一属四〇〇〇種もおり、おまけに世界中に分布している。たった一種のアリしか分類されていないサシハリアリ亜科がいかに孤立した亜科であるか、おわかりいただけるだろう。それはつまり、このアリが一億二〇〇〇万年以上も昔に他種のアリと袂《たもと》を分かち、独自の進化を遂げてきたことを示している。一九九四年には、ある昆虫学者によってこのアリの姉妹種 *Paraponera dieteri* が発見されたが、この発見は残念ながら新しい家族の出現を祝う明るい話題とはならなかった。というのも、見つかったのは琥珀《こはく》の中に閉じ込められた、一五〇〇万年も昔の祖先の亡骸だったからである。そういうわけで、サシハリアリはいまなお親類のいない孤独な種のままであり続けている。

進化の過程におけるこのような孤立状態は、なぜこのアリが並外れた激痛をもたらす毒針という独特な形質を獲得するにいたったのかを説明してくれる。研究者たちは、このアリの毒に含まれる特殊な成分を特定することに成功した。これまでに見てきたような激痛は、「ポネラトキシン」と名づけられたこの毒素により引き起こされる。ポネラトキシンは、昆虫が通常作り出す毒のように細胞を破壊するのではなく、ある種のヘビやクモが持つ毒のように神経伝達を狂わせてしまう。サテレ・マウェ族の儀式に挑戦した憐れなコメディアン、ハミッシュの腕にすぐさま痙攣の症状が現れたのもそのためだ。幸いなことに、このような毒を持つアリは世界に一種しか存在しない。もしも「弾丸アリ」や「二四時間アリ」の名を冠するアリが地球上に何千種も存在していたとしたら、誰も庭でのんびり昼寝などできない世の中になっていただろう。

続いては、このアリがこのような強力な武器を必要とした理由を解明していこう。それほど強力な毒を持つのだから、さぞかし大きな獲物を狩るのだろうと思われるかもしれないが、実はそうではない。サシハリアリの習性に言及した論文をめくってみると、そこには子どもを寝かしつけるときに読み聞かせる物語のような、ほのぼのとした情景が描かれている。このアリは日が傾き始めたころ、小さな集団を組んで巣から出てくる。平和を愛するアリたちの一団は、木によじ登って樹上に咲いた花の蜜や樹液を集めたり、小枝や苔や色鮮やかな花びらを拾ったりする。たまに小さな昆虫を捕まえてきて巣に持ち帰り、野菜中心の食事に彩りを添える個体もいる。強力な兵器の所持を正当化する理由など、どこにも見当たらない。

しかし、いざ巣が外敵から攻撃を受けると、その理由は明らかになる。怒り狂ったサシハリアリは一転して獰猛になるのだ。このことから、サシハリアリの武器は攻撃のためではなく防御のためにあることがわかる。正確には反撃のためというべきか。というのも、もし敵が引き返さなければ、アリたちは世界一痛いと評判の毒針を躊躇なく相手にお見舞いするからである。

種々雑多な虫の毒を味わい知見を深めてきたジャスティン・シュミットは、これについて非常に興味深い説を唱えている。シュミットはまず、痛みを感じるという能力が体を守るための機能であることを指摘する。痛みとは、体に何らかの損傷が生じたことを伝えるための警報であり、痛みがあるおかげで私たちはとっさに身を守ることができる。痛みを感じないことは決して恵まれた状態などではない。生まれつき痛みを感じない先天性無痛症の人は、火に触れても手を引っ込めなかったり、熱々のマグカップに平気で口をつけたりして、大怪我を負ってしまうのだ。実際のところ、子どもの体にできた無数の傷や、火傷や、自傷行為の跡や、骨折などがきっかけで先天性無痛症が発覚する事例は数多くある。

不思議なことに、こと虫刺されに関して、痛みは必ずしも体の損傷を伴うとは限らない。たとえば、シュミット博士は近年、ごく限られた昆虫にしか門戸を開かない「痛みレベル4」の区分にオオベッコウバチ(*Pepsis grossa*)という新たな仲間を招き入れた。このハチは中米に生息する単独性の狩りバチで、英語では「タランチュラ・ホーク」、すなわち「タランチュラを狩る鷹」の異名を与えられている。体長五センチと大柄なこのハチは、黒、青、オレンジ色に輝く光沢のある体を持ち、見るものに畏敬の念を抱かせる。この巨大なハチは、ブーンと大きな羽音を立てながら接近してくる。目の前に着地されたら、思わず目を見開いてしまうだろう。ホラー映画に出てきてもおかしくない見た目をしたこのハチは、その異名が示すとおり、巨大なタランチュラを標的にする。獲物は生きたまま巣に運ばれ、幼虫の餌になる。毒針の長さは昆虫の中でも最長の七ミリを誇る。運悪くこのハチに刺されでもしたら――シュミット博士は叫び声を上げながら地面を転がった後で、その痛みを次のように評している。「視界がゆがむほど強烈な、電気ショックを思わせる痛み。まるでスイッチの入ったドライヤーを泡風呂の中に投げ込まれたときのような衝撃を受ける」。あまりの激痛に四肢の一部が欠損したかと錯覚するほどだが、この痛みは長続きしない。五分もすれば痛みは跡形もなく消え去り、小さな刺し傷だけが残る。まさに狐につままれたような気分だ。実を言えば、このハチの毒は無害なのである。これほどの痛みを引き起こすにもかかわらず無害とは、一体どういうことだろうか? シュミット博士によれば、この現象は人体に備わった警報システムの誤作動により起こる。この毒は、実際には何の損傷もないのに、あたかも大怪我をしたかのような錯覚を体に引き起こさせるのである。何百万年も昔から続く巧妙な詐欺の手段といっても過言ではないだろう。このハチと同じく、痛みの割に害が少ない毒を持つ昆虫は数多くいる。そのような毒のほとんどすべてが、組織の破壊よりも苦痛を与えることに特化しているのだ。小さな詐欺師たちの狙いは明白である。生成に多大なエネルギーを要する毒素をわざわざ作り出さなくとも、偽の信号を敵の体内に注入して痛みを与え、相手が悶《もだ》えている隙に逃げればいいというわけだ！

進化の観点から見れば、これは警告色をめぐるペテンと酷似している。警告色を持つ動物たちは、赤い外殻、青い斑点、黄色と黒の縞模様といった鮮やかな色を見せびらかしている。このような色は、一般に毒や危険の存在を示している。ところが実際には多くの生き物が、これらの色を呈しながら毒を生成する手間を省くという欺まんを働いている。ハチに似た外見をした無害なハエは数えきれないほどいるし、誰もが一度はそうしたハエを恐れて逃げまどった経験があるはずだ。しかしながら、このようなペテンも実際に毒を持った種が一定数存在しないことには成り立たない。もし毒を持つ生き物がいなかったとしたら、集団詐欺は瞬く間に見破られ、捕食者は黄色と黒の縞模様をした昆虫をためらいなく丸飲みにしていたことだろう。ポーカーと同じで、四六時中ブラフをかけることはできないのだ。毒針についてもこれと同じことがいえる。真偽のほどはさておき、痛みがあることで捕食者は毒に危険があると思い込んでいる。警告色の場合と同様、実際に破壊を伴う毒を持つ種が一定数存在しなければ、このペテンは成立しない。研究者たちは、膜翅目《まくしもく》の昆虫（すなわちハチ・アリの仲間）を一〇〇種以上採集し、その毒性を調査した。予想に違わず、最も毒性の強い毒は必ずしも激痛を伴うものではなかった。ショックを受けるかもしれないが、もし虫に刺されて強い痛みを感じたとしても、実際には慌てるような事態ではないかもしれないということだ。

とはいえ、どうやらそこには一つの法則が存在するようだ。シュミット博士は、ミツバチやキオビクロスズメバチやアリのように社会を形成して暮らす昆虫には、本物の毒が備わっているという説を提唱した。単独で生活するハナバチや狩りバチとは異なり、社会性昆虫は通常大きなコロニーを形成する。それらのコロニーは簡単に見つけることができ、内部にはまるまる太った幼虫や甘い蜜といった食糧が大量に隠されている。捕食者にしてみれば願ってもない収穫といえるだろう。襲撃に成功すれば、食べきれないほどの食糧が労せずして手に入るのだ。事実、多くの哺乳類が社会性昆虫のコロニーをつけ狙っている。狩猟・採集生活を送っていた私たちの祖先は普段から昆虫を口にしていたし、現在でも多くの社会で昆虫は食されている。チンパンジーをはじめとする霊長類の大部分についても同様だ。工業化が進んだ西欧社会に暮らす人間は、肉厚な幼虫を口に入れることに対して嫌悪感を示すが、むしろこの反応の方が例外的なのである。これほどの数の捕食者に囲まれて生きる以上、社会性昆虫はコロニーを効率的に防衛する手段を進化の過程で獲得するほかなかった。仮に、痛みはあるが破壊を伴わない毒を発達させていたとしたら、一部の捕食者は痛みを無視して、これに適応し、損害を被ることなくコロニーの食糧を漁っていたことだろう。社会性昆虫は、はったりには頼れないということだ。

データもこの仮説を裏づけているように見える。単独性昆虫の多くは毒性がほとんどない毒を作り出していたのに対し、社会性昆虫の多くは、毒性が一定以上ある本物の毒を生成していたのだ。コロニーの規模が大きくなるほど、この傾向は顕著になった。大きなコロニーほど捕食者に狙われやすいため、そこに暮らす昆虫はより強力な武器を備える必要に迫られるのである。

ミツバチのコロニーは、なんとゾウすらも追い払うことができる。ゾウの体重はミツバチの体重の五億倍、コロニーに属するすべての個体を合わせた重さの数百万倍もあるというのに、である。それがどれほどの芸当であるかを実感するため、少し想像力を働かせてみよう。体重七〇キロの人間に置き換えると、これは重さ三五〇〇万トンの捕食者を撃退するに等しい離れ業だ。ちなみに映画ファンの試算によれば、ゴジラの体重はこのおよそ二一三分の一、わずか一六万四〇〇〇トンしかない。さて、ゾウが走って逃げるのには理由がある。それはミツバチの毒が並々ならぬ実害を引き起こすからだ。ミツバチの毒の「致死力」――毒針の一刺しによって、五〇パーセントの確率で殺すことのできる相手の重量――は五七グラムである。コロニーに属する個体の約半数にあたる一万五〇〇〇匹のミツバチが一斉に攻撃すれば、八五五キロの敵を殺すことができる。巣を防衛するには十分な毒性ではないだろうか？　ミツバチの毒の中で最も毒性の強い成分は、ホスホリパーゼと呼ばれるタンパク質だ。この成分には細胞膜を破壊する作用があるのだが、面白いことに痛みは一切引き起こさない。痛みと毒性はまったくの別物なのである。

社会性昆虫の例に漏れず、サシハリアリの毒にも毒性がある。この毒には二八六グラムの敵を五割の確率で死にいたらしめる致死力が備わっており、その毒性の一部は例のポネラトキシンに由来する。小さなネズミ程度であれば、一撃で葬ることができるということだ。とはいえ、この毒が引き起こす耐えがたい痛みと比べると、取るに足らない毒性だといえなくもない。

このような視点から見れば、サシハリアリに対する理解をより深めることができる。捕食者に狙われやすいコロニーを築いて暮らすこの社会性昆虫は、効率的に巣を守るため、恐るべき毒を生み出した。敵を即座に退けることのできる激痛と、痛みに構わず襲ってくる敵を牽制するための少量の毒性とを組み合わせた毒である。しかし、いくつかの疑問は解消されずに残っている。たとえば、なぜサシハリアリの祖先はこれほどの激痛を引き起こす毒を生み出したのだろうか？　巨大なハンマーでシラミを潰すかのような、無意味なものなのだろうか？　それとも、当時地球上に存在していた恐竜や巨大生物を撃退するためだったのだろうか？　これほどの恐るべき武器を備えていながら、なぜ同じ科のアリが絶滅してしまったのだろうか？　その答えは誰にもわからない。

ロボコップ

オドレー・デュストゥール

色々な種のアリのコロニーを観察していると、通常の個体よりも大型の働きアリを見かけることがよくある。これらの大型個体は一般に「兵隊《ソルダ》アリ」と呼ばれている。とはいえ、メスしかいないのだから「女兵《ソルダット》アリ」と呼ぶ方が適切だろう〔フランス語では職業名を表す単語の語尾が性別に応じて変化する〕。これらの個体は小柄な仲間と比べると並外れて大きいが、実は遺伝子的には両者の間に大きな差はない。ただ単に、与えられた餌の量が違うだけなのである。アリの世界では「大きくなりたかったらスープを食べなさい」という金言がそのまま通用するのだ。

現在確認されているおよそ一万三〇〇〇種のアリのうち、一〇〇〇種以上がオオズアリ属（*Pheidole*）に分類される。オオズアリのコロニーには、産卵をしない二つの階級のアリが存在する。一つは小型個体と呼ばれる小さな働きアリで、もう一つは頭部と大あごが体に比べて異様に発達した兵隊アリだ。これこそが「大頭蟻《オオズアリ》」と呼ばれるゆえんである。兵隊アリの頭部は腹部よりもはるかに幅が広いため、ともすれば前につんのめっていってしまわないかと心配になるほどだ。コロニーに暮らす個体の九五パーセントは小型個体で、幼虫の世話や巣の建設や食糧調達といった役目を担っている。残りの五パーセントは兵隊アリで、コロニーの防衛と巣に運ばれてきた食糧の解体を任されている。

奇妙なことに、オオズアリ属の中には「超大型兵隊《スーパーソルジャー》」と呼ばれる第三の階級を生み出すアリが八種存在する。これらの個体は通常の兵隊アリと比べて体が二倍も大きく、頭の幅にいたっては三倍も広い。オオズアリ属の遺伝情報《ゲノム》を調査した研究者たちは、このアリの遠い祖先にあたるすべての種が超大型兵隊アリを生んでいたことを突き止めた。ところが、この個体の生産ははるか昔に途絶えてしまった。おそらくは生産に多大なエネルギーを要するためだろう。研究者たちが現存する種の遺伝物質を解析したところ、実際にはすべてのオオズアリが超大型個体を生み出すのに必要な遺伝子を備えているものの、あえて育てていないという事実が判明した。

マーベルスタジオ制作のヒーロー映画『キャプテン・アメリカ』の主人公スティーブ・ロジャースは、常人をはるかに超える身体能力と耐久力とを授ける血清を注射され、超人兵士《スーパーソルジャー》へと変貌する。スーパーソルジャーの開発といえば、人間社会ではSF作品や軍人の野望に類する夢物語だが、アリの世界では生物学者がこれを現実のものとした。生物学者たちは、通常「超大型兵隊《スーパーソルジャー》」を生産しない種のオオズアリにおいて、この個体を出現させることに成功したのだ。そのきっかけとなったのは、アリの幼虫に注射された多量の幼若《ようじゃく》ホルモンである。これは人間でいうところの成長ホルモンに似た物質で、成虫になるまでの後胚発生を制御する作用を持つ。この実験によって、遺伝情報《ゲノム》としては存在するものの、実際には使用されていない遺伝形質を発現させられるという事実が明らかになった。自然界では、退化したはずの器官が何らかの偶然や環境的な要因をきっかけに再発現することは珍しくない。このような現象は一般に「隔世遺伝《かくせい》」と呼ばれている。隔世遺伝の例としては、後ろ足のあるクジラ、歯のあるニワトリ、尾の生えた人間、乳首が二つ以上ある人間などが挙げられる。言い伝えによれば、ユリウス・カエサルやナポレオンやアレクサンドロス大王の馬には指が三本あったというが、これもまた遠い祖先から受け継がれた形質である。

オオズアリの場合、環境的要因がきっかけとなって特定の遺伝子が活性化し、八種のアリにおいて、かつて存在した超大型個体の生産が誘発されたのではないかとする説が、生物学者たちによって提唱された。この説を唱えた生物学者たちは、超大型兵隊《スーパーソルジャー》を生み出す八種のオオズアリのうち、実に七種がメキシコの砂漠地帯に生息しているという奇妙な点に着目した。この砂漠地帯には、主にアリを食べて生きる肉食性のヒメグンタイアリの仲間 *Neivamyrmex texanus* が君臨している。この軍隊アリは攻撃を仕掛ける際、数百匹の個体からなる行列を組んでオオズアリの巣へ突撃する。敵陣に着くと、軍隊アリの一団は素早く散開して侵攻を開始する。数で劣るオオズアリは、大あごや毒針を駆使した執拗な攻撃から巣を守るのに四苦八苦する。不思議なことに、オオズアリの超大型兵隊《スーパーソルジャー》は戦闘に参加せず、巣穴の入口付近の安全な場所にとどまっている。まるで軍の後方から指示を出す指揮官のような振るまいだ。戦闘が始まるとすぐに隠れてしまうというのなら、オオズアリは何のためにわざわざ巨大な戦士を育てているのだろうか？　実はこれらの個体は、軍隊アリの侵入を防ぐために巣の入口を死守するという重要な役目を担っているのだ。超大型兵隊《スーパーソルジャー》たちは、大きな頭をレゴブロックのように組合せて難攻不落の城壁を築く。大あごと毒針による敵の攻撃を一身に受けながらも、微動だにせず耐え忍ぶのである。城壁を切り崩せなかった軍隊アリの一団は、この入口の攻略を諦め、別の入口を探しに周囲へと散らばっていく。敵が散り散りになったのを目撃した超大型兵隊《スーパーソルジャー》たちは、やにわに城壁を解体すると、奇襲を仕掛けに巣から飛び出していく。周囲の捜索に向かった軍隊アリの集団を追う個体もいれば、頭を低く下げ、腹部で地面をこすりながら行列に突進していく個体もいる。奇襲を受けた軍隊アリは、自分がどこにいるのかわからなくなったかのように、四方八方に走り始める。この道に迷ったかのような行動は、オオズアリの超大型兵隊《スーパーソルジャー》が軍隊アリの行列を導くフェロモンの道しるべを書き換えたことを示している。オオズアリは腹部を地面にこすりつけることで、道しるべを消すなり、そこに新たな情報を書き加えるなりしていたのである。視力が非常に弱い軍隊アリにとって、仮巣へと続くフェロモンの痕跡はまさにアリアドネの糸「道しるべの意。ギリシャ神話の登場人物テセウスは、アリアドネから与えられた糸を辿って迷宮から脱出する」だ。もし何らかの形でこの目印が破壊されてしまえば、向かうべき方角がわからなくなってしまう。オオズアリは、このように攻守をうまく織り交ぜることで軍隊アリを撤退に追い込む。研究者たちは、軍隊アリによる度重なる攻撃が引き金となって、オオズアリの祖先から受け継がれた形質が開花し、不屈の部隊を現代によみがえらせたという説を有力視している。

研究者たちによれば、ある種のオオズアリは兵隊アリの体を大きくするのではなく個体数を増やすことで、巣の防衛力を長期的に強化する。オオズアリの一種 *Pheidole pallidula* はヨーロッパの広い範囲に生息しており、南仏でも見かけることが多い。一つのコロニーには二〇万匹ほどの個体が暮らしており、自然環境下ではそのうちの五〜二五パーセントが兵隊アリで構成される。このアリは近隣のコロニーと縄張りを分かち合うことを嫌い、落ちたチーズのかけらをめぐって同種同士で殺し合ったりもする。研究者たちは、敵対するコロニーの縄張りを横切らなければ食糧を調達できない状況を実験室に再現し、そこでのアリたちの様子を八週間にわたり観察した。争いの勃発を避けつつも採餌アリが敵の存在を確認できるよう、餌場へと続く道には金網で作られたトンネルが設置された。このトンネルのおかげで、採餌アリは安全な場所から敵対するアリたちの姿を眺めたり、触角の先で相手に触れたり、においを嗅いだりすることができる。並行して行われた対照実験では、採餌アリが敵の存在を感知できないよう、餌場へと続くトンネルの素材が不透明なプラスチックに置き換えられた。一ヶ月後、本実験のコロニーでは兵隊アリの数が倍増したのに対し、対照実験のコロニーでは何の変化も見られなかった。つまり、オオズアリは長期的な脅威にさらされた際、安全を確保するために兵隊アリを増産できるということである。同様の結果は、他種のオオズアリを対象とした野外調査でも確認された。たとえばフロリダ州に生息するオオズアリの一種 *Pheidole morrisi* は、ヒアリ(*Solenopsis invicta*)との苛烈な競争を繰り広げるにあたって兵隊アリの数を二倍に増やすことが知られている。ただし兵力が増える反面、個々の兵隊アリの体格は小さくなるという。万事が思いどおりに運ぶわけではないようだ。

人間社会においてもこれと同じ戦略がとられている。たとえば第二次世界大戦終戦以降、韓国は敵対する北の脅威に備えるため、六八万人の兵士と四五〇万人の予備役軍人からなる強力な軍隊を作り上げてきた。金正恩総書記率いる北朝鮮の軍勢は、兵士一二〇万人、予備役軍人七七〇万人に上ると推計されている。一方、北朝鮮の五倍の人口を誇る日本の軍勢はというと、自衛官二四万八〇〇〇人、予備自衛官五万人足らずにすぎない……。

人食いハンニバル

オドレー・デュストゥール

食に頓着せず、食べられるものなら何でも食べるアリもいれば、偏執狂のように一種類の獲物しか口にしないアリもいる。ヤマアリの一種 *Formica archboldi* は、以前紹介したアギトアリ属（*Odontomachus*）のアリ以外の獲物をほとんど口にしない。「青ひげアリ」〔シャルル・ペローの童話『青ひげ』に由来。殺人鬼「青ひげ」は六人の妻を次々に殺害し、鍵のかかった部屋に死体を隠していた〕とでも呼ぶにふさわしいこのアリは、アメリカ合衆国南東部、フロリダ州とジョージア州とアラバマ州をまたいだ地域に生息している。一九五八年、このアリが初めて論文に記載されてからほどなくして、研究者たちは身の毛もよだつ恐ろしい発見をした。掘り起こされた青ひげアリの巣の中から、おびただしい数のアギトアリの頭部が見つかったのだ。アギトアリが昆虫を狙う獰猛な捕食者であることから、使われなくなったアギトアリの巣に青ひげアリが棲みついたと考えるのが妥当に思われた。

だが現実は想像よりもはるかに残酷だった。最近になってわかったことだが、青ひげアリはアギトアリのにおいを寸分違わず模倣することができる。アリの体は「体表炭化水素」と呼ばれる複雑な化合物の層で覆われており、この層が種やコロニーに固有のにおいを作り出している。このにおいのおかげで、採餌アリは食糧調達のために巣の外を歩き回っているときでも、自分の姉妹と見ず知らずのアリとを区別することができるのだ。アリの世界では、特定の個体としてお互いを認識し合うことは滅多にない。両者がまるで二粒の水滴のように似通っているのはもちろんのこと、一つの巣には数千匹から数百万匹もの個体が暮らしていることも忘れてはならない。私たち人間が普段接する人の数は多くてもせいぜい数百人程度だが、それでも顔や名前が思い出せないことは多々ある……。種が異なるアリのにおいを完璧にまねることのできるアリは滅多にいない。それだけでも大変珍しいというのに、青ひげアリはなんとアギトアリのほかに、体臭がまったく異なる二種のアリのにおいを模倣できるのである。標的にそっと忍び寄るのに、青ひげアリがこの化学擬態を利用している可能性は大いにある。

そこで研究者たちは、青ひげアリとその近縁種にあたるヤマアリの仲間 *Formica pallidefulva* の闘い方を比較する実験を行った。ちなみに後者のアリには頭部を収集する奇癖はない。実験の方法は、一匹のアギトアリが入った闘技場の中にそれぞれのアリを投入し、その闘いぶりを観察するというものだ。一秒間に五〇〇コマの撮影が可能なハイスピードカメラで闘いの様子を撮影した研究者たちは、青ひげアリだけが手強いアギトアリを屈服させられることを確認した。青ひげアリの武器は蟻酸《ぎさん》である。このアリはアギトアリの脚にしがみつくと、体をまるめて腹部を相手に向け、頭から蟻酸を浴びせかける。この強烈な攻撃によって体の自由を奪われたアギトアリは、立っていることすらままならなくなる。青ひげアリは動けなくなった獲物を巣まで運んでいき、首と脚を切り落としてばらばらにしてしまう。多くのアリは食事が終わるとその残骸を捨てにいくが、どうやら青ひげアリは犠牲者の頭部をいつまでも取っておきたい性分らしい……。

研究者たちは、青ひげアリの近縁種がアギトアリを倒せなかった理由を調べるため、それぞれのアリの体にある蟻酸を分泌する腺を解剖した（なにせアリの体長が四ミリしかないのだから、非常に難しい外科手術である）。研究者たちは続いて腺の中身を小さな容器に移し、筆を使ってこの液体をアギトアリの体に塗布した。その結果、どちらのアリの蟻酸もアギトアリを麻痺させられることが判明した。だがそうなると、なぜ青ひげアリだけが闘いに勝てたのか、ますます疑問が湧いてくる。闘技場の床をつぶさに調べた研究者たちは、戦闘中に噴射された蟻酸の量が大きく違うことに気がついた。青ひげアリがまるでスプリンクラーのように蟻酸をばらまいていたのに対し、近縁種の方は、申し訳程度に蟻酸の飛沫《ひまつ》を飛ばしていただけだったのである。

第十の試練　選択し、最適化する

アリアドネの糸

アントワーヌ・ヴィストラール

いま一度、サバクアリ（*Cataglyphis*）属のアリに光を当ててみよう。ご存知、砂漠を縦横無尽に駆け回るスポーツカーのようなアリだ（「砂丘」参照）。サバクアリの一種 *Cataglyphis fortis* は、砂丘にではなくサハラ砂漠にある湖に巣を作る。湖といっても、そこには一滴の水も存在しない。このアリの棲み家は、見渡す限り乾いた塩で覆われた、目印など一切ない大塩湖なのである。どの方角を見ても、白一色の単調な景色が果てしなく続いている。砂丘と同じく、ここでも体温上昇は命取りとなる。道に迷いでもしたらたちまち焼け死んでしまうため、サバクアリたちに外をのんびり散歩している余裕はない。それにもかかわらず、この砂漠の探検家たちは、焼けた昆虫の死骸を求めて遠征に出かける。燃え盛る太陽の下を、ときに一キロ以上も歩くのである！ 当然ながら、アリたちの小さな体には着実に熱が蓄えられていき、いずれ限界が訪れる。数十秒以内に涼しい巣の中に避難できなければ、干からびてしまうだろう——だが一体、広大な塩湖のどこかにある小さな巣の入口をどうやって見つけ出せばよいのだろうか？

目印となるものがない場合、大抵の動物はうろうろと歩き回りながら探し物をする。人間だって、海水浴場で鍵を失くしたことに気づいたら、足元を見ながら砂浜をあちこち歩き回るだろう。これと同様の出来事が、このアリの専門家である女性研究者の身の上にも起きた。この研究者もアリのように、塩湖を歩き回りながら研究の日々を送っていた。ある朝、砂漠から戻ってきた学生の一人が彼女のもとにやってきて、アリの巣を見失ってしまったことを報告した。しかもその学生は、観察用の器具一式を巣の周辺に置いてきてしまったらしい。「あの辺りに置いたはずなんですが……」と言って、その学生はある方角を指差した。

研究者一行は、数時間かけて周囲を探し回った末、ようやく失くした器材を見つけることができた。一行の不手際を責めることはできない。それほどまでに、この塩湖は迷いやすい場所なのである。一方、サバクアリは決して道に迷わない。アリたちは巣の位置を正確に把握しており、帰還の際には小さな巣穴を目指して、寸分の迷いもなく一直線に突き進む。巣への最短距離を辿るのである。すでに述べたように（「ダーティ・ダンシング」参照）、アリのこのような能力は二〇世紀初頭の自然科学者たちをたいそう驚かせてきた。なかには、目に見えないアリアドネの糸のような神秘的な力が存在し、その力がアリたちを巣まで導いていると考えた学者もいたほどだ。道しるべとなる目印がない以上、他に説明のしようがあるだろうか？　だが、一世紀以上にもおよぶ様々な実験の積み重ねの末、研究者たちはついにこのアリアドネの糸の正体を突き止めた。

謎を解き明かすきっかけは、二〇世紀初頭に活躍した動物学者アンリ・ピエロンによってもたらされた。一九〇五年、ピエロンは単純だが誰も思いつかなかった画期的な実験を行った。ピエロンは、巣から遠く離れた場所を探索中の採餌アリを捕獲して餌を与えると、そこから一〇〇メートルほど離れた地点にこの個体を移動させたのである。移動させられた採餌アリは、いつもどおり餌を巣に持ち帰ろうと向きを変えた。ところが、このアリは実際に巣の入口がある地点にではなく、研究者によって移動させられなければ巣の入口が見つかったはずの地点に向かって、一直線に走り始めたのだ。目指す地点に着いた採餌アリは、信じられないほどの正確さで、巣があるはずの場所を熱心に探し回っていた。

その後も多くの研究者が試みたこの実験は、このアリが地上にある目印を頼りに巣の位置を特定しているのではないことを明らかにした。どうやらこのアリは、自分が歩いた道筋を記憶しているらしい。たしかに、理論上は不可能なことではない。ピエロンはこれを「筋感覚」と名づけた。現在、この能力には「経路統合」という名が与えられている。ところで、人間もある程度はこれを実践することができる。ためしに、目を閉じたまま前に一〇歩進んだ後、右に九〇度方向転換して五歩進んでみよう。道順を記憶していれば、難なく元の地点に戻れるはずだ。ただし、道順が複雑化し移動距離が延びれば、方角と歩行距離の誤差も大きくなり、その精度は低下する。

それでは、食糧調達に出かけたサバクアリの足取りを記憶できるかどうか試してみよう。サバクアリは一回の調達につき、最大で五万歩も歩く。おまけに、その経路は直線とは程遠い。あっちへ行ったりこっちへ行ったり、進路を変えたかと思えば左に大きくカーブしたり、回れ右をした直後に右に急旋回したりと、餌探し以外のことはまるで念頭にないように思える。その結果、猫が何時間もじゃれてぐちゃぐちゃに絡まった毛糸のような経路図が完成する。もちろん、人間の脳はこのように入り組んだ経路を記憶しておくことなどできない。ところがサバクアリは、驚異的な精度でこれを記憶してしまう。それもそのはず、サバクアリはおそらく動物界の中で最も「経路統合」に長けた生き物なのだ。

それにしても、まち針の頭ほどしかない小さな脳で、なぜこれほど膨大な量の情報を記憶できるのだろうか？　生涯の大部分を北アフリカでのアリの研究に費やしたスイスの昆虫学者フェリックス・サンチ（一八七二－一九四〇）は、ある実験によってこの謎の一端を解き明かした。サンチはまず、アリの眼から太陽が見えないよう、アリの頭上を板で覆い隠した。それと同時に、彼は板の正面に鏡を置き、鏡に映った太陽の像がアリの眼に映るように角度を調整した。つまり、アリには太陽が実際とは反対の方角にあるように見えていることになる。アリは即座に反応を示した。その場でぴたりと足を止め、数秒の間思い悩んだ後、向きを変えて誤った方向に進み始めたのだ。アリが太陽の位置を頼りに方角を把握している証拠である。だが、実験結果には不明瞭な点も残った。たとえ太陽が見えていない状態でも、サバクアリは方角を把握できたのである。事実、青空の一部が視界に入ってさえいれば、サバクアリは進行方向を修正することができる。サンチは、空には人間の目には見えない何らかの手がかりが存在しており、アリは太陽とその手がかりを頼りに方角を把握していると結論づけた。この説が正しいことが証明されたのは、それから六〇年あまりも経ってからである。一九七〇年代に入り、別の研究者たちによって、アリが利用している光の性質がようやく解明されたのだ。アリが見ている光の正体、それは「偏光」であった。

「偏光」は直接目に見えるものではない。おそらくこの言葉を初めて耳にする読者もいることだろう。アリのことをよく理解するためにも、まずは偏光について簡単に説明しておきたい。光とは、振動しながら空間を伝わる一種の波としてとらえることができる。人の目に到達するとき、光はばらばらな方向に振動している。上下、左右、斜めといった振動の軸のことを「偏光軸」という。太陽や電球をはじめとするほとんどの光源は、不規則に振動する光を放っている。一方で、車のフロントガラスや湖の水面に反射した光、あるいは地球の大気にぶつかり散乱した光は、振動の方向が一定になる。このように振動方向が一定になった光のことを「偏光」と呼ぶ。

人間の目には、その差は一切感じられない。人間の網膜にある受容体はあらゆる方向を向いており、偏光軸の向きに関係なく、すべての光を同じような形で感知するからだ。しかし、アリやその他多くの動物にとって、光の偏光は物の見え方に大きな影響をおよぼす。昆虫の眼には天空からの偏光受容に特化した領域があり、その領域にある個眼には、一方向に規則正しく配列された受容体が備わっている。それぞれの個眼は、特定の方向に振動する光しか感知しない。言い換えれば、アリの眼は天空の偏光をとらえ、その振動方向を感知しているということだ。人間の眼には青一色に見える空も、アリの眼には偏光が織りなす虹のように映っているのである。昆虫の眼で見る日没の景色はさぞかし壮麗なことだろう。

偏光の発見者としてよく名が挙げられるのは、一七世紀のデンマーク人数学者エラスムス・バルトリヌスだ。ところが、実際にはその八〇〇年も昔、すでに北欧のバイキングが偏光の性質を航海に利用していたと考えられている。北欧の船乗りたちは、太陽の出ていない海で進路を定めるのに偏光を利用していたのだ。偏光を可視化するため、バイキングは「太陽の石」を用いていたとされる。これはアイスランドで採れた鉱物の一種（氷州石）で、偏光の状態によって光線を分ける性質を持つ。この結晶を通して曇り空を見ると、ほぼ正確に太陽の位置を推測することができる。これがあれば、曇天の北海でも問題なく航海できるというわけだ。

これと同じように、アリも空の一部分が見えてさえいれば、偏光を検知して方角を把握することができる。現代では、偏光の性質は航海のような勇ましい用途にではなく、3D映画のような娯楽に利用されている。それにしても、人間がいまから一一〇〇年前に偏光を発見したと誇らしげに吹聴するかたわらで、アリは一億年も昔からこれを利用し続けてきたというのだから、なんともおかしな話である。

現在では、サバクアリが太陽や偏光以外の情報も方角の把握に役立てていることがわかっている。たとえば、サバクアリはスペクトル勾配や色勾配といった多数の細かな情報を空から読み取っているのだが、長くなるのでここでは割愛しよう。空から得たこれら多くの情報を組み合わせることで、アリは自分の位置をこの上なく正確に把握している。言ってみれば、眼にコンパスが内蔵されているようなものなのだ！

ここまでで、アリが眼によって自分の向かっている方角を正確に把握していることはわかった。しかし、それだけでは「経路統合」の仕組みを説明しきれない。方角だけではなく、歩いた距離も把握する必要があるからだ。ここでもアリは、人間の予想を上回る離れ業をやってのける。ミツバチは、視野を通過する景色の流れを参考にして距離を測ることが知られている。走行中の車内から窓の外を眺め、流れていく景色の速度を観測すれば、人間にもこれと同じ要領で車の走行距離を推定することができる。けれども、アリは自分が散歩した距離を測るのに、視界を横切る物体の流れをほとんどあてにしていない。アリが用いているのは、これとは別の技術なのだ。

ここ一〇年で、アリの距離測定技術に関する人間の理解は大きく前進した。研究者たちはある日、次のような疑問を抱いた。アリはただ単に歩数を数えているだけではないか？　この仮説を検証するために研究者たちが考案した実験は、実に突飛なものだった。研究者たちは、サハラ砂漠に赴いてサバクアリを捕獲すると、その脚に豚の毛で作った高下駄を装着したのだ。ただでさえ脚の長いサバクアリが下駄をはいて難なく歩く様子は見物《みもの》である。これにより、平均一・三センチだったアリの歩幅は四〇パーセント広がり、一・八センチとなった。研究者たちは、巣から一〇メートルの距離に餌を用意し、巣から出てきた素足のアリがこれを見つけるのを待った。次いで研究者たちは、餌を拾ったアリに下駄を装着し、このアリが巣に戻る様子を見守った。結果は歴然たるものだった。素足の個体が一〇メートルの距離を正確に測れたのに対し、下駄をはいた個体は巣を通り過ぎ、一四〜一五メートル先で巣の入口を探し始めたのである。言い換えれば、下駄をはいた個体は巣までの歩数こそほぼ正確に把握していたものの、歩幅が広がったことは勘案していなかったということだ。さらに研究者たちは、往路復路ともに下駄をはいていた場合、アリは巣までの距離を正しく測定できることを確認した。にわかには信じがたいが、どうやらアリは本当に歩数から距離を導き出しているようだ。この方法が成立するためには、往路と復路とで歩幅が大まかに一致している必要がある。もちろん、豚毛でできた下駄をはいたアリなどそうそう見かけないことから、この条件を満たすのはそれほど難しいことではない。

とはいえ、アリが人間のように一歩、二歩、三歩……と歩数を数えているなどと思ったら大間違いである。人間を基準に物事を考えればそのような誤解も生まれるが、現実はそれよりもはるかに複雑だ。調査を進めるため、研究者たちはサバクアリ用に小さなジェットコースターのコースを建設した。実験対象となったアリたちは、行きは起伏の激しいこの険路を越え、帰りは平らな地面を歩いて戻ってくる。往路は帰路に比べてはるかに距離が長いため、その分歩数も多くなる。アリはきっと帰路の距離を読み違え、巣を通り過ぎてしまうと思うだろう。実はそうではない。このような状況に置かれても、アリは正確に距離を測ってみせたのである。この小さなマラソン選手たちは、平面上のうねりだけでなく上下の起伏も計算に入れ、巣までの正しい距離を算出できるのだ。アリたちの頭には、自分が歩いてきた道の図面が3Dで描かれているのである！

最後に、研究者たちは少々意地の悪い実験を行った。激しく波打った金属板で作られた足場の悪いコースをサバクアリに走らせたのだ。サバクアリは一秒間に（脚一本あたり）四〇歩という驚異的な速度で走行することができる。当然ながら、脚の置き場を見ている余裕などない。実験は予想どおりに進行し、アリたちは足を踏み外したり、こぶに激突したり、坂道を転げ落ちたり、頭から倒れ込んだりと散々な目に遭った。とても歩数など数えていられる状況ではない。にもかかわらず、またしてもアリたちは帰路の距離を正確に測ってみせた。正直な話、サバクアリになぜこのような芸当が可能なのかはまったくわかっていない。

これまで見てきたのは、アリは歩数をもとに歩いた距離を測定しているが、単純に歩数を数えているわけではないということだ。これには「深部感覚」（空間内における自分の体の位置を把握する感覚）が関係している。精度の高い測定結果を得るため、アリの脳は全身にある数百個の受容体から集められた情報を統合している。たとえば、ある種の受容体は筋肉の伸び具合を感知し、板状の外骨格の間にある受容体は関節の角度を検知する。さらには、地球の重力場の方向を知るための微細な毛なども存在する。もちろん、これらの情報を伝達する数十万の神経細胞のことも忘れてはならない。

一つ確かなのは、これらの機能をロボットに搭載できるようになるまでには、まだまだ時間がかかるということだ。学ぶべき規則があるとすれば、それはアリたちが一つの手がかりに頼るのではなく、複数の手がかりを組み合わせて同時に用いながら、自分の位置を把握しているということだろう。一つの手段にすべてを委ねてしまわないこと――これはアリに限らず生物全般に通じる黄金律である。

アリたちは、空や、自分の体の内部や、特徴的な地上の景色から、無数の情報を引き出している。それらの情報を照合し、組み合わせ、記憶に焼きつけているのだ。撚《よ》り合わされたそれらの手がかりは、まるで目に見えないアリアドネの糸のように、巣の外を探検するアリたちを導いている。驚くべきことに、砂漠の真ん中であれ、原生林の中であれ、日差しの強い日中であれ、雨模様の夕方であれ、この糸は問題なく機能する。これこそが自然科学者たちを驚嘆させ続けてきた、昆虫を巣へと導く「神秘的な力」の正体なのである。

オン・ザ・ロード・アゲイン

アントワーヌ・ヴィストラール

「二匹のアリ以上に似通ったものはない」――この格言が間違いであることは、自分の手でアリの体に塗料を塗ってみればよくわかる。様々な色で印をつけて個体を識別できるようにすると、この小さな生き物にも個性が宿っていることがはっきりと感じられる。だがそれだけではない。どうやらアリも人間と同じように、経験から知識を学び取っているようなのだ。

オーストラリアのアリススプリングスに棲むゴウシュウオオアリの仲間 *Melophorus bagoti* に再び登場してもらおう。オレンジ色の砂の上を駆け回り、ときおり突風にさらわれて宙を舞うあの美しいアリたちだ(「風と共に去りぬ」参照)。研究者たちは、採餌アリたちの日々の移動経路を調べるため、それぞれの個体に識別用の印をつけた。調査に用いられたのは、数百本の釘と二〇〇メートルのたこ糸だ(何とも安上がりな方法である)。研究者たちは、これらの道具を使って巣の周囲の地面を碁盤の目のように区切ると、次にこれとまったく同じマス目を印刷した紙を大量に枚用意した。こうすることで、巣から出てきたアリの移動経路を鉛筆で紙に写し取ることができる。アリが出てくるたびに、研究者たちは新しい紙にその足取りを記録していく。この方法の利点は、アリが研究者および、その実験装置の存在をつゆほども知らずにいられることだ。俊足のゴウシュウオオアリは、不審者がすぐそばで手帳に鉛筆を走らせているのにも気づかずに、普段どおり茂みの合間を縫って数十メートルの距離を駆け回ってくれる。

研究者たちは、およそ一〇匹の個体の足取りを計一〇〇枚ほどの紙に写し取った後、個体ごとにその移動経路を取りまとめた。すると、驚きの事実が浮かび上がってきた。巣から出るたびに異なる経路を辿る個体がいる一方で、一部の個体は毎回寸分違わず同じ経路を辿っていることが発覚したのだ。それぞれのアリには独自の移動経路があり、個体によっては一日に五〇回以上も巣と餌場を往復する。家族の人数が多ければ、その分買い物に出かける頻度も増えるということだ。これらの個体の途方もない熱意は称賛に値する。だが、移動経路は一体どのようにして定着するのだろうか?

遊び心をくすぐられた研究者たちは、このときだけ特別に観察対象の採餌アリたちを動かしてみることにした。クッキーを大切そうに抱えて戻ってきたゴウシュウオオアリを巣の手前で捕獲し、餌場の近くに戻したのだ。帰り道をもう一度歩かされるのだから、アリにとっては至極迷惑な実験だろう。買い物袋を両手いっぱいに抱えて帰宅し、ポケットから鍵を出そうとした瞬間、不思議な力でスーパーに戻されてしまうようなものだ。けれどもアリは挫けることなくすぐに歩き出し、無事二度目の帰還を果たした。この実験によって、アリたちが「経路統合」を頼りに道を把握しているのではないことが証明された。前章で見たとおり、経路統合とは歩数と空の目印をもとにして実際に歩いた経路を記憶する方法だ。突風や迷惑な研究者といった外的要因によって移動させられた場合、経路統合はもはや役に立たない。このような経路統合の弱点を補うべく、普段から決まった道を行き来しているこのアリたちは、思わぬハプニングにも対応できる確実性の高い方法を編み出した。もうおわかりだろうが、このアリたちは人間と同じように、見慣れた景色の中に目印を見つけているのだ。同じ道を行き来するうちに、アリたちは周囲の景色を記憶し、道順を覚えていく。真っ白で平坦な塩湖に暮らすサバクアリが経路統合に頼るのは、ただ単に地上に目印となるものがないからである。いわばこれは苦肉の策なのだ。森や都市や山、はたまたオーストラリアの荒地など、視覚的に多彩な環境に暮らすアリにとっては、地上にある目印の方がはるかに頼りになるのだ。

このことから、視覚情報が多様な環境に生まれたアリたちは経路統合を用いなくなると推測することもできるだろう。だが実際には、経路統合はそのようなアリたちにとってもなくてはならない技術であり続ける。その役割は、建物を建設するときに組む木造の足場にも似ている。たとえば、巣から初めて外に出たアリが踊りによって風景を記憶できるのは、経路統合があればこそなのだ(「ダーティ・ダンシング」参照)。餌場を発見したアリがそこからまっすぐ巣に帰れるのも、経路統合のおかげである。さらにこのアリは、経路統合で用いる手がかりを頼りに、餌場の位置を記憶してから帰路につくのである。こうして、新米アリの小さな脳には新たな餌場と巣の位置関係が刻み込まれる。次回の食糧調達の際、この新米アリは先ほどの手がかり（すなわち空にある目印）を頼りにして、同じ餌場に向かうことができるのである。

巣から出たばかりの新米アリは、自分が発見した重要な地点同士を経路統合によってつなぎ合わせ、それらの地点を最短距離で結ぶ道の景色を学んでいく。往復を繰り返すうちに段々と道の景色が記憶に刻まれていき、数日後にはもはや経路統合に頼らずとも、地上にある目印だけを頼りに移動できるようになる。私たち人間も、知らない場所を訪れる際には地図を見ながら目的地に向かうが、ひとたび道順を記憶してしまえば、もう地図は見なくなる。その道を歩くという行為が習慣化するからだ。

経験豊富な個体によるこうした習慣化が最も効率的な食糧調達方法であることに、疑いの余地はない。個体によっては、クッキーのかけらを一分間に複数個拾ってくるものもいる。ただし、それは景色が変わらなければの話だ。順応による効率化の弱点はまさにそこにある。通い慣れた餌場が枯渇したり、景色が変わったりしてしまうと、熟練の個体は新たな経路を頭に入れるのに四苦八苦することになる。新米の個体に比べ、覚えるのに時間がかかることも珍しくない。過去の状況に順応してきた結果、熟練個体の脳は不要な記憶で埋めつくされ、新たな知識を吸収しづらくなっているのだ。「過去のアリ」となってしまったからには、若者に場所を譲るしかない。

私たち人間も、成長の過程で同じような課題にぶつかりはしないだろうか。不安定で波乱に富んだ若い時分には、新たな発見が山ほどある。その後、学習と実践を繰り返すうちに、各々の世界は段々と一連の習慣に収束していく。このことは運動にも、言語活動にも、考え方にも当てはまる。そのようにして、無駄を省いた効率的な行動が形成されていく。いつも同じ経路を行き来しているアリの個体と同じく、人間も年を重ねるにつれ、環境の変化への適応が困難になっていく。まさに順応の悲劇的側面といえるだろう。現在の世界に適応すればするほど、未来の世界に適応する能力は確実に失われていくのだ。

二車線道路

オドレー・デュストゥール

化学物質の道しるべを辿るアリたちは、巣から台所のジャム瓶までの道順などまずもって覚えていない。仮に仲間がつけたしるしを辿っている個体をそっとつまみ上げ、先に紹介したサバクアリの実験をまねて一〇〇メートル離れた場所に放したとしたら、この個体は路頭に迷った人のように何時間もさまよい続けることだろう。またテーブルクロスの上に残された道しるべのほんの一部分をスポンジで拭き取るだけで、それまで元気に走っていたアリが、まるで突然道が崩れでもしたかのようにぴたりと止まる様子を観察することができる。この個体は、思い切ってまっさらな地面に足を踏み出そうとはせず、必死になって仲間が残したはずの道しるべを探す。その様子は、パンくずの道しるべが鳥についばまれてしまったことを知って慌てふためくおやゆび小僧のようだ。道の景色を脳に詰め込んでおかなければ、こういった危険が生じるのだ。危険を最小限にとどめるため、化学物質の道しるべを用いるアリたちは三つの重要な規則に従って行動する。一つ目の規則は、決して単独行動をとらないという単純なものだ。二つ目の規則は、近道をしようなどとは考えずに、仲間がつけた目印を黙々と辿ることである。三つ目の規則は、仲間が残した道しるべがおやゆび小僧のパンくずのように消えてしまわないよう、絶えずフェロモンを重ね塗りし続けることだ。ジャム入りの瓶とアリの巣とをつなぐ目には見えない道と、その道を絶え間なく行き交うアリたちの往来は、こうして形づくられていく。

道しるべに沿って大急ぎで行き交うアリたちを見ていると、つい人間を基準にした連想が働き、人で溢れかえった歩道や、悪夢のような渋滞の混乱を思い浮かべてしまう。渋滞知らずのアリの往来は、かねてより博物学者たちを驚かせてきた。紀元前四世紀、古代ギリシャの哲学者アリストテレスは『動物誌』の中で次のように述べている。「アリは巣までほぼ一直線に戻ってくるが、その途上で他のアリとぶつかることはない」。一世紀には、プルタルコス〔古代ローマ時代のギリシャ人著述家〕が次のように記している。「[…]アリがいかなる方法によって食糧を調達し、備蓄を管理しているのか、人間には知る由もない。しかし、だからといってそれに言及しないことは、誠実さに欠く態度であろう。自然界において、これほどまでに小さい体でありながら、これほどまでに美しく偉大なものを備えた生き物は他にない。一匹のアリの中には、一粒の澄んだ水滴の中を覗くかのように、ありとあらゆる美徳の輝きが見て取れる。[…]。何も運んでいないアリは、餌を運んでいるアリのために道を空ける——出会った相手に対し、惜しみなく敬意を表するこのようなアリの行動は、誰もが知るところのものであろう[…]」。

アリたちは人間よりもうまく渋滞を制御できるのだろうか？　アリたちの往来は、いつでも見た目どおりに円滑で規則正しいものなのだろうか？　アリの世界には、本当に通行の優先規則が存在するのだろうか？　これらの疑問をめぐり、筆者は長年、奮闘を続けてきた。研究の初期に用いられたのは、フランス全土に分布しているヨーロッパトビイロケアリ（*Lasius niger*）だ。このアリは森、平野、都市部を問わずどこにでも棲みつき、地中や石の下や植木鉢に巣を作る。成熟したコロニーには一万匹ほどの個体が暮らしている。

最初に行った実験は、プラスチック製の橋で巣と餌場をつなぐというものだった。餌場には砂糖水が用意されている。橋の幅は一センチで、人間でいうところの片側二車線道路に相当する。橋への道が開かれるや否や、アリたちは餌場を目指して一心不乱に走り出した。初めて目にする建造物に尻込みするような性格ではないらしい！　橋を渡り終えたアリたちは、大急ぎで砂糖水を飲み込むと、すぐさま来た道を取って返した。帰りがてら、等間隔でおしりを地面につけて、化学物質の道しるべを残していく。道しるべのにおいに誘われた別のアリたちも次々と餌場に向かっていき、数分後には巣と餌場とをつなぐアリたちの往来ができあがった。筆者は実験が始まるとすぐに撮影用のカメラを用意した。目の前で行き交うアリの数をその場で数えるのは不可能だと悟ったからである。こうして、橋の上を行き交うアリの数をテレビ画面越しに何時間も数え続ける日々が始まった。「お仕事は何をなされているんですか」と聞かれ、正直に「プラスチック製の橋を渡るアリの数を数えています」と答えても、誰もまともに取り合ってはくれないだろう。何時間分もの録画を見返してわかったのは、アリの往来には規則性は見られないが、それでも決して渋滞が起こらないということだ。高速道路に連なる車の列とは異なり、橋の上を行き交うアリたちは行列を作らない。アリ同士の衝突も頻繁に発生するが、おかしなことにアリたちは衝突を避けようとはしていない様子である。幅一センチの橋の上を一分間に行き交うアリの数は一六〇四にも達した。参考までに、フランスの四車線道路では、交通量が一分間に一四〇台を超えると大渋滞が発生する。

筆者は思い切って橋の幅を狭めることにした。もはや橋は、アリ同士がやっとすれ違えるほどの幅しかない。脱輪覚悟で路肩にはみ出さなければ対向車とすれ違えない田舎道のようである。このような狭い道路では、車の交通量が一分間に五〇台を超えるとたちどころに渋滞が発生する。何時間も録画を見返して得られた結果は、筆者の予想を大きく裏切るものだった。なんとアリたちは、相変わらず一分間に一六〇四のペースで橋の上を行き来していたのである。アリたちは、橋の幅が狭まったことで生じる混雑にもお構いなしに、全力で橋の上を駆け回っていた。目を疑うような結果である！　とはいえ、先ほどの実験とは異なり、アリたちは今回、狭い橋の上を一列になって移動していた。すれ違いを避けることで、事故の発生を予防していたのである。事故が起きると、一件につき〇・五秒の遅れが生じる。触角でお互いをつつき合って、事故の実況見分調書でも作成しているのだろうか？

それにしても、アリたちは信号機もなしにどうやって進路の優先順位を決めているのだろう。実は、その仕組みはいたって単純だ。アリたちは道が空いたのを確認してから一斉に橋を渡り始めるのである。橋の両端で確認されたこの「譲り合い」の法則により、砂時計のように一定間隔をおいて進行方向が入れ替わる交通体制が確立した。一列になって交互に行き来することで、遅れの原因となる衝突事故の発生頻度はおのずと減り、交通量を保ったままでいられたのだ。見事というほかない。

なんとかして渋滞を引き起こしたい筆者は、コロニーの個体数が多い別種のアリを用いることで、交通量を増やそうと考えた。白羽の矢を立てたのは、侵略的外来種にも指定されているアルゼンチンアリ（*Linepithema humile*）だ。このアリはただのコロニーではなく、スーパーコロニーを形成する。一般的な女王アリとは異なり、アルゼンチンアリの女王は翅《はね》を持たず、安全な巣の中で交尾する。無事交尾が終わると、女王は働きアリの一団を引き連れて巣を離れ、近所に新居を構える。私たちアリ学者はこの行動を「挿し木」と呼んでいる。こうして新たに誕生したコロニーは、母巣との交流を密接に保ちながら、食糧や労働力を融通しあう。数年後には、スーパーコロニーは活動範囲を数キロ先にまで広げ、数千匹の女王と数億匹の働きアリを擁するまでに成長する。アルゼンチンアリの個体にこれといった特徴はない。比較的小柄で弱々しい体つきをした、毒のないアリである。この生き物は、一匹あたりの生産コストを抑える代わりに数を増やすことで、縄張りの拡大を図ってきた。この戦略は大成功を収めた。アルゼンチンアリの個体がヨーロッパ南部で最初に確認されたのは一九二〇年代のことだ。以降、ヨーロッパのスーパーコロニーは数十億匹の個体を数えるまでに成長し、世界最大の「超個体」となった。数百万個もの巣が連結してできたネットワークは、イタリア北部から南仏を経由してスペイン・ポルトガルの沿岸部にいたるまで、全長六〇〇〇キロにわたり広がっている。筆者にとって幸運だったのは、この「害虫」が筆者の勤めるトゥールーズ第三大学のキャンパスにも棲みついていたことだ。

現在、アルゼンチンアリは研究棟のすべての階に巣くっている。壁の裏側に築かれたコロニーの正確な規模はわからない。しかしながら、ある月曜の朝、筆者はその規模の大きさをうかがわせる恐ろしい光景を目の当たりにした。研究員が飼育していたバッタとミールワームとゴキブリの群れが、数千匹のアルゼンチンアリによって週末の間に壊滅させられていたのだ。研究員たちは、目の前で繰り広げられる虐殺をただ茫然と眺めているしかなかった。アルゼンチンアリは、憐れな昆虫たちの腿節《たいせつ》や頭部や胸部や腹部を引っ張りながら、建物の地下へと続く立派な運搬路を行進していた。なかには飼育していたアリを一夜のうちに一匹残らず食べられてしまった同僚もいた……。このアリは加減というものを知らないのだ。

実験用にアルゼンチンアリを捕獲するのにはさほど苦労しない。プラスチック製の寝床と食事を用意してやれば、向こうから勝手にやってきてくれる。難しいのは、捕まえたアリを巣箱内にとどめておくことだ。アルゼンチンアリは、つるつる滑る壁面も平気で歩くことができる。逃走防止用のコーティング剤フルオンもこのアリには通用しない。脱獄を防ぐため、筆者は巣箱を大学構内のピロティに移し、石鹸水をなみなみと注いだ容器の中央に設置した。そうでもしないと、このずる賢いアリたちはイカダを作って脱走してしまうからだ。

集団での移動に際しては、一般に密度（単位面積あたりの人数）が上がるほど移動速度は低下する。密度がある一定の水準を超えると、押し合いや衝突といった現象の連鎖により、一切の移動ができなくなる。このような状況は、ラッシュ時の地下鉄駅構内やセール開催日の歩道で頻繁に見られる。アリも人間同様に密度の影響を受けるだろうか。それを調べるため、筆者はある女学生の力を借りて根気のいる実験に乗り出した。往来の密度を調整するため、私たちは巣と餌場とをつなぐ橋の幅を五〜二〇ミリの間で変更できるようにし、実験に参加するアリの数も四〇〇匹から二万五〇〇〇匹超と幅を持たせた。撮影された映像の分量は数百時間にもおよんだ。私たちはその後、まる一年かけてこれらの映像を分析し、橋を渡るアリたちの密度と速度を算出した。途方もない仕事である。この期間中、筆者は夢の中でもアリを数えていた記憶がある……。

この分析によって、アリたちは二つの驚くべき戦略を用いていることが明らかになった。密度が一平方センチメートルあたり八匹に達するまで、アリたちは減速せずに加速を続け、衝突によって失われた時間を取り戻そうとする。ところが密度が一平方センチメートルあたり八匹を超えると、アリたちはやや速度を落とし、遅れの原因となる衝突の発生頻度を減らそうとするのだ。研究チームは、アルゼンチンアリが一平方センチメートルあたり二〇匹という高密度の状態でも、秒速〇・五センチの速度で走れることを突き止めた。人間に置き換えれば、一平方メートルに五人が密集した状態で、時速一〇キロで走るようなものだ。ためしに一メートル四方の正方形の中に五人で立ってみてほしい。そのような密集状態を維持しながら、時速一〇キロの速度で走れるだろうか？　到底不可能である。人間の場合、一平方メートルあたりの人数が二人以上になると、移動速度は劇的に低下する。マラソン大会を例に見てみよう。スタート地点は一平方メートルあたりに二人がひしめく混雑ぶりだ。全員が同じ方向に走り出すにもかかわらず、スタート時の時速はたったの三・五キロである。

実験では、一平方センチメートルあたりのアリの数が二〇匹に達すると、後に続くアリは橋を渡ろうとはせず、巣の中でおとなしく混雑が解消するのを待っていた。高速道路が渋滞していようが構わず連絡路に進入してくる車とは、正反対の行動である。数々の工夫も空しく、ついに筆者の研究チームはアルゼンチンアリの行列に渋滞を起こさせることができなかった。

シシュフォス〔ギリシャ神話の登場人物。ゼウスの命令により岩を山頂まで押し上げようとするが、岩は山頂手前で毎回落下してしまう〕のように諦めの悪い筆者は、ハキリアリを対象に同様の実験を繰り返すことにした。以前紹介したとおり、このアリは道路を建設する。ハキリアリは、ヨーロッパトビイロケアリやアルゼンチンアリのように食糧をそ嚢《のう》に貯めて運ぶのではなく、頭上に掲げながら運搬する。キノコの肥料となる葉のかけらはとても大きく運びづらいため、葉を運搬するアリは、頭をのけぞらせながら前を見ずに移動することになる。人間でいえば、天井を見ながら走るようなものだ。さらに、荷物の重さは自分の体重の八倍にもおよぶので、採餌アリは脚を広げて歩くことを余儀なくされ、移動速度は著しく低下する。その上、葉のかけらは風にあおられやすい。ウインドサーフィン用の帆がついたボードを頭に乗せて運んでいるような状態である。葉を運んでいるアリは、高速道路をのろのろと走り、知らず知らずのうちに渋滞を引き起こしているトレーラーのようなものなのだ。

研究チームは幅の広い橋と狭い橋を用意して、ハキリアリの巣と餌場とをつないだ。撮影した映像を見返した筆者は、橋を渡るアリの数が幅の広い橋（五センチ）では一分間に一二〇匹であったのに対し、狭い橋（〇・五センチ）では一分間に六〇匹であったことを確認し、してやったりと思った。混雑を引き起こせば、アリの収穫を妨害できるのだ！　しかしこの喜びも長くは続かなかった。ハキリアリは大勢で収穫に出かけるが、食糧を持ち帰ってくるのはほんの一部の採餌アリだけなのだ。自然環境下では、何も持たずに帰ってくるアリは全体の八割にも上る。道路を整備する役目のアリもいるにはいるが、こちらは採餌アリ全体の五パーセント程度にすぎない。荷物も持たずに歩いているアリは何をしているのだろう。敵の襲撃に備えているのだろうか？　そ嚢《のう》に樹液を貯めて運んでいるのだろうか？　それとも、ただ単にしびれた脚を伸ばしているだけなのだろうか？　現時点ではこの謎は解明されていない。

研究チームが葉を運ぶアリに着目したところ、次のような事実が浮かび上がってきた。狭い方の橋を渡るアリたちが一分間に二四個の葉のかけらを巣に持ち帰っていたのに対し、広い方の橋を渡るアリたちは、一分間に一二個の葉のかけらしか持ち帰っていなかったのだ。つまりハキリアリの場合、高速道路を使うよりも渋滞する田舎道を通った方が、より多くの荷物を運搬できるということになる。まるであべこべではないか！　狭い方の橋の往来を観察していると、ハキリアリもヨーロッパトビイロケアリと同じように、進行方向を交互に切り替えながら一列になって行き来していることがわかった。奇妙なことに、巣に戻る集団の先頭には三、四匹の餌を抱えたアリが歩いており、その後ろに手ぶらの個体が一〇匹ほど続いていた。しかしながら、手ぶらの個体は餌を抱えた個体の二倍の速度で移動できる。追い越しができるのに、わざわざトレーラーの後ろについて走るだろうか？　この奇怪な行動の理由を探るべく、研究チームは遅れの主な原因となるアリ同士の正面衝突を分析した。その結果、ハキリアリはある交通規則に従って行き来していることが判明した。巣に戻るアリが餌場に向かうアリと鉢合わせた際、前者が餌を運んでいる場合には後者が道を譲ってくれる。その反対に、前者が餌を運んでいない場合、このアリは後者に道を譲ることになる。仕事をきちんとこなさなかったことに対する負い目からだろうか？　餌場に向かうアリは、葉のかけらを運ぶアリがコロニーの維持に欠かせない存在であり、ぶらぶら散歩しているだけのアリとは違うことを理解しているのだろうか？　残念ながらそうではない。実際には、餌を運んでいるアリの動作が緩慢で反応が鈍いため、しびれをきらした相手が道を空けているだけなのである。

アリ同士が衝突した際、道を譲る側のアリには〇・五秒の遅れが生じる。衝突は橋の上のいたるところで発生するため、手ぶらで巣に戻るアリは絶えず道を譲ることになり、巣に戻るまでに要する時間は倍に膨れ上がる。巣に戻るアリを観察していた筆者たちは、ここであることに気がついた。手ぶらのアリが、餌を運んでいるアリの後ろにぴったりとついて歩くことで、このアリの優先通行権をちゃっかり利用しているのだ。救急車のすぐ後ろをついて走る車とまったく同じ戦略ではないか！……おおかたの予想に反し、手ぶらで帰るアリは、トレーラーの真後ろを走ることによって、帰還に要する時間を短縮していたのである。

このような優先順位は、ハキリアリが渋滞を起こさない理由の説明にはなるものの、狭い橋の方が餌を運ぶアリの数が多かった理由の説明にはならない。何度も繰り返し録画を見返しているうちに、筆者たちはふと、餌を運んでいるアリとすれ違ったアリがほんの一瞬足を止め、触角で葉のかけらに軽く触れていることに気がついた。狭い方の橋では、広い方の橋に比べアリ同士がすれ違う機会は多くなる。道すがら繰り返し発生する餌との接触が、採餌アリの意欲を高めている可能性はないだろうか？考えられるのは、社会学でいうところの「社会的促進」効果だ。たとえば、道を歩いている最中にアイスを持った人とすれ違ったとする。それが二人、三人と続くと、なぜだか無性にアイスが食べたくなってくる――これと同じことが、アリにも起きているのではないか？

この仮説を検証すべく、研究チームは橋の上での衝突を意図的に引き起こすことにした。衝突回数を増やすため、研究チームはモーターにつないだレールを用意し、そこに針金で葉のかけらを吊るした。葉のかけらは、巣と餌場を結ぶ橋の表面から数センチの高さをアリと同じ速度で移動していく。葉の高さは、橋の上にいるアリの触角と頭部をかすめはするが、アリの移動の妨げにはならないよう調整されている。こうして、葉のかけらが回転ずしのようにぐるぐると循環する装置が完成した。装置の出来栄えに満足した研究チームは、早速最初の実験を開始した。アリたちが餌場へと続く橋に殺到した頃合いを見計らって、自慢の装置の電源をオンにする――結果は大失敗だった。アリたちは頭をかすめて通過していく葉をおとなしく見送りなどせずに、流れてきた葉をがっしりつかんでしまったのだ。あたふたする研究者たちをよそに、葉につかまったアリたちは、ときおり橋の上にいる仲間を蹴飛ばしながら、橋の上空を悠々と散歩していた。橋の上を循環しているのはもはや葉のかけらではなくハキリアリの塊と化し、実験は収拾がつかなくなった。遠目には、アリたちがTバーリフト〔スキーを雪面につけたままT字の棒を股に挟んで上るリフト〕に乗って遊んでいるようにも見える。

この大失敗に懲りた研究チームは、衝突を引き起こすのではなく、アリ同士の接触を防ぐ作戦に切り換えた。研究チームは二本の橋を用意し、餌場に向かうアリと巣に戻るアリを分断しようと試みた。問題は、アリに往路と復路とで別の道を選択させることが容易ではないことだ。アリに標識を覚えさせること自体は可能だが、これには多大な時間を要する上、一匹ずつ教えていかなければならない。すでに見たように、ハキリアリのコロニーには何万匹もの個体が暮らしている。そこで研究チームは、二本の橋を渡るアリたちの進路が一方通行になるよう、子どもじみた秘策を考案した。コーティング剤のフルオンを塗って滑りやすくしたすべり台を、それぞれの橋の出口に設置したのである。からくりはこうだ。巣から出たアリは、まず餌場へと続く橋によじ登る。橋の出口に着くと、アリはすべり台を滑って餌場に着地する。餌場からこの橋に引き返すことはできない。巣に帰る唯一の方法は、すぐ近くにある二本目の橋を渡ることだ。巣の手前まで戻ってきたアリは、仲間と合流するために再度すべり台を滑ることになる。あとはこの繰り返しである。実験開始当初はおそるおそるすべり台に脚をかけたり、場合によっては転げ落ちたりしていたアリたちも、何度か行き来を繰り返しているうちにすっかりこの装置に慣れてしまった。こうして、高速道路のように上り線と下り線がきれいに分かれたアリの行列が完成した。この実験では、餌場へと向かうアリは巣に戻るアリと決してすれ違わない。

数分後、研究チームは巣に持ち込まれる葉のかけらの数が激減したことを確認した。これにより、採餌アリに葉を収穫させるには、餌を持ったアリとの接触が不可欠であることが証明された。言い換えれば、巣を出発したアリは絶えず仲間から仕事内容を教わり直す必要があるということだ！　席を立って廊下に出た途端、何をしにきたのかど忘れしてしまった……そんな経験はないだろうか？

アリの往来には、歩行者や車の動きと共通する部分が多く見受けられる。だがその一方で、人間の往来とは決定的に違う点もいくつか存在する。たとえば、硬い外骨格に守られたアリは衝突を恐れずに加速することができるのに対し、人間は安全な車間距離を保とうとする。また、アリのコロニーには食糧調達という共通の目的があるのに対し、人間の目的は人によってばらばらだ。子どものお迎えにいく人もいれば、職場から帰る人、友人との待ち合わせに向かう人、買い物にいく人もいる。アリの往来に渋滞が起こらないのは、交通規則が場所によって異なるとともに、状況に応じて柔軟に変化し続けるからだ。仮に赤信号が灯っていたとしても、交差点に誰もいなければ、アリは平然とアクセルを踏むことだろう。

栄光への道

オドレー・デュストゥール

独裁者や専制君主は異を唱えるだろうが、民主政は独裁政治よりもうまく機能する。一人の人間によって下された判断よりも、大人数の集団によって下された判断の方がより正確であることは、はるか昔から知られている。テレビ番組の『クイズミリオネア』〔イギリス発祥のクイズ番組。日本では二〇〇〇年から二〇〇七年まで放送〕などはその典型的な例だろう。挑戦者が観客《オーディエンス》に意見を求めると、ほとんどの場合正しい答えが返ってくる。

「群集の知恵」という考え方は、紀元前三三五年から三二三年にかけて書かれたアリストテレスの『政治学』の中にすでに表れている。アリストテレスは「群集は最良の審判である」と明言している。「頭は一つよりも複数ある方がいい」というこの考えは、一八世紀、コンドルセ侯爵ことマリー・ジャン・アントワーヌ・ニコラ・ド・カリタによって定理化された。コンドルセが唱えた陪審定理とは、次のようなものである。裁判において、「被告は有罪か無罪か」という問いに対し、各陪審員が二分の一以上の確率で正しい判断を下すと仮定した場合、大数の法則により、陪審員の数が多ければ多いほど、陪審員団が正しい判断を下す確率は高くなる。たとえば、各陪審員が六〇パーセントの確率で正解を選ぶとすると、一七人からなる陪審員団が正しい判決を下す確率は八〇パーセントになるが、陪審員の数が四五人に増えると、この確率は九〇パーセントにまで上昇する。コンドルセ侯爵は、映画『十二人の怒れる男』〔一九五七年にアメリカで制作された、法廷を舞台とする映画〕の登場人物たちのように、意見を異にする陪審員たちが各自の見解にしたがって個別に投票する裁判を想定している。

「群集の知恵」の存在を実験によって最初に証明してみせたのは、ダーウィンのいとこにあたる統計学者のフランシス・ゴルトンだ。一九〇六年、イギリスのプリマスで毎年開催されている家畜の品評会を訪れたゴルトンは、牛の体重を当てるコンテストに立ち会った。コンテストの優勝者には牛一頭が贈られる。ゴルトンが参加者七八七名の回答を集計したところ、牛の実際の体重五四三・四キロに対し、予測の平均値は五四三キロだった。わずか四〇〇グラムの誤差である。イギリスのブリストル大学に籍を置く物理学者のレン・フィッシャーは、とあるバーで同様の実験を行った。あらかじめ客同士での相談を禁止した上で、瓶に入ったリコリス菓子の数をバーの客に当てさせるというものだ。集計の結果、客の回答の平均値が六〇個であったのに対し、実際のお菓子の数は六一個だった。フィッシャーは、予想値の範囲が四一個から九三個と幅広く、的外れな回答も多かったことに着目した。その一週間後、今度は客同士での相談を解禁した上で再度同じ実験が行われた。するとどうだろう、回答の幅は九七個から一一二個と前回よりも狭まったが、回答の平均値は実際のお菓子の個数（一四七個）とはかけ離れたものになった。もっともらしいことを言う人がいつも正しいとは限らないのだ……。フィッシャーは、参加者同士の相談が禁じられている限りにおいて、集団の見解は大半の参加者個人の見解に勝ると結論づけている。

アリもまた「群集の知恵」を発揮する生き物である。しかしその前提条件は、人間のそれとは大きく異なっている。個体同士の交流と情報交換が可能な場合にのみ、アリのコロニーは最適解に近い回答を選択できるのだ。

人間は買い物に出かける前に行き先を決める。行き先を決定する上で決め手となるのは、家からスーパーまでの距離と、そこで売られている商品の種類だ。食糧調達に出かける際、アリもこれと同じような選択を迫られる。違いがあるとすれば、人間の場合、家を出る前に家族の誰かが行き先を決めるという点だろう。ときには自分の意見を通すために家族を懐柔することもある。アリの場合、行き先は巣を出発した後、集団によって決定される。狩りに出発すると、多くの種のアリは化学物質の道しるべを利用して仲間に道順と食糧のありかを知らせる。研究者たちは、前章に登場したヨーロッパトビイロケアリ（*Lasius niger*）やアルゼンチンアリ（*Linepithema humile*）といったアリたちが、道に残した化学物質を利用して間接的に目的地の情報をやりとりしていることを突き止めた。

実験室にて行われた最初の実験では、研究者たちはまったく同じ餌が置かれた餌場を二箇所、巣から等しい距離に設置した。実験に用いられたのはY字型の橋で、長さの等しい分岐路の両端には砂糖水が用意された。この奇妙な装置が巣につながれると、もともと好奇心の強いアリたちはわれさきにと橋に登り始めた。分岐点に差しかかったアリたちは、迷うことなく一方の道を選択し、その先にある砂糖水をたらふく飲んでから仲間を呼びに巣へと戻っていった。橋はあっという間に餌場と巣を往復するアリたちで埋めつくされた。ところがその一五分後、研究者たちは採餌アリの大部分が右側の餌場に集中し、左側の餌場に手をつけていないことに気がついた。研究者たちは再度同じ実験を行った。一五分後、やはりアリたちは一方の餌場に殺到したが、今回アリたちが選んだのは左側の餌場だった。このことから、アリたちが前回の実験結果を記憶していたわけではないことがわかる。記憶しているならば、再び右側の道を選ぶはずだ。二〇回以上も同じ実験を繰り返した結果、研究者たちは、アリが必ずどちらか一方の道だけを選択し、決して左右の餌場を同時に利用しないことを確認した。しかし、なぜこうした奇妙な現象が起こるのだろうか?

集団によるこのような選択がなされる仕組みを突き止めるべく、研究者たちはアリたちの行動を注意深く観察することにした。わかりやすくするため、ここでは巣から出てきた最初の五匹に注目してみよう。順番に、カットニス、トリニティー、レイ、リスベット、フュリオサとでも名づけようか。実験開始直後、分岐点に差しかかったカットニスとトリニティーは、左右の道からどちらか好きな方を選ぶ。カットニスは右側の道を、トリニティーは左側の道を選択した。餌場に着いた二匹のアリは、砂糖水でおなかをいっぱいに満たすと、仲間を招集するためのフェロモンを道に残しながら巣に引き返していった。真新しいフェロモンの道しるべに触発されたレイは、巣から出て橋によじ登り、分岐点まで歩を進めた。目の前には目印のついた二本の道がのびている。レイは気の向くままに左側の道を選択すると、餌場に用意された砂糖水を飲み、トリニティーが残したフェロモンに自分のフェロモンを重ねながら巣へと戻っていった。つまりレイが通過した後、左側の道には二匹分のフェロモンがつけられていることになる。続いて、同じくフェロモンに触発されたリスベットが分岐点にやってきた。左側の道に残された痕跡の方が濃いことを見て取ったリスベットは、当然のように左に進んだ。食事を終えたリスベットも、仲間のアリたちと同じように道しるべを残しながら巣に戻っていったが、それによって左右の道につけられたフェロモン量の差はますます際立つことになった。いまや左側の道にはフェロモンの道しるべが三重につけられている。最後に分岐点にやってきたフュリオサは、迷わず左側の道を選んだ。

この実験により、最初に分岐点に差しかかったアリたちの判断が後の仲間たちの判断を左右することが明らかになった。大半のアリがどちらか片方の道しか選ばなかった現象の背景には、このような連鎖反応があったのだ。アリが最初にどちらの道を選ぶかは運次第であることから、集団による決定に偶然が果たす役割は大きい。一見するとこの行動は最適な選択ではないように思える。なぜアリたちは、左右両方の餌場から同時に餌を調達しないのだろう？　それは単純に、「二兎を追う者は一兎をも得ず」の原則が当てはまるからだ。自然環境下では、いたるところに捕食者や競争相手が潜んでいる。食糧や仲間を失わないようにするためには、なるべく固まって行動するに越したことはない。それに加え、フェロモンの道しるべを用いる種のアリたちは、せいぜい自分の触角の先あたりまでしか視界がきかない。道に迷わないためにも、仲間が残した道しるべを黙々と辿るに越したことはないのだ。

二つ目の実験では、濃度の異なる二種類の砂糖水が入った餌場がY字型の橋の両端に置かれた。アリにとっては、濃度が高い砂糖水の方が魅力的である。実験開始からおよそ一五分後、研究者たちはアリたちが濃い方の砂糖水へと続く道に集中していることを確認した。その後も砂糖水の位置を入れ替えながら何度か同じ実験を繰り返したが、そのたびにアリたちは濃い方の砂糖水が置かれた餌場を選択した。結果だけ見れば、アリたちが両方の餌場を訪れ、濃い方の砂糖水が置かれた餌場の位置を記憶していたのだと推理したくなる。ところが、研究者たちがアリの腹部に塗料で印をつけて観察したところ、実験に参加したアリのほとんどは、濃い方の砂糖水が置かれた餌場しか訪れていないことが判明した。つまり、採餌アリは選択肢を比較しなくても最適な道を選択できるということになる。

選択の仕組みを解明すべく、研究者たちは再び個体の行動に注目した。ここでもカットニスとトリニティーに登場してもらおう。分岐点に着いたカットニスは右側の道を選択し、運よく濃い方の砂糖水に辿りついた。いい餌場を見つけてご満悦なカットニスは、むさぼるように砂糖水を飲むと、念入りに道しるべを残しながら巣に戻っていった。一方、左側の道を選んだトリニティーは薄い砂糖水が置かれた餌場に辿りついた。大あごの先でこの粗末な食事を味見したトリニティーは大いに落胆し、ごく少量のフェロモンを道に残して巣に帰還した。二匹が通った道を見比べると、濃い砂糖水へと続く右側の道には、左側の道よりもはっきりとした痕跡が残されている。この痕跡の差は、続いて巣から出てきたアリたちによってさらに際立たせられる。一五分後、薄い砂糖水が置かれた餌場に向かうアリはほとんどいなくなった。この点、アリも人間と同じで、おいしい食事にありつけたらそのことを仲間に教えずにはいられない。私たち人間も、外食に出かける際にはグルメ情報サイトを利用して人気のレストランを探すことが多々ある。それはもちろん、美食を求めて街中のレストランをしらみつぶしにあたる手間が省けるからだ！

三つ目の実験では、研究者たちは長さが異なる二本の道の両端にまったく同じ餌を用意し、アリたちの様子を観察した。実験に用いられたのは左右非対称のY字型の橋で、一方の道はもう一方の道に比べ三倍も長くなっている。実験は繰り返し行われたが、ほとんどの場合アリたちは短い方の道を選んだ。人間流に解釈すれば、アリが自分の足で二本の道の距離を測り、短い方の道を記憶していたと考えるのが自然だろう。しかしながら、再度アリたちに塗料で印をつけて観察したところ、やはり実験に参加したアリの大部分は短い方の道だけしか通っていなかった。研究者たちは前例にならってアリたちが残した痕跡に着目してみたが、餌までの距離がどうであれ、フェロモンの道しるべに違いは見られなかった。

実際のところ、選択の仕組みは極めて単純だ。みたびカットニスとトリニティーに手伝ってもらうとしよう。巣を出発し分岐点に辿りついた二匹は、目印のないまっさらな二本の道から好きな方を選ぶ。カットニスは短い方の道を選び、またも運に見放されたトリニティーは長い方の道を選んだ。砂糖水でおなかを膨らませた二匹は、ともにフェロモンの道しるべを残しながら巣に戻っていった。ところが、短い方の道を選んだカットニスはトリニティーよりも早く巣に到着した。ここで、カットニスが帰ってきた直後にフュリオサが出発したと仮定しよう。トリニティーはそのころまだ餌場で砂糖水を飲んでいる最中だ。分岐点に着いたフュリオサは、目印のついた道とまっさらな道のどちらか一方を選ぶことになる。当然ながらフュリオサは前者を選び、帰りがけに自分のフェロモンで道しるべを補強した。これにより、後に続くアリたちも短い方の道へと誘導されていく。短い方の道につけられたフェロモンの量は段々と増加していき、しまいにはコロニー全体が最短距離の経路を選択することになる。

この発見を受け、コンピューター科学者たちは、アリによる経路決定の法則を数式化した「アリのアルゴリズム」なるものを開発した。アリという社会性昆虫の行動に着想を得て生み出されたこのアルゴリズムは、人間には解くことのできない最適化問題を解くのに利用される。その最も古い例の一つが「巡回セールスマン問題」だ。この問題は、一八五九年にアイルランドの数学者ウィリアム・ローワン・ハミルトンによって考案され、「世界周遊ゲーム」の名で世に紹介された。問題の内容は次のとおりである。「セールスマンは指定されたすべての都市を一度だけ通り、元の地点に戻ってくるものとする。セールスマンの移動距離が最も短くなるような都市の訪問順序を求めよ」。この問題の難解な点は、x箇所の都市を巡る道の組み合わせが、x－1の階乗を二で割った数だけ存在することだ。たとえば、パリ、ボルドー、トゥールーズ、マルセイユ、リヨンの五都市を巡る経路の組み合わせは一二通りある。そこにレンヌ、リール、ストラスブール、モンペリエ、リモージュの五都市を加えると、経路の組み合わせは一八万一四四〇通りに増加する。二〇都市を巡る経路の組み合わせは、六京八二二兆五五〇二億四四一万六〇〇〇通りと、まさに天文学的な数になる。六〇都市を巡るともなれば、その経路の組み合わせは宇宙に存在する原子の数に等しくなる……。

無数の組み合わせの中から最適な経路を見つけ出すには、都市を巡る順序とその距離を一つひとつ検証した上で、最も短い経路を選択する必要がある。計算には、一つの経路の総距離を一マイクロ秒以内に算出できる一般的なコンピューターを用いると仮定しよう。五つの都市を結ぶ最短経路の算出にかかる時間は一二マイクロ秒だ。一〇都市を巡る場合でも、計算にかかる時間は〇・一八秒である。ところが、二〇都市を巡る最短経路を一から検証するには、なんと一九二八年もかかる！　これが二五都市ともなれば、計算に要する時間は一〇〇億年を超える。一九六二年には、IBMに所属するアメリカの数学者たちが、この問題を部分問題に分割して再帰的に計算することで所要時間を短縮する方法を編み出した。この方法を用いれば、二五都市を結ぶ最短経路の算出にはたった六八年しかかからない。

一九九〇年代に入り、コンピューター科学者たちによって「アリのアルゴリズム」が発明された。これにより、巡回セールスマン問題を解くのにかかる手間と時間は大幅に削減されることとなった。この方法ではまず、頂点を都市に、辺を道に見立てた図形（以後グラフと呼ぶ）を作成し、問題を可視化する。各都市は他のすべての都市と一本の道で結ばれている（これを「完全グラフ」という）。次に、このグラフ内に仮想のアリを複数匹投入する。このアリたちは、グラフ内を移動する際に仮想のフェロモンを残していく。仮に出発点がトゥールーズだとすると、アリたちは他のすべての都市を訪れた後、再びトゥールーズに戻ってこなければならない。ある都市を出発したアリは、まだ訪れたことのない都市へと向かう。その際、アリはフェロモンの痕跡が最も濃い経路を選択する。道しるべが他のアリによって補強されない場合、仮想フェロモンは本物のフェロモンと同じく蒸発して消えてしまうものとする。科学者たちは、仮想アリが出発点の都市に戻ってきた時点で、経路の総距離に応じた量のフェロモンが道に出現するようプログラムを設計した。移動距離が短いほど、フェロモンの量は多くなる。この「アリのアルゴリズム」を用いることによって、二五都市を結ぶ最短経路の算出に要する時間は一〇分未満に短縮された。

このような形式の問題は、実世界の様々な分野に応用することができる。サンタクロースのように複数の宛先に荷物を届ける仕事をしている人や、貨物運送業界で働いている人や、通信網の設計をしている人がもし読者の中にいれば、アリのアルゴリズムを用いることで時間の節約につながるかもしれない。キッチンで走り回るアリを次に見かけたら、アルゴリズムのことを思い出してみよう。

第十一の試練　救助し、治療する

ライフガード

アントワーヌ・ヴィストラール

自らの命をなげうって他人を救うこと以上に崇高な行為があるだろうか？　ハリウッド映画やドラマの格好の題材であるこのような行為は、長い間人間固有のものとみなされてきた。しかし現在では、人間以外の生き物も仲間を助けることがもはや公然の事実となりつつある。動物同士の助け合いを撮影した動画はインターネット上に溢れている。その多くは、仲間を解放しようと果敢にも捕食者に立ち向かう動物の姿を収めたものだ。逃走中に突然踵《きびす》を返し、仲間を捕えた雌ライオンに見事な頭突きをお見舞いするヌー、子どもを救出しようとワニに立ち向かうイボイノシシ、仲間を締め上げるヘビに挑みかかるヤモリ——ヤモリにいたっては哺乳類ですらないのだから、感嘆もひとしお大きい。ほとんどの場合、悪役である捕食者は、救助に駆けつけた勇敢な仲間に狙いを切り換える。救出は命懸けなのだ。自らの命さえ惜しまない、まさに究極の利他的行為といえるだろう。

動物同士による救助活動を取り上げたおそらく最初の科学論文が発表されたのは、一九五六年のことだ。海中で起きたダイナマイトの爆発に、一頭のイルカが巻き込まれた。気絶してしまったのだろうか、イルカは体を四五度に傾け、その場をくるくると回り始めた。すると、すぐさま別の二頭のイルカが近寄ってきた。二頭は、ぐったりと力なく漂うイルカの胸びれの下に頭を入れると、海面を目指して泳ぎ始めた。仲間が溺れないよう救助しているのだ。普段、海中で爆発が起きるとイルカたちはすぐに逃げ出すのだが、このときは群れの仲間たちも近くで救助活動を見守っていた。気絶していた仲間が動けるようになってから、群れはようやくその場を後にした。

動物同士による救助活動を扱った研究が一九五〇年代になるまで現れなかったこと自体、いかに人間中心主義文化が根深いものであるかを物語っている。しかしながら、いつの世にも時代に先行する人物は出現する。地質学者・博物学者のトマス・ベルトもその一人だ。ベルトは一八三二年にイギリスで生まれ、二〇歳のときから世界各地を渡り歩いてきた。当初は金鉱の研究を行っていたベルトだが、段々と自然の研究に没頭していき、ついにはその観察記録を出版するにいたった。イルカの研究より一〇〇年も昔に発表された『ニカラグアの博物学者』という著書の中で、ベルトは動物同士による救助活動の記録を伝えるだけでなく、この行動に関するいくつかの実験記録まで報告している。さらに驚くべきは、その記録が哺乳類ではなく昆虫に関するものであるという点だ。ここにその一部を引用しよう。

「ある日、これらのアリ［以前にも登場したグンタイアリの仲間］の行列を観察していた私は、そのうちの一匹に小石をのせて身動きがとれないようにした。そのすぐ後ろに続いていたアリは、仲間が動けなくなったことを知るや否や、慌ただしい様子で後ろ向きに走り出し、他のアリたちにこの情報を伝えた。多くのアリたちが救助に駆けつけ、石を大あごで挟んで動かそうとしたり、囚われの仲間の脚をつかんで引っ張り出そうとしたりした。引っ張る力があまりに強いため、脚がちぎれるかと思ったほどだ。アリたちは根気よく石と格闘を続け、ついに仲間の救出に成功した。続いて私は一匹のアリに粘土をかぶせ、触角の先端以外の部分を埋めてしまった。仲間たちはすぐにこのアリを見つけ出し、間髪を入れず救助に取りかかった。アリたちは粘土をひとかけらずつ運び出し、あっという間に仲間を掘り出してしまった。これとは別の折に、私は等間隔をあけて歩くアリたちの小さな行列に遭遇した。私はそのうちの一匹を行列から少し離れた場所に移動させ、頭だけが外に出るようにして上から粘土をかぶせてしまった。多くのアリが通り過ぎていく中、ついに一匹のアリが生き埋めの仲間を発見した。このアリは仲間を粘土の山から引っ張り出そうとしたが、うまくいかなかった。アリは大急ぎで走り去ってしまったので、私はてっきり救出を諦めたものと思っていたのだが、実はこのアリは助けを呼びにいっていたことがわかった。少し間を置いて、一二匹ほどの仲間が駆けつけたからだ。事前に状況を知らされていたのだろう、アリたちは脇目も振らず仲間の救出に着手し、見事に粘土を取り除いてしまった。この行動が本能的なものであるとはとても思えない。これはまさに、高等哺乳動物の中でも人間だけが見せるような、思いやりに基づいた手助けではないか。埋もれた仲間の救出という根気のいる活動にあたってアリたちが見せた興奮と熱意は、同じ状況に置かれた人間が見せるそれとなんら変わりなかった。それも、滅多に起こらないであろう危険に対して、アリたちはこのように対処してみせたのである」。

驚くべき内容ではないだろうか？　近年になって、パリ第一三大学の研究者たちがこれと似たような実験を行った。パリ大学の研究者たちは、軍隊アリではなくサバクアリの一種 *Cataglyphis cursor* を実験に用いた。その方が都合がよかったからだろう。光沢のある黒い外皮に身を包んだ体長七ミリほどのこのアリは、フランスの地中海沿岸地域に広がる砂地で採集することができる。性格は非常におとなしく、実験室での暮らしにもすぐに慣れてくれる。研究者たちは、一匹のアリの腹柄節《ふくへいせつ》――胸部と腹部の間にあるくびれの部分――にナイロン糸を巻きつけ、この個体を紙の上に固定してしまった。仲間のアリたちがこの囚われの個体を（理論上は）絶対に救出できないようにすることで、駆けつけた救助隊の粘り強さを観察するのがこの実験の主旨である。紙に縛りつけられた個体は、体の前半分だけが露出するような形で小石混じりの砂に埋められた。あとは一三〇年前のトマス・ベルトと同じように、仲間のアリたちが通りかかるのを待ち、そこで起こる出来事を観察するだけだ。インターネット上で見ることのできるこの実験の映像は、ベルトの記述が決しておおげさではなかったことを証明している。

実験開始直後は特に変わったこともなく、囚われのアリは寂しそうに助けを待っていたが、やがて一匹の仲間が近寄ってきた。このアリは砂に埋もれた個体を触角でそっとつつくと、すぐに救助に取りかかった。そこに別の仲間たちも合流し、本格的な救助活動が始まった。大粒の砂利を大あごでどける救助隊員もいれば、穴を掘る犬がするように、前脚で細かい砂をかき出す救助隊員もいる。埋もれた個体の脚をつかんで引っ張り出そうとするアリもいたが、効果がないことを悟ったのか、すぐに止めてしまった。特筆すべきは、砂が取り除かれた後に起きた出来事だ。アリの全身があらわになり、その体を紙に固定している罠の存在が明らかになると、救助隊は一斉にナイロン糸をかじり始めたのだ。ついには紙の裏側にある結び目にまで噛みつき始めた。囚われのアリを救出させまいとする研究者たちの努力にもかかわらず、救助隊は幾度となく仲間を解放してみせた。

この行動は果たして何を意味しているのだろうか？　第一に、囚われのアリが仲間に危機を伝えていることが見て取れる。窮地に陥った人間が声や身振りを駆使して助けを求めるように、囚われのアリは警報フェロモンのような化学物質——アリが最も得意とする交信手段——を用いて助けを求めると考えるのが妥当だろう。では、化学物質の信号を受け取った救助隊員たちは、トマス・ベルトが言うように、囚われの仲間の境遇に心を痛めているのだろうか？　類人猿にさえ思いやりの存在を認めたがらない学者が多数いる現代において、アリの個体同士の思いやりを語ることは、ともすれば嘲笑の的になりかねない。たしかに、人間の感情をそのまま昆虫に当てはめようとするのはいささか性急だろう。この実験だけでは、アリが本当に相手の苦しみに胸を痛めて手を差し伸べたのか、それとも、単に救難信号によって救助の衝動のようなものがかき立てられたから行動したのか、判断することはできない。

とはいえ、この研究は救助活動が単なる反射によるものではないことを証明している。研究者たちが言うように、救助要請信号が助けにきたアリたちを触発し、「脚を引っ張る」「砂をかき出す」といった行動を引き起こしたと考えるのはたやすい。しかしそれだけでは、ナイロン糸に噛みついた救助隊の行動に説明がつかない。しかも救助隊は、紙の裏側にまで回り込んでいるのだ。反射とはかけ離れたこれらの柔軟な行動は、アリたちが仲間を助け出すという目的を念頭に置いた上で、その目的を果たすため、状況に応じた様々な決断を下していることをうかがわせる。そもそも研究者たちの分析によれば、救助に駆けつけた各個体は、直前に自分がとった行動を考慮しながら、状況に応じて対応を変えているという。それはつまり、アリたちが記憶力を駆使しつつ、状況の変化も把握しているということだ。さらには、救助行動も個体により異なっている。要請があればすぐに駆けつける優秀な隊員がいる一方で、救難信号を検知しても動こうとしない未熟な隊員もいたのである。最後に、その後行われた別の実験によって、アリたちが同じコロニーの仲間しか救助しないことが発覚した。縛られているのが見ず知らずの個体であれば、アリたちは無情にもその横を素通りしてしまう。たとえそれが同種のアリであったとしてもである。利他主義も、相手は選ぶということだ。これらの観察記録は、アリたちによる救助活動が単なる反射の帰結ではないことを示す数々の手がかりを提供してくれる。行動の個体差、目的意識、記憶力、学習、柔軟性といった特徴がその証拠だ。こうして考えると、かなり複雑な行動ではないだろうか？
しかしながら、アリたちを駆り立てているのが人間にとっての「共感」と同じものであると断定するには、証明しなければならないことが山ほど残されている。一方で、トマス・ベルトは躊躇なく次のように熱弁している。「もし人間にアリのすばらしい言語を学ぶことができたのなら、アリたちが［行動だけでなく］精神面においても人間と同等の存在であることが明らかになるかもしれない」。残念ながら、アリたちがその小さな体で実際に何を感じているのかを知ることはできない。人間である以上、私たちは人間の感覚を通してしかアリを理解することができないのだ。

だが、進化の観点からこの行動の起源を探る道は残されている。研究者たちによれば、救助活動を行うアリは複数種いるものの、すべての種がこれに該当するわけではない。この能力はどうやら種の生態に関係しているようだ。生態とはすなわち、それぞれの種が生息する環境に特有の条件である。救助活動に長けたアリたちは、地盤がもろく、地下に掘られた巣の通路が崩落しやすい砂地に多く生息している。パリにある建物の半分が周期的に崩落するとしたら、住民はどのような対策を講じるだろうか？　仲間を救助する能力が進化によって発達したとしても、なんら不思議はない。この能力は、コロニーの存続を左右するのである。

ちなみに救助活動を実践するアリの種の多くは、ある恐ろしい捕食者が棲む地域に暮らしている。その捕食者とはアリジゴクのことだ。フランス語で「アリのライオン」を意味するその名のとおり、アリジゴクはアリにとって恐るべき天敵である。ただしその外見には、ライオンのような威厳はみじんもない。その正体は、柔らかい体に二本の小さな脚と突起だらけの巨大な大あごを備えたある昆虫の幼虫である。お世辞にも美しい姿とはいえない。皮肉なことに、アリジゴクは羽化するとトンボに似た外見の優雅な有翅《ゆうし》昆虫、ウスバカゲロウへと変身する。アリジゴクは砂に潜った状態ですり鉢状の落とし穴を掘り、獲物を待ち構える。罠にかかった獲物は容赦なく穴の底に引きずり込まれる。映画『スター・ウォーズ』のファンなら、主人公たちが転落したカークーンの大穴の底に潜む巨大な怪物サルラックを思い浮かべることだろう。現実は映画よりもさらに過酷だ。アリが砂の斜面を滑り落ち始めると、大あごをめいっぱい広げたアリジゴクが穴の底から姿を現し、二本の脚を器用に使って獲物に砂を投げつける。砂をぶつけて標的を転落させようという魂胆だ。もしこの小さな怪物の棲み家を見つけたら、小枝を使ってアリが罠にかかったように見せかけ、砂を投げる行動を誘発してみるといい。アリジゴクの狙いがいかに正確であるか、その目で確かめられるはずだ。さて、アリの運命に話を戻そう。アリジゴクの大あごに捕まったアリは、半分砂に埋もれた状態で暴れることしかできない。奇しくも先ほどの実験とそっくりな状況である。事実、アリジゴクに捕まったアリが化学物質の救難信号を発すると、実験のときと同じように救助隊が駆けつけてくる。ここでもまた、救助隊は状況に応じた行動をとってみせる。自分自身が引きずり込まれてしまわないよう、すり鉢状の穴の縁に後ろ脚をかけて仲間を引っ張り出そうとする個体もいれば、大胆にも穴の中に飛び込んでアリジゴクに毒針を突き刺そうとする勇敢な個体もいる。ハリウッド映画も顔負けの救出劇ではないか！

地球上では何千万年も昔から、小さなアリたちによるこうした助け合いと思いやりの光景が繰り広げられていた。ハリウッドはおろか人類が誕生するずっと以前から、この物語のヒロインたちは、恐ろしい怪物に捕えられた仲間を命懸けで救出していたのである。

パルナサス博士の鏡

オドレー・デュストゥール

一九二五年、あるベルギー人の医者が狩りに向かうマタベレアリ属（*Megaponera*）のアリの行列から一匹の個体をつまみ上げ、五〇センチほど離れた砂地に埋めた。すると、アリは助けを求めるかのように、か弱いながらも鋭い鳴き声を発した。数分後、この医者は多くのアリが行列を離れ、手際よく仲間を掘り起こす光景を目の当たりにした。前章で登場したサバクアリの仲間 *Cataglyphis cursor* と同じく、このアリも狩りの最中窮地に陥った仲間を見捨てはしないということだ。だが、このアリの特殊技能は救助活動にとどまらない。

マタベレアリ（*Megaponera analis*）は、アフリカ大陸のサハラ砂漠以南の地域に生息するアリだ。マタベレアリという名前は、ジンバブエ共和国に住むマタベレ人（ンデベレ人）に由来している。一九世紀初頭、ジンバブエ西部のマタベレランドに居住したこの民族は、南方に特殊部隊を派遣して地域住民の虐殺や支配を行った。マタベレアリはというと、こちらはシロアリの巣に向けて襲撃部隊を送り込む。以前にも紹介した中央アフリカのカメルーン北部に暮らすモフ人は、マタベレアリのことを

「グラ」と呼んでいる。モフ人の伝承によれば、このアリは時の流れを加速させる。グラを一匹殺せば一日は早く過ぎ去り、仕事もその分楽になる。「モフ人と昆虫たち」という論文には、モフ人がグラを嫌う理由が書かれている。このアリは、モフ人がせっかく仕掛けたシロアリ捕獲用の罠を荒らしてしまうのだ。

マタベレアリは、襲撃部隊を編成する前に偵察役のアリを放ち、縄張り内に獲物がいるかどうかを調べる。偵察役のアリは五〇メートル以上も離れた場所まで獲物を探しにいくが、決して辛抱強い性格ではない。一時間ほど歩き回って何も見つからなければ、早々に諦め手ぶらで帰ってきてしまう。幸運にも坑道を建設中のシロアリの群れを発見した場合、偵察役のアリは全速力で巣に引き返し、襲撃部隊を招集する。数分後、このアリは二〇〇匹から六〇〇匹ほどのおなかを空かせた仲間たちを引き連れて巣から出てくる。偵察役のアリが率いる狩りの行列は、まるで士気を高めるために歌いながら歩く軍人のように、鋭い鳴き声を発しながら進軍する。その音は、数メートル離れた場所からでも聞き取れるほど大きい。襲撃部隊は体長〇・五センチほどの小型個体と、大きいもので体長二センチに達する大型個体とで構成される。シロアリの巣の建設現場に到着すると、大型個体は頑丈な坑道の入口を破壊して、小型個体が侵入するための穴をあける。小型個体はシロアリを仕留めてその死骸を坑道の外に運び出し、大型個体がそれを自分たちの巣まで運んでいく。

とはいえ、何もかもが順調にいくわけではない。シロアリも必死で巣を守ろうとするからだ。鋭い牙を持つシロアリは、侵入者に容赦なく噛みついてくる。シロアリに襲われて脚を一、二本失ってしまうアリも珍しくない。脚を噛みちぎられる前にとどめを刺したとしても、食い込んだシロアリの牙はそう簡単には外れず、アリはシロアリの死骸を引きずって歩く破目になる。負傷したアリは、警報フェロモンを発散して助けを求める。周囲を徘徊していた仲間は、触角でこの救難信号を感知すると、急いで負傷者のもとに駆け寄り、触角の先端で患者の容態を確認する。仲間が触診を始めると、負傷したアリは脚をたたんで体をまるめ、胎児のような姿勢をとる。救助にきたアリは、この悲運な負傷者を担いで巣まで運んでいく。

コートジボワール共和国のコモエ国立公園を訪れていた研究者たちは、ある日不注意からアリの行列を踏みつぶしてしまった。すぐに救助隊が駆けつけ、負傷したすべてのアリの容態を確認して回った。ところが、運ばれていったのは辛うじて生存の可能性がある個体だけだった。この奇妙な現象を目撃した研究者たちは、シロアリとの戦いが繰り広げられている戦場のそばに二本ないし五本の脚を切除したアリを放置し、アリたちの対応を観察することにした。その結果、軽症の個体は巣に運ばれていったが、重症の個体は救助されることなくその場に置き去りにされてしまった。アリ同士のやり取りを注意深く見ていると、どうやら救助隊は戦いで負傷したすべてのアリを分け隔てなく助けようとしていることがわかった。脚を二本失った個体は、起き上がって救助を要請すると、体をまるめて搬送体勢をとった。これとは対照的に、脚を五本失った個体は地面に伏せたまま身じろぎせず、救助隊が近づいてくると激しく暴れて搬送を拒否した。このような抵抗にあった救助隊は、この患者を見捨てていくほかなかった。

脚を怪我した個体やシロアリの死骸を引きずった個体が歩いて巣を目指す場合、三匹に一匹は道中で命を落とすことになる。脚を二本失った個体は、欠けた脚で体を支えようとしてひっきりなしにバランスを崩してしまう。シロアリの死骸を引きずった個体は、歩くこともままならない。脚を失った個体は、負傷していない個体が近くにいるととりわけ歩きづらそうに振舞ってみせるという。健常な個体がこの訴えを無視して足早に去っていくと、負傷した個体は置き去りにされないよう演技を止めて加速する。しかしながら、行列はかなりの速度で前進するため、負傷した個体は徐々に引き離されていく。最後はクモの餌食になるか、疲労で行き倒れになってしまうことがほとんどだ。

野外調査で以上のような発見をした研究者たちは、巣の中でどのような治療が行われているのかを調べるため、コロニーを実験室に持ち帰った。脚を一本失ったアリたちのもとにはすぐに仲間が駆けつけ、手当を始めた。このアリは看護師さながらに患者の容態を確認すると、唾液で傷口を念入りに消毒した。また治療にあたるアリたちは、患者の脚に食いついたシロアリの九割を取り除いてみせた。治療を受けたアリたちの実に九〇パーセントが生存し、数時間から数日の療養期間を経て、再び狩りに参加できるようになった。驚くべきことに、脚を二本失った個体は、わずか二四時間のうちに無傷の個体と同じ速度で走れるようになったという。治療の効果を測定するため、研究者たちは脚を失った個体を巣の中および無菌室に入れ、それぞれの経過を観察した。二四時間後、治療を受けられないまま巣の中に放置された個体の八割が死亡したのに対し、無菌室に放置された個体の死亡率は二割にとどまった。

危険を顧みず仲間を助けようとするイルカやチンパンジーと同様に、マタベレアリも比較的小規模なコロニーを形成する。一日にわずか一三匹という出生率の低さから、現存個体の価値は否応なしに高くなる。仲間を助けたとしても驚くにはあたらない。

種子食性のフタフシアリ亜科のアリ *Veromessor pergandei* も危険を冒して仲間を助けようとするが、こちらはマタベレアリとは違い、一日の出生率が六五〇匹にも達する大所帯を形成する。使い捨てにしたところで支障がなさそうな一匹の採餌アリを、なぜ多大な労力をかけてまで救い出そうとするのだろうか? このアリは北米の砂漠地帯に生息している。砂漠に棲んでいるというのになぜか暑さに弱いこのアリは、早朝の涼しい時間帯に二時間だけ外出して餌を探す。採餌アリは、およそ五〇メートルにわたってのびる運搬路上を足早に移動する。道は餌場へと続いており、採餌アリはそこで種子を収穫して巣に持ち帰ると、またすぐに餌場へと向かっていく。この厳しい環境に暮らす生き物はアリだけではない。日が昇ると同時に、「ニセクロゴケグモ」とも呼ばれる *Steatoda*（カガリグモ）属や *Asagena* 属のクモたちが巣から出てきて活動を始める。これらのクモはアリの運搬路上に網を張る。植物に糸をくっつけて作られるクモの罠は、ときにアリの巣の真正面に設置されることもある。餌を探しに出発した採餌アリが、巣の入口付近に張られたクモの網に絡まって宙吊りになることも珍しくない。獲物がかかったとみるや否や、クモはアリのもとに駆け寄ってくる。そうして脚の動きを念入りに封じながら、獲物を糸でぐるぐる巻きにしてしまう。身動きがとれなくなった犠牲者は、繰り返し牙を突き立てられた後、食べられてしまう。満腹になったクモは、アリの死骸を運搬路上に投げ捨てる。場合によっては、アリをその場で食べてしまわずに、糸で身動きを封じたまま保管しておくこともある。アリの日常を形づくるこのような悲劇は、まるでSF作家の想像の世界から飛び出してきたかのようだ。映画『ロード・オブ・ザ・リング』の主人公フロドが大蜘蛛のシェロブに糸でぐるぐる巻きにされる有名な場面が記憶によみがえる。

　運搬路上空に張られたクモの網にかかってしまったアリは、警報フェロモンを放出して助けを求める。するとフェロモンを感知した仲間たちがただちに駆けつけ、命懸けの救助を開始する。助けにきたアリの六パーセントは、自らがクモの餌食となってしまう。この「よきサマリア人」〔新約聖書の一節。困っている人を見捨てずに助けることのたとえ〕の務めを買って出るのは、種子を運んでいない大型の採餌アリたちだ。罠にかかった仲間を発見すると、このアリたちはクモの網めがけて飛びかかる。大あごを開き、脚を前方に伸ばして飛ぶその姿は、さながら忍者のようだ。クモの網に脚を引っかけた救助隊は、体を後方に大きくのけぞらせる。頭を下に向けてぶら下がった救助隊は、運搬路を行き交う仲間をつかんで協力を要請する。こうして、アリたちによる網の解体作業が始まる。救助隊員たちは、道沿いの植物に固定された糸を大あごでつかむと、糸が緩むか外れるかするまで、後ろ向きに歩きながら引っ張っていく。地面に下ろすことさえできれば、網はほこりや汚れにまみれて粘着力を失い、仲間を助け出せる。一匹のアリをクモの網から救出するには、平均して一時間かかるという。

このアリのコロニーでは、毎日二万五〇〇〇匹の個体が種子の収穫に参加している。個体の寿命は長くとも一八日ほどだ。女王はなんと一年間に二三万個もの卵を産む。それならば、なぜ救助隊は多大な危険を冒してまで敵に捕まった姉妹を救出しようとするのだろうか。クモが一日に捕食するアリの数はせいぜい一〇匹程度なだけに、なおさら疑問である。とはいえ、採餌アリは一日に二粒の種子を持ち帰ってくる。その短い一生を通じて、一四の採餌アリは合計三六粒の種子を集めてくるというわけだ。アリには日曜も夏休みもないことを踏まえると、一日に一〇匹の採餌アリを失うことは、コロニーにとって年間一三万一四〇〇粒の種子を失うことを意味する。そう考えると、命を懸けてまで仲間を救い出そうとする価値はあるのかもしれない。

最後の試練　死

死につきまとわれて

オドレー・デュストゥール

死んだ仲間に対してアリたちが払う敬意は、これまで多くの博物学者たちの関心を惹きつけてきた。古代ギリシャのストア派の哲学者クレアンテス（紀元前二三二年没）は、アリが戦死した敵の死骸を相手の陣営に持ち込み、餌と交換する光景を目撃したと伝えている。クレアンテスによれば、交換が成立するまでには長い交渉があったという。アリたちが仲間の死骸に一定の価値を認めている証拠だ。この観察から二〇〇〇年後の一八八五年、フランスの昆虫学者エルネスト・アンドレはこう記している。

「すべての種とはいわないまでも、ほとんどの種のアリがれっきとした墓地を造成する。にわかには信じがたいことだが、これは最も信頼のおける博物学者たちから寄せられた多くの厳正な観察結果に裏づけられた、紛れもない事実である。通常、墓地は巣のすぐ近くに築かれ、埋葬以外の用途には用いられない。運ばれてきた死骸は、いくつもの小さな山に積み分けられるか、あるいは大まかに左右対称の列をなすようにして並べられる。特筆すべきは、アリが埋葬するのは死んだ仲間だけであるという点だ。仲間の死骸は丁重に扱われ、辱めを受けることなく安息の地へと運ばれる。一方、個体同士の闘いやコロニー間の争いで命を落とした敵の死骸は、これとはまったく異なる扱いを受ける。戦死した敵の死骸は、汚らわしいもののごとく打ち捨てられたり、腹を裂かれてばらばらにされたりするのだ。アリたちは敵の死骸から血液をたらふくすすった後、ちぎれて原型を失った脚の残骸をごみ捨て場に捨てにいく。その様子は、戦争で捕えた憐れな捕虜をむさぼり、いまわしい饗宴が終わると、歯型のついた残骸を風吹きすさぶ野に投げ捨てる食人種の風習を想起させる」。

現在では、アリたちが死者に対する敬意のためではなく衛生上の理由から、仲間の死骸を巣からなるべく離れた場所に積みにいくことがわかっている。この行動は、病気や感染症の蔓延を防ぐための防疫措置なのだ。死んだ個体を放置していては、病原体が繁殖しかねない。

それにしても、アリたちはどのようにして仲間が死んだことを認識しているのだろうか。ある日、実験室で飼育していた一匹の採餌アリが巣箱の外で寿命を迎えた。この個体はその場で仰向けに倒れると、そのまま動かなくなった。はじめのうち、仲間たちは死骸に気がついた様子もなく、普段どおり元気に巣の周囲を歩き回っていた。ところが、死後一日から二日が経過し、死骸からある種の化学物質が発散され始めると、周囲にいるアリたちの態度が一変した。ついさっきまで、地面に横たわった単なる動かない物質にすぎなかったはずの死骸が、突如として一刻も早く処理すべき廃棄物に変容したのである。すぐさま一匹のアリが駆けつけて死骸を抱え上げ、かつて死んだ仲間や獲物の残骸が無造作に積まれたごみ捨て場へと運んでいった。著名なアリ学者のエドワード・ウィルソンは、アリの世界で「自分が死んだ」ことを意味する化学物質の正体を特定することに成功した。ウィルソンはあるアメリカのラジオ番組に出演した際、「適切な化学物質を用いれば、死を偽装できるかもしれない」と考えたことを明かしている。ウィルソンは、スカトール（糞便に含まれる物質）、トリメチルアミン（魚が腐ったときに生じる物質）、および人間の汗臭さの原因となる複数の脂肪酸を用いて検証を行った。数週間にわたる検証の期間中、彼の研究室には、下水とごみ捨て場とジムの更衣室の臭いを混ぜたような悪臭が立ち込めていたという。この実験により、ウィルソンはアリの世界で「死」を意味する物質がオレイン酸であることを突き止めた。このことを証明するため、ウィルソンは折悪しく巣に帰ろうとしていた一匹の採餌アリにオレイン酸を塗りつけ、その様子を観察した。このアリは駆けつけた仲間に無理やり抱えられ、アリの死骸が無数に積み上げられたごみ捨て場へと運ばれていった。状況がさっぱり飲み込めない採餌アリは、もう一度巣に戻ろうとして起き上がった。しかし何度挑戦しても、必ず仲間の誰かに行く手を遮られ、ごみ捨て場へと戻されてしまう。二時間あまりにおよぶ入念な身づくろいの末、このアリはようやく腐敗臭から解放され、巣に帰ることができた。アリの世界では、「死」は目ではなく鼻で感じるものなのである。

自然環境下では、女王アリは数十年もの間生き続けるが、採餌アリは数ヶ月ほどで死んでしまう。では、もし採餌アリを女王アリと同じ安全な環境で飼育したとしたら、その寿命はどう変化するだろうか？　数年来、筆者は実験室にてアリのコロニーを長寿化させる食事の研究に励んでいた。筆者は砂糖とプロテインパウダーを混ぜて作った何種類もの餌を用意し、それを飼育していた様々な種のアリに与えて経過を観察した。最初の実験台に選ばれたのはヨーロッパトビイロケアリ（*Lasius niger*）だった。研究者たるものの務めとして、筆者は実験を始める前に、このアリの寿命について書かれた論文にひととおり目を通した。どうやらヨーロッパトビイロケアリの採餌アリは、自然環境下では二ヶ月足らずで死んでしまうらしい。どうせ二、三ヶ月で全滅してしまうだろうとたかをくっていた筆者は、思い切って大規模な実験を行うことにした。それぞれが二〇〇匹ほどの個体を擁する二〇〇個のコロニーを対象に、特製の餌を試すことにしたのだ。研究においては正確さが肝要であることから、休日も含め毎朝実験室に足を運び、実験対象である四万匹のアリの健康状態を確かめることにした。そうすれば、どの個体が何月何日に死んだかを正確に把握することができる。

　ジムのトレーナーがとるような、タンパク質を大量に配合した食事を与えた個体は、最初の二ヶ月で全滅してしまった。一方、タンパク質をほとんど含まない糖分中心の食事を与えた個体は、なんと四〇〇日以上も生き延びた。そのせいで筆者は、五月一日《メーデー》と七月一四日〔フランス革命記念日〕と二度のクリスマスと二度の年末を、実験室でアリたちとともに過ごす破目になった……。四一八日も生きた最年長個体のことが心底憎らしかった。日曜の早朝、元気に動き回るこのアリの姿を見て、いっそ殺してしまおうかと考えたことも少なからずある。この実験からは三つのことがわかった。第一に、研究を仕事にするからには自己犠牲の精神が必要であること、第二に、プロテインパウダーを摂取しすぎると体を壊すということ、そして第三に、食糧調達という危険な任務がなければ、採餌アリはとても長生きできるということだ。筆者の研究チームはこれまでにおよそ一〇種のアリを対象に同様の実験を行ってきたが、結果はいずれもこの発見を裏づけるものだった。実験室で飼育した採餌アリは、野生の採餌アリの一〇〜二〇倍も長生きする。

自然環境下では、老衰で死ぬアリは滅多にいない。採餌アリには、引退後に巣の中で送るバラ色の老後生活などないのだ。ほとんどの場合、アリたちは無残な最期を遂げる。巣に帰るのが遅くなりすぎたり、途中で道に迷ったりすれば、飢えと渇きによる死が待っている。ほかにも、敵対するアリの毒針に貫かれたり、舌の肥えた鳥についばまれたり、花屋に殺虫剤を撒かれたり、ホラー映画に出てきそうな菌に寄生されたり、血も涙もない捕食者に捕まってばらばらにされたり、牛の群れに踏みつぶされたり、実験好きな子どもに虫メガネで焼かれたり、機嫌の悪い庭師に水責めにされたり、家族のために犠牲になったりと、その死に様は枚挙にいとまがない。危険はいたるところに潜んでいるため、一ヶ月以上生存できる採餌アリはほとんどいない。はかない命かもしれないが、その一生は人間には想像もつかないような冒険で満ち溢れている。この小さな昆虫は、家族を養うために計り知れない危険を冒す。巣と餌場を結ぶ果てしのない往来は、自らのコロニーを存続させるだけでなく、数多くの植物の繁栄に役立ち、土の呼吸を助け、ある種の動物を絶滅から守っている。あなたが一匹のアリを踏みつぶしたとき、一篇の壮大な叙事詩が終わりを告げる。コロニーはまるで何事もなかったかのように活動を続けるだろう。新しい採餌アリがその穴を埋め、踏みつぶされた小さな命はすぐに忘れ去られる。アリたちは墓を作りはするが、もう二度と帰ることのない仲間の偉業を称えて葬儀を行うことはしない。けれど、忘れないでほしい。あなたの靴底の下に眠るのは、勇敢な冒険家であり、恐れ知らずの戦士であり、一途な女性であり、心優しき姉であり——一言でいえば、スーパーヒロインなのである。

おわりに

アントワーヌ・ヴィストラール、オドレー・デュストゥール

一八七三年、ダーウィンは次のような一節で『種の起源』を結んでいる。

「この生命観には荘厳さがある。［…］重力の不変の法則にしたがって地球が循環する間に、じつに単純なものからきわめて美しくきわめてすばらしい生物種が際限なく発展し、なおも発展しつつあるのだ」〔渡辺政隆訳、光文社古典新訳文庫より引用〕。

この本で紹介したのは、これら驚くほど多様な生物種のほんの一部にすぎない。地球上で発展してきた何百万種もの生き物のうち、ここでは動物しか取り上げていない。何百万種にも上ると推計される動物のうち、ここで扱ったのは昆虫だけである。動物全体の八五パーセントを占める昆虫のうち、この本ではアリにしか触れていない。現在確認されている一万三八〇〇種のアリのうち、この本に登場したのはわずかに七五種のみである。そのごく限られた選択の中でも、この本では採餌アリだけに光を当ててきた。採餌アリがコロ

ニー全体に占める割合は一割程度にすぎない。さらにはその採餌アリの生活でさえ、ほんの一部分しか覗いていない。

しかしながら、こうして生命の営みをほんの少し覗いただけでも、驚くほど多様な形態、大きさ、色、習慣、世界観を感じることができる。メダマハネアリとサスライアリの世界がどれほどかけ離れたものであるか、想像してみてほしい。優れた視力を持つメダマハネアリは単独で行動し、跳躍を得意とする。用心深い性格で、わずかな気配も見落とさないよう常に周囲に気を配っており、道順と景色を記憶することができる。一方のサスライアリは、目が見えない代わりに嗅覚が発達しており、無数の姉妹とともに間断なく進み続ける。その足取りにためらいはない。一心に仲間のにおいを追いながら、自分でも仲間を導く道しるべとなるにおいを地面に残していく。コロニーの内部に限ってみても、一匹として同じ個体はいない。うぶで内気な新米もいれば、過去の記憶で頭がいっぱいになった老兵もいる。「アリ」という言葉の裏には、無数の顔が隠れているのだ。

残念ながら、私たちにはこの小さな生き物が生きる世界の豊かさを想像することしかできない。私たちには、人間の知覚や認識の壁を越えて世界を感じることはかなわない。この本で取り上げた数々の研究は、アリという小さな生き物の世界を彩る感覚の豊かさを知る手がかりを与えてくれる。このような知識は、生物に対する謙虚さと深い尊敬の念を私たちの心に呼び起こしてくれる。

以上のような理由から、私たちの遠い親類であるこの小さな生き物たちについて知るきっかけを与えてくれた研究者、自然科学者、博物学者たちに謝意を表したい。悲しいことに、これらすべては急速に失われつつある。研究が段々と博物学から遠ざかり分子レベルへと移行していくかたわらで、私たちが生きる環境は消滅の一途を辿っている。急激に加速する森林破壊や都市化、人口増加、集約型農業の波にのまれ、すでに数えきれないほどの放浪記が失われてきた。いくつもの謎や伝説を内に秘めたまま——。

訳者あとがき

本書は二〇二二年にフランスのグラッセ社より刊行された*L'Odyssée des fourmis*の全訳である。題名のとおり、私たちにとっても身近な生き物であるアリの生態を旅に見立てて紹介した本だ。本書には世界各地に生息する七五種のアリが登場し、環境によって異なる行動、形態、能力、感覚、個性、コロニー内での役割分担やコロニー同士の関係などが軽妙な口調で語られる。各章はアリの種ではなく行動内容をもとに区分されており、特定の行動をめぐるアリたちの様々な生態が対比されている。一般向けにわかりやすく書かれた本であり、アリのことをまったく知らない読者でも楽しく読み進められる。

本書の主役は「採餌アリ」と呼ばれる、食糧調達の役目を担うアリたちである（採餌アリはすべてメスであるため、作中ではヒーローではなくヒロインと表記される）。餌の調達はまさに命懸けだ。天敵や他種のアリに襲われたり、事故に遭ったり、道に迷って帰れなくなったりと、巣の外には無数の危険が待ち受けている。過酷な環境下で生きるアリたちは、人間には想像もつかないような独自の生存戦略を発達させてきた。地下でキノコを栽培するハキリアリ、自らの体でイカダを作り洪水を生き延びるヒアリ、世界一の痛みを引き起こすサシハリアリなど、進化がもたらした工夫や知恵の数々には目を見張るものがある。しかもその活動は、自分たちのコロニーだけでなく、生態系全体の存続を支えている。実に一万種以上もの植物が、種子の散布をアリに頼っているというのだ。

ここで著者の二人について簡単に紹介しておこう。アントワーヌとオドレーの二人は、ともにフランス南西部の都市トゥールーズにあるトゥールーズ第三大学に籍を置くアリ学者だ。アントワーヌは男性の研究者で、神経の仕組みから動物の行動を解明する神経行動学の専門家である。3Dやバーチャルリアリティーといった最新技術から、昔ながらの地道な野外調査まで、幅広い手法を用いて研究を行っている。オドレーは女性の研究者で、アリ学者として以外に、フランスにおける「粘菌」研究の第一人者としても知られている。北海道大学とも共同で研究を行っており、来日ついでに各地を旅行して回る大の親日家だ。本文中にもたびたび「刀」や「回転ずし」といった日本語や、日本にまつわる話が登場する。本書の導入部を執筆したマチュー・ヴィダールは、科学をテーマにしたラジオ・テレビ番組のプロデューサー兼司会者である。冠ラジオ番組の *La Terre au Carré*（「地球×地球」）では、平日の昼間に毎日一時間、専門家を招いてエコロジーに関する様々な問題を取り上げている。専門性の高い内容をこれだけの頻度で発信する手腕とその知見の広さには、ただただ脱帽である。

同じアリ学者とはいえ、二人の研究領域はまったくといっていいほど異なっている。オドレーは主にアリの集団行動を研究しており、フェロモンを用いて仲間と交信する種のアリを研究対象としている。これに対し、アントワーヌは個体としてのアリの知性に着目し、化学物質を用いることなく単独で狩りに出かける種のアリを研究対象としている。さらにいえば、オドレーはコロニー全体の状況が把握できる実験室内での観察を好み、アントワーヌは自然環境下での個体の学習プロセスが観察できる野外調査を好む。もっとも、これには両者の研究対象となるアリの棲み家も大きくかかわっている。オドレーの専門分野の一つである侵略的外来種が大学構内に棲みついているのに対し、アントワーヌの研究するアリは、主に砂漠地帯に棲んでいるからだ。ともあれ、こうした二人の視点の違いが文章に起伏を与えていることは間違いない。書き手が入れ替わることによって、ちょうどたて糸とよこ糸が交わるようにお互いの視点が交差し、個体としてのアリと集団としてのアリという二つの図柄が見事に描き出されていく。本書はアリに関する本としては異例の大ヒットを記録した。

フランスでこの本が受け入れられた背景について、ここで少し補足しておきたい。近年、フランスでは生物への関心が急速に高まりつつある。その背景にあるのが、気候変動や生態系破壊といった環境問題の深刻化だ。メディアは毎日のようにこれらの問題を報じており、「気候変動」という単語を耳にしない日がないほどである。日々の暮らしの中でも環境に対する個人の意識は高まっており、肉を食べる量を減らす、地産地消を心がける、車を使わずに徒歩や自転車で移動するといった行動は、広く社会に浸透しつつある。環境問題はいまや生活と密接に結びついた身近な問題となっているのだ。

こうした意識の変化は法律にも反映され、二〇二四年には、生ごみの分別・回収を義務づける法律が施行された。生ごみを回収する共用の堆肥作り《コンポスト》容器が街角や集合住宅の共用部に設置され、住民はそこに家庭から出た生ごみを投入する。実はこのような堆肥作りの仕組み自体は、法律制定以前から市民の手で自主的に導入されてきた。法制化は、市民の取り組みが国全体に波及した結果ともいえるだろう。生態系や生物多様性をめぐっては、フランス社会は大きな変化の只中にある。

そんな中注目を集めているのが、動物行動学という学問だ。動物行動学とは、その名のとおり動物の行動や習性を対象とする学問のことである（当然、そこには昆虫も含まれる）。動物の体の構造や機能を解剖学的に分析するのではなく、動物が見ている世界やその行動原理に迫ろうとすることがその大きな特徴だ。これは動物の行動を研究する学問の総称であり、広い意味では本書の著者たちも動物行動学者に該当する。なぜ、いま動物行動学なのか？　それは、この学問の研究者たちの興味が、単に自然を分類することとは別のところにあるからだろう。動物行動学の創始者の一人であるコンラート・ローレンツ（一九〇三－一九八九）は、様々な動物と生活をともにしていた。彼は二〇年以上にわたりコクマルガラスの群れと同居し、ガンの鳴き声をそっくりまねることもできた。ローレンツにとっては、学術的な研究の意義よりも、動物に対する興味自体の方がはるかに勝っていた。生き物が暮らす世界に歩み寄ろうとするこのような姿勢こそが、動物行動学が注目を集める理由である。自然と人間という二項対立の関係性自体が問われているのだ。

現代のフランス人思想家バティスト・モリゾは、他の生物との関係構築を外交になぞらえている。先ほど紹介した堆肥作り《コンポスト》も、モリゾにとっては微生物との関係を築く立派な外交活動だ。ごみとして捨てれば焼却されてしまう野菜くずも、堆肥作り《コンポスト》をすれば肥料に生まれ変わる。有機物の分解を担っているのは土中の微生物たちであり、自分が食べ残したごみはそのまま微生物の食事になる。外食が続けば、必然的に微生物たちの食事も減ることとなり、心のどこかに罪悪感が芽生える。さらには台所の大敵であるカビも、良い土づくりには欠かせない宝物となる。このように、土中の微生物と外交関係を築くか否かによって、世界の見え方はがらりと変わってしまう。もちろんアリの観察も、アリの世界に歩み寄り、アリとの関係を構築しようとする行為の一つだ。

本書の魅力を語る上で欠かせないのが、昆虫学者たちの存在だろう。アリの行動はもちろんだが、それを観察する人間の行動も負けじと面白い。本文中にたびたび登場するジャスティン・シュミットは、昆虫に刺されたときの痛みを自らの体で味わい、その痛みを数値化した「シュミット指数」を作り出した。「痛み」という主観的な情報を伝えるために比喩を交えた評価をつけ加えるところなどは、痛みのソムリエを思わせる。蝶類学者のゲイリー・ロスは、アリがチョウの幼虫を地中にかくまう様子を見守るため、滞在先のメキシコの山中で夜通し観察を行った。夜な夜な山に分け入るロスの行動は、現地住民から大いに不審がられたという。「調査では、ときに人の目を気にしない度胸も必要となる」と、本書の著者の一人アントワーヌも書いている。

昆虫学者の行動はなぜ奇妙に映るのだろうか？　それはおそらく、昆虫学者たちが人間の常識にではなく、昆虫の常識に合わせて行動しているからだろう。昆虫学者たちは、観察を通じて昆虫が見ている世界を知ろうと躍起になる。昆虫が知覚しているもの、あるいは昆虫の行動を導いている誘因は、人間の目には見えない。それらを理解するには、人間の論理を離れ、昆虫の論理を一から学ぶ必要がある。見方によっては、昆虫に教えを乞う行為ともいえる。

アリを観察することは、アリの知恵を学ぼうとすることでもある。これは、人間以外の生物の行動を単なる反射の結果ととらえる従来の西欧的自然観とは真っ向から対立する姿勢だ。それどころか、本書に登場する研究者たちは、生物の世界にただならぬ奥行きを見出し、その神秘に敬服しているようにさえ見える。そのような視線があるからこそ、研究者たちはアリの行動に微細な差異を発見できるのだろう。たとえば、クワガタアリの跳躍距離が目的（狩りか逃走か）によって異なることに気づくためには、アリの意図を読み取ろうとする視線が不可欠である。そう考えると、仮説を立てて実証を重ねる行為は、アリとの対話のようにも思えてきはしないだろうか。対話を通じて、アリの世界の風習を学ぶのである。

知識としてアリの生態を知ることと、このような対話によってアリの風習を学ぶことと の間には、なお大きな隔たりがある。ウツボカズラを探して湿地帯を歩き回る学生、炎天下の砂漠で砂ぼこりにまみれながらアリを吹き飛ばすアントワーヌ、往来するアリの数を一年がかりで数えるオドレー——「調査結果をお目にかける前に、それがどのような苦労と引き換えに得られたものであるかを伝えておくことは、無駄ではないように思う」とアントワーヌは書いているが、このような研究者たちの姿勢には、そこから得られた知識以上に読者の心を打つものがある。アリの生態に関する知識は、観察者がアリと同じ時間を過ごすことによって得られたものに他ならない。傍から見ればほんの些細な発見にさえ、膨大な時間と労力が費やされている。人間の予想を裏切るアリたちの不可解な行動に振り回されながら、研究者たちは想像力を逞しくしていく。そうして生み出される奇怪な実験装置の数々は、研究室の同僚ですら目を疑うような代物だ。アリに振り回される研究者たちは、みな生き生きしている。そのような過程を経てようやく得られた調査結果は、アリの行動原理を解剖するための無機質な知識などではなく、観察者たちがアリとともに過ごすことで学び取った「生きた知」といえるだろう。いわばアリの世界に入るためのパスポートのようなものだ。

本書の翻訳を始めたとき、訳者はアリのことなどまったく知らなかった。しかし、それこそ毎日のようにアリの話を聞かされては、いやでもアリという生き物に興味が湧く。五月になって、その年最初のアリの姿を見かけたとき、それが多大な危険を冒して外の世界を探索するメスの採餌アリであることを思って、おのずと胸が熱くなった。アリを追って地面に顔を近づければ、それまで見えていなかった足元の世界が目に飛び込んでくる。地表を覆う幾種もの草花や、湿り気を帯びた土のにおいや、アリと同じ場所で暮らすダンゴムシたちに、世界の広さを感じさせられた。夏がきてアブラムシの活動が活発になると、甘露《かんろ》を集めるアリたちに遭遇した。「これがあのアブラムシ農家か」と目をまるくした記憶がある。アブラムシを狙う一匹のテントウムシが葉に降り立つと、二、三匹の採餌アリがそれまで見たこともない速さで駆けつけ、あっという間にこの不届き者を追い払ってしまった。ちょっとした強盗未遂事件を目撃した心境である。一一月に入りアリの姿を見かけなくなるまで、足元ばかり気にして歩いていたように思う。

アリが人間を惹きつけてやまないのは、両者がともに巨大な社会を形成して暮らす社会性動物だからだろう。古代ギリシャの哲学者たちは、アリの中に最上の美徳を見出してきた。時代が進むにつれ、人間とアリの驚くべき類似の数々が明らかになってきた。農業や畜産はもとより、略奪や奴隷化といったいわゆる悪徳に分類される行為から、偏光やマジックテープの原理の発見といった科学的分野にいたるまで、人間とアリの共通点は多岐にわたる。もしかしたら人間の文化というのも、人間が思うほどに特別なものではないのかもしれない。思いやりや共感といった特性でさえ、動物に備わった生得的資質である可能性は十二分にあるのだ。生物の世界の広がりは果てしなく、その謎を解明するためには想像力の飛躍が必要となる。アリとの知恵比べに四苦八苦する研究者たちの様子に人間らしさを感じたのは、訳者だけではないはずだ。一匹のアリの死に心を痛める人もいる。生き物としてのヒトとは何なのか、改めて考えさせられる本である。

訳出にあたり、著者のオドレー氏とオンラインで話す機会を得た。とても気さくな方で、訪日の際の話や構想中の作品の話などについて、ざっくばらんに伺うことができた。氏はよく小学校や老人ホームなどに赴いて講演を行っているという。「科学に興味を持ってもらうきっかけをつくることも、科学者としての大切な務めだ」と言っていた。またアントワーヌ氏には書面にて訳者の質問に回答いただき、本文の不明点ほか、エコロジーをめぐる昨今のフランスの視点についてご教示いただいた。余談ではあるが、氏の苗字は非常に珍しい。ポーランド・ドイツ国境にまたがるシレジア地方の苗字をドイツ語読みしたもので（正確にはヴュストラールという音に近い）、フランス人にはまず正しく発音できないそうだ。

訳者の質問に丁寧に答えてくれた著者の二人に、この場を借りてお礼申し上げたい。またアリに関する専門用語等は、九州大学の丸山宗利氏に監修いただいた。本書の翻訳を始める前に氏の著書を読み、その研究姿勢やフィールドワークの面白さに引き込まれたことは記憶に新しい。こうして同じ作品にかかわることができ、訳者冥利に尽きる。

山と溪谷社の宇川 静氏には、企画から出版にいたるまで大変お世話になった。ここに厚くお礼申し上げたい。

丸山 亮

二〇二四年一〇月一二日

参考文献

ADAMS, B. J., HOOPER-BÙI, L. M., & STRECKER, R. M. (2011). Raft formation by the red imported fire ant, Solenopsis invicta. *Journal of Insect Science*, 11(1).

ADAMS, E. S. (1990). Interaction between the ants Zacryptocerus maculatus and Azteca trigona: interspecific parasitization of information. *Biotropica*, 200-206.

ADIS, J. (1982). Eco-Entomological observations from the Amazon: III. How do leafcutting ants of inundation forests survive flooding ?. *Acta Amazonica*, 12(4), 839-840.

ALI, T. M., URBANI, C. B., & BILLEN, J. (1992). Multiple jumping behaviors in the ant Harpegnathos saltator. *Naturwissenschaften*, 79(8), 374-376.

ALLIES, A. B., BOURKE, A. F., & FRANKS, N. R. (1986). Propaganda substances in the cuckoo ant Leptothorax kutteri and the slavemaker Harpagoxenus sublaevis. *Journal of chemical ecology*, 12(6), 1285-1293.

ANDRÉ, E. (1885). *Les Fourmis*. France, Hachette.

ATHA, J., YEADON, M. R., SANDOVER, J., & PARSONS, K. C. (1985). The damaging punch. Br Med J (Clin Res Ed), 291(6511), 1756-1757.

BANKS, C. J. (1962). Effects of the ant Lasius niger (L.) on insects preying on small populations of Aphis fabae Scop. on bean plants. Annals of Applied Biology, 50(4), 669-679.

BBC. The infinite monkey cage. Ep11. Fierce creature.

BECCARI, O. (1904). Wanderings in the great forests of Borneo. From the English translation published by Archibald Constable & Co. Ltd, London, reprinted in 1986.

BECKERS, R., DENEUBOURG, J. L., & GOSS, S. (1992). Trail laying behaviour during food recruitment in the antLasius niger (L.). Insectes Sociaux, 39(1), 59-72.

BECKERS, R., DENEUBOURG, J. L., & GOSS, S. (1992). Trails and U-turns in the selection of a path by the ant Lasius niger. *Journal of theoretical biology*, 159(4), 397-415.

BECKERS, R., DENEUBOURG, J. L., & GOSS, S. (1993). Modulation of trail laying in the antLasius niger (Hymenoptera: Formicidae) and its role in the collective selection of a food source. *Journal of Insect Behavior*, 6(6), 751-759.

BELT, T. (1874). The naturalist in Nicaragua. Chapitre II. Reasoning in ants. p 27-28〔トマス・ベルト『ニカラグアの博物学者』長澤純夫、大曽根静香訳、平凡社、一九九三〕.

BEUGNON, G., & MACQUART, D. (2016). Sequential learning of relative size by the Neotropical ant Gigantiops destructor. *Journal of Comparative Physiology* A, 202(4), 287-296.

BOLTON, B. (2003). Synopsis and classification of Formicidae. Memoirs of the American Entomological institute, 71, 1-370.

BONHOMME, V., GOUNAND, I., ALAUX, C., JOUSSELIN, E., BARTHELEMY, D., & GAUME, L. (2011). The plant-ant Camponotus schmitzi helps its carnivorous host-plant Nepenthes bicalcarata to catch its prey. *Journal of Tropical Ecology*, 27(1), 15-24.

BOUCHEBTI, S., FERRERE, S., VITTORI, K., LATIL, G., DUSSUTOUR, A., & FOURCASSIÉ, V. (2015). Contact rate modulates foraging efficiency in leaf cutting ants. Scientific reports, 5(1), 1-5.

BOUCHEBTI, S., TRAVAGLINI, R. V., FORTI, L. C., & FOURCASSIÉ, V. (2019). Dynamics of physical trail construction and of trail usage in the leaf-cutting ant Atta laevigata. *Ethology Ecology & Evolution*, 31(2), 105-120.

BUEHLMANN, C., GRAHAM, P., HANSSON, B. S., & KNADEN, M.

(2014). Desert ants locate food by combining high sensitivity to food odors with extensive crosswind runs. *Current Biology*, 24(9), 960-964.

BUISSON, X. (2015). Baraqueville. Contournement: un avant-goût de délivrance. *La dépêche.*

BURBIDGE, F. W. (1880). The Gardens of the Sun ; Or, A Naturalist's Journal on the Mountains and in the Forests and Swamps of Borneo and the Sulu Archipelago. J. Murray.

BUSCHINGER, A. (1989). Evolution, speciation, and inbreeding in the parasitic ant genus Epimyrma (Hymenoptera, Formicidae). *Journal of Evolutionary Biology*, 2(4), 265-283.

BUSCHINGER, A., EHRHARDT, W., & WINTER, U. (1980). The organization of slave raids in dulotic ants—a comparative study (Hymenoptera ; Formicidae). Zeitschrift fur Tierpsychologie, 53(3), 245-264.

CAMAZINE, S., DENEUBOURG, J. L., FRANKS, N. R., SNEYD, J., THERAULA, G., & BONABEAU, E. (2020). Self-organization in biological systems. Princeton university press.

CARLIN, N. F., & GLADSTEIN, D. S. (1989). The « bouncer » defense of Odontomachus ruginodis and other odontomachine ants (Hymenoptera: Formicidae). Psyche, 96(1-2), 1-19.

CHOMICKI, G., & RENNER, S. S. (2016). Obligate plant farming by a specialized ant. Nature Plants, 2(12), 1-4.

CHOMICKI, G., & RENNER, S. S. (2016). Obligate plant farming by a specialized ant. Nature Plants, 2(12), 1-4.

CHOMICKI, G., KADEREIT, G., RENNER, S. S., & KIERS, E. T. (2020). Tradeoffs in the evolution of plant farming by ants. Proceedings of the National Academy of Sciences, 117(5), 2535-2543.

CLARKE, C. M., & KITCHING, R. L. (1995). Swimming ants and pitcher plants: a unique ant-plant interaction from Borneo. *Journal of Tropical Ecology*, 11(4), 589-602.

CRONE, R. A. (1992). The history of stereoscopy. *Documenta ophthalmologica*, 81(1), 1-16.

CROZIER, R. H., NEWEY, P. S., SCHLUENS, E. A., & ROBSON, S. K. (2010). A masterpiece of evolution–Oecophylla weaver ants (Hymenoptera: Formicidae). Myrmecological News, 13(5).

CZECHOWSKI, W., & GODZIŃSKA, E. J. (2015). Enslaved ants: not as helpless as they were thought to be. Insectes sociaux, 62(1), 9-22.

CZECHOWSKI, W., GODZIŃSKA, E. J., & KOZŁOWSKI, M. (2002). Rescue behaviour shown by workers of Formica sanguinea Latr., F. fusca L. and F. cinerea Mayr (Hymenoptera: Formicidae) in response to their nestmates caught by an ant lion larva. In Annales Zoologici. Fundacja Natura optima dux. 52, 423–431

D'ETTORRE, P., & HEINZE, J. (2001). Sociobiology of slave-making ants. Acta ethologica, 3(2), 67-82.

DARWIN, C., & VOGT, C. (1881). La descendance de l'homme et la sélection sexuelle. C. Reinwald.

DEJEAN, A., & BASHINGWA, E. P. (1985). La prédation chez Odontomachus troglodytes Santschi (Formicidae-Ponerinae). Insectes sociaux, 32(1), 23-42.

DEJEAN, A., CORBARA, B., & OLIVA-RIVERA, J. (1990). Mise en évidence d'une forme d'apprentissage dans le comportement de capture des proies chez Pachycondyla (= Neoponera) villosa (Formicidae, Ponerinae). *Behaviour*, 175-187.

DEJEAN, A., LEROY, C., CORBARA, B., ROUX, O., CÉRÉGHINO, R., ORIVEL, J., & BOULAY, R. (2010). Arboreal ants use the "Velcro® principle" to capture very large prey. PLoS One, 5(6), e11331.

DEJEAN, A., SOLANO, P. J., AYROLES, J., CORBARA, B., & ORIVEL, J. (2005). Arboreal ants build traps to capture prey. *Nature*, 434(7036), 973-973.

DENEUBOURG, J. L., & GOSS, S. (1989). Collective patterns and decision-making. *Ethology Ecology & Evolution*, 1(4), 295-311.

DORIGO, M., & GAMBARDELL, L.M. (1997) Ant colony system: a cooperative learning approach to the traveling salesman problem. IEEE Transactions on evolutionary computation 1 (1), 53-66.

DUBOIS, M. B., & JANDER, R. (1985). Leg coordination and swimming in an ant, Camponotus americanus. Physiological entomology, 10(3), 267-270.

DUDLEY, R., BYRNES, G., YANOVIAK, S. P., BORRELL, B., BROWN, R. M., & MCGUIRE, J. A. (2007). Gliding and the functional origins of flight: biomechanical novelty or necessity ?. Annu. *Rev. Ecol. Evol. Syst.*, 38, 179-201.

DUHOO, T., DURAND, J. L., HOLLIS, K. L., & NOWBAHARI, E. (2017). Organization of rescue behaviour sequences in ants, Cataglyphis cursor, reflects goal-directedness, plasticity and memory

DUSSUTOUR, A., BESHERS, S., DENEUBOURG, J. L., & FOURCASSIE, V. (2007). Crowding increases foraging efficiency in the leaf-cutting ant Atta colombica. *Insectes sociaux*, 54(2), 158-165.

DUSSUTOUR, A., BESHERS, S., DENEUBOURG, J. L., & FOURCASSIE, V. (2009). Priority rules govern the organization of traffic on foraging trails under crowding conditions in the leaf-cutting ant Atta colombica. *Journal of Experimental Biology*, 212(4), 499-505.

DUSSUTOUR, A., DENEUBOURG, J. L., & FOURCASSIE, V. (2005). Temporal organization of bi-directional traffic in the ant Lasius niger (L.). *Journal of Experimental Biology*, 208(15), 2903-2912.

DUSSUTOUR, A., FOURCASSIÉ, V., HELBING, D., & DENEUBOURG, J. L. (2004). Optimal traffic organization in ants under crowded conditions. *Nature*, 428(6978), 70-73.

EDWARDS, J. P., & BAKER, L. F. (1981). Distribution and importance of the Pharaoh's ant Monomorium pharaonis (L) in National Health Service Hospitals in England. *Journal of Hospital Infection*, 2, 249-254.

ERRARD, C., FRESNEAU, D., HEINZE, J., FRANCOEUR, A., & LENOIR, A. (1997). Social Organization in the Guest-ant Formicoxenus provancheri. *Ethology*, 103(2), 149-159.

ETTERSHANK, G., & ETTERSHANK, J. A. (1982). Ritualised fighting in the meat ant Iridomyrmex purpureus (Smith)(Hymenoptera: Formicidae). *Australian Journal of Entomology*, 21(2), 97-102.

FABRE, J. H. (1900). Souvenirs entomologiques: 3ème série. Ch. Delagrave 〔ジャン＝アンリ・ファーブル『ファーブル昆虫記　第3巻』奥本大三郎訳、集英社、二〇〇六〕.

FABRICIUS, J.C. (1775). Systema Entomologiae, Sistens Insectorum Classes, Ordines, Genera, Species, Adiectis Synonymis, Locis, Descriptionibus, Observationibus. Flensburgi et Lipsiae: Libraria Kortii. p. 395.

FARAH, M. J. (2004). Visual agnosia. MIT press.

FEENER, D. H., & MOSS, K. A. (1990). Defense against parasites by hitchhikers in leaf-cutting ants: a quantitative assessment. Behavioral ecology and sociobiology, 26(1), 17-29.

FEINERMAN, O., PINKOVIEZKY, I., GELBLUM, A., FONIO, E., & GOV, N. S. (2018). The physics of cooperative transport in groups of ants. *Nature Physics*, 14(7), 683-693.

FISCHER, M. K., HOFFMANN, K. H., & VÖLKL, W. (2001). Competition for mutualists in an ant–homopteran interaction mediated by hierarchies of ant attendance. Oikos, 92(3), 531-541.

FISHER, L. (2009). The perfect swarm: The science of complexity in everyday life. Basic Books.

FONIO, E., HEYMAN, Y., BOCZKOWSKI, L., GELBLUM, A., KOSOWSKI, A., KORMAN, A., & FEINERMAN, O. (2016). A locally-blazed ant trail achieves efficient collective navigation despite limited information. Elife, 5, e20185.

FOREL, A. (1921). Le monde social des fourmis comparé à celui de l'homme. Tome ler. Genèse, formes, anatomie, classification, géographie, fossiles. Geneva: Kundig.

FOSTER, P. C., MLOT, N. J., LIN, A., & HU, D. L. (2014). Fire ants actively control spacing and orientation within self-assemblages. *Journal of Experimental Biology*, 217(12), 2089-2100.

FRANK, E. T., SCHMITT, T., HOVESTADT, T., MITESSER, O., STIEGLER, J., & LINSENMAIR, K. E. (2017). Saving the injured: Rescue behavior in the termite-hunting ant Megaponera analis. *Science advances*, 3(4), e1602187.

FRANK, E. T., WEHRHAHN, M., & LINSENMAIR, K. E. (2018). Wound treatment and selective help in a termite-hunting ant. Proceedings of the Royal Society B: Biological Sciences, 285(1872), 20172457.

FRANKLIN, E. L. (2014). The journey of tandem running: the twists, turns and what we have learned. *Insectes sociaux*, 61(1), 1-8.

FRESNEAU, D. (1985). Individual foraging and path fidelity in a ponerine ant. *Insectes sociaux*, 32(2), 109-116.

GALTON, F. (1907c). Letters to the Editor: The ballot-box. Nature 75 509–510. (March 28, 1907.)

GALTON, F. «Vox populi.» (1907) *Nature* 75: 450-451.

GEHRING, W. J., & WEHNER, R. (1995). Heat shock protein synthesis and thermotolerance in Cataglyphis, an ant from the Sahara desert. Proceedings of the National Academy of Sciences, 92(7), 2994-2998.

GELBLUM, A., PINKOVIEZKY, I., FONIO, E., GHOSH, A., GOV, N., & FEINERMAN, O. (2015). Ant groups optimally amplify the effect of transiently informed individuals. Nature communications, 6(1), 1-9.

GELBLUM, A., PINKOVIEZKY, I., FONIO, E., GHOSH, A., GOV, N., & FEINERMAN, O. (2015). Ant groups optimally amplify the effect of transiently informed individuals. Nature communications, 6(1), 1-9.

GELBLUM, A., PINKOVIEZKY, I., FONIO, E., GOV, N. S., & FEINERMAN, O. (2016). Emergent oscillations assist obstacle negotiation during ant cooperative transport. Proceedings of the National Academy of Sciences, 113(51), 14615-14620.

GILES, J. (2005). Internet Encyclopaedias Go Head to Head, in *Nature*, 438.

GILL, K. P., VAN WILGENBURG, E., TAYLOR, P., & ELGAR, M. A. (2012). Collective retention and transmission of chemical signals in a social insect. *Naturwissenschaften*, 99(3), 245-248.

GOBIN, B., PEETERS, C., BILLEN, J., & MORGAN, E. D. (1998). Interspecific trail following and commensalism between the ponerine ant Gnamptogenys menadensis and the formicine ant Polyrhachis rufipes. *Journal of Insect Behavior*, 11(3), 361-369.

GONZÁLEZ-TEUBER, M., KALTENPOTH, M., & BOLAND, W. (2014). Mutualistic ants as an indirect defence against leaf pathogens. *New Phytologist*, 202(2), 640-650.

GORA, E. M., GRIPSHOVER, N., & YANOVIAK, S. P. (2016). Orientation at the water surface by the carpenter ant Camponotus pennsylvanicus (De Geer, 1773)(Hymenoptera: Formicidae). Myrmecol. News, 23, 33-39.

GORDON, D. M. (1988). Nest-plugging: interference competition in desert ants (Novomessor cockerelli and Pogonomyrmex barbatus). *Oecologia*, 75(1), 114-118.

GOSS, S., ARON, S., DENEUBOURG, J. L., & PASTEELS, J. M. (1989). Self-organized shortcuts in the Argentine ant. *Naturwissenschaften*, 76(12), 579-581.

GOTWALD (1984) Death on the march: army ants in action. Rotunda, 17(3), 37-41.

GOTWALD JR, W. (1982). Army ants. Social insects, 4, 157-254.

GOTWALD JR, W. H. (1995). Army ants: the biology of social predation. Cornell University Press.

GRAH, G., WEHNER, R., & RONACHER, B. (2005). Path integration in a three-dimensional maze: ground distance estimation keeps desert ants Cataglyphis fortis on course. *Journal of experimental biology*, 208(21), 4005-4011.

GRIFFITHS, H. M., & HUGHES, W. O. (2010). Hitchhiking and the removal of microbial contaminants by the leaf-cutting ant Atta colombica. *Ecological Entomology*, 35(4), 529-537.

GRIPSHOVER, N. D., YANOVIAK, S. P., & GORA, E. M. (2018). A Functional Comparison of Swimming Behavior in Two Temperate Forest Ants (Camponotus pennsylvanicus and Formica subsericea)(Hymenoptera: Formicidae). Annals of the Entomological Society of America, 111(6), 319-325.

GRONENBERG, W. (1995). The fast mandible strike in the trap-jaw ant Odontomachus. *Journal of Comparative Physiology* A, 176(3), 399-408.

GRONENBERG, W., TAUTZ, J., & HÖLLDOBLER, B. (1993). Fast trap jaws and giant neurons in the ant Odontomachus. *Science*, 262(5133), 561-563.

GUÉNARD, B., & SILVERMAN, J. (2011). Tandem carrying, a new foraging strategy in ants: description, function, and adaptive significance relative to other described foraging strategies. *Naturwissenschaften*, 98(8), 651-659.

HABENSTEIN, J., AMINI, E., GRÜBEL, K., EL JUNDI, B., & RÖSSLER, W. (2020). The brain of Cataglyphis ants: neuronal organization and visual projections. *Journal of Comparative Neurology*, 528(18), 3479-3506.

HASKINS, C. P., & HASKINS, E. F. (1950). Notes on the biology and social behavior of the archaic ponerine ants of the genera Myrmecia and Promyrmecia. Annals of the Entomological Society of America, 43(4), 461-491.

HEIL, M., BARAJAS-BARRON, A., ORONA-TAMAYO, D., WIELSCH, N., & SVATOS, A. (2014). Partner manipulation stabilises a horizontally transmitted mutualism. *Ecology letters*, 17(2), 185-192.

HEIL, M., BAUMANN, B., KRÜGER, R., & LINSENMAIR, K. E. (2004). Main nutrient compounds in food bodies of Mexican Acacia ant-plants. *Chemoecology*, 14(1), 45-52.

HEIL, M., RATTKE, J., & BOLAND, W. (2005). Postsecretory hydrolysis of nectar sucrose and specialization in ant/plant mutualism. *Science*, 308(5721), 560-563.

HEINZE, J., & WALTER, B. (2010). Moribund ants leave their nests to die in social isolation. *Current Biology*, 20(3), 249-252.

HÉMEZ, R. (2017). Corée Du Sud, la Septième Armée Du Monde ?. Institut francais des relations internationales.

HERZ, H., HÖLLDOBLER, B., & ROCES, F. (2008). Delayed rejection in a leaf-cutting ant after foraging on plants unsuitable for the symbiotic fungus. *Behavioral Ecology*, 19(3), 575-582.

HÖLLDOBLER, B. (1971). Recruitment behavior in camponotus socius (hym. formicidae). Zeitschrift für vergleichende *Physiologie*, 75(2), 123-142.

HÖLLDOBLER, B. (1982). Interference strategy of Iridomyrmex pruinosum (Hymenoptera: Formicidae) during foraging. *Oecologia*, 52(2), 208-213.

HÖLLDOBLER, B. (1983). Territorial behavior in the green tree ant

(Oecophylla smaragdina). *Biotropica*, 241-250.
HÖLLDOBLER, B. (1986). Food robbing in ants, a form of interference competition. *Oecologia*, 69(1), 12-15.
HÖLLDOBLER, B. AND WILSON, E. O., 1977. Weaver ants. Sci. Am. 237 (6): 146–154
HÖLLDOBLER, B., & KWAPICH, C. L. (2017). Amphotis marginata (Coleoptera: Nitidulidae) a highwayman of the ant Lasius fuliginosus. PloS one, 12(8).
HÖLLDOBLER, B., & WILSON, E. O. (1978). The multiple recruitment systems of the African weaver ant Oecophylla longinoda (Latreille) (Hymenoptera: Formicidae). *Behavioral Ecology and Sociobiology*, 3(1), 19-60.
HÖLLDOBLER, B., & WILSON, E. O. (1990). The ants. Harvard University Press.
HÖLLDOBLER, B., & WILSON, E. O. (2010). The leafcutter ants: civilization by instinct. WW Norton & Company〔バート・ヘルドブラー、エドワード・O・ウィルソン『ハキリアリ—農業を営む奇跡の生物』梶山あゆみ訳、飛鳥新社、二〇一二〕.
HOLLIS, K. L. (2017). Ants and antlions: The impact of ecology, coevolution and learning on an insect predator-prey relationship. Behavioural processes, 139, 4-11.
HOLLIS, K. L., & NOWBAHARI, E. (2013). A comparative analysis of precision rescue behaviour in sand-dwelling ants. *Animal Behaviour*, 85(3), 537-544.
HOLLIS, K. L., & NOWBAHARI, E. (2013). Toward a behavioral ecology of rescue behavior. *Evolutionary Psychology*, 11(3), 147470491301100311.
HOWARD, J. J. (2001). Costs of trail construction and maintenance in the leaf-cutting ant Atta columbica. *Behavioral Ecology and Sociobiology*, 49(5), 348-356.
HUANG, M. H. (2010). Multi-phase defense by the big-headed ant, Pheidole obtusospinosa, against raiding army ants. *Journal of Insect Science*, 10(1), 1.
HUBER, R., & KNADEN, M. (2018). Desert ants possess distinct memories for food and nest odors. Proceedings of the National Academy of Sciences, 115(41), 10470-10474.
JACKSON, D. E., & CHÂLINE, N. (2007). Modulation of pheromone trail strength with food quality in Pharaoh's ant, Monomorium pharaonis. *Animal behaviour*, 74(3), 463-470.
JANZEN, DANIEL H. «Coevolution of mutualism between ants and acacias in Central America.» Evolution 20, no. 3 (1966): 249-275.
JEANSON, R., RATNIEKS, F. L., & DENEUBOURG, J. L. (2003). Pheromone trail decay rates on different substrates in the Pharaoh's ant, Monomorium pharaonis. *Physiological Entomology*, 28(3), 192-198.
JERDON, T. C. (1851). Ichthyological gleanings in Madras. Madras *Journal of Literature and Science*, 17, 128-151.
KENNE, M., & DEJEAN, A. (1999). Spatial distribution, size and density of nests of Myrmicaria opaciventris Emery (Formicidae, Myrmicinae). *Insectes sociaux*, 46(2), 179-185.
KOHLER, M., & WEHNER, R. (2005). Idiosyncratic route-based memories in desert ants, Melophorus bagoti: how do they interact with path-integration vectors ?. Neurobiology of learning and memory, 83(1), 1-12.
KRONAUER, D. J. (2020). Army Ants. Harvard University Press.
KWAPICH, C. L., & HÖLLDOBLER, B. (2019). Destruction of spiderwebs and rescue of ensnared nestmates by a granivorous desert ant (Veromessor pergandei). *The American Naturalist*, 194(3), 395-404.
LACINY, A., ZETTEL, H., KOPCHINSKIY, A., PRETZER, C., PAL, A., SALIM, K. A.,... & DRUZHININA, I. S. (2018). Colobopsis explodens sp.

n., model species for studies on "exploding ants"(Hymenoptera, Formicidae), with biological notes and first illustrations of males of the Colobopsis cylindrica group. *ZooKeys*, (751), 1.

LENOIR, A., D'ETTORRE, P., ERRARD, C., & HEFETZ, A. (2001). Chemical ecology and social parasitism in ants. *Annual review of entomology*, 46(1), 573-599.

LENOIR, A., DETRAIN, C., & BARBAZANGES, N. (1992). Host trail following by the guest ant Formicoxenus provancheri. *Experientia*, 48(1), 94-97.

LENOIR, A., ERRARD, C., FRANCOEUR, A., & LOISELLE, R. (1992). Relations entre la fourmi parasite Formicoxenus provancheri et son hôte Myrmica incompleta. Données biologiques et éthologiques (Hym. Formicidae). *Insectes sociaux*, 39(1), 81-97.

LIVINGSTONE, D., & LIVINGSTONE, C. (1866). Explorations du Zambese et de ses affluents et découverte des lacs Chiroua et Nyassa: 1858-1864. Hachette.

MAÁK, I., LÖRINCZI, G., LE QUINQUIS, P., MÓDRA, G., BOVET, D., CALL, J., & D'ETTORRE, P. (2017). Tool selection during foraging in two species of funnel ants. Animal Behaviour, 123, 207-216.

MCCREERY, H. F., & BREED, M. D. (2014). Cooperative transport in ants: a review of proximate mechanisms. *Insectes sociaux*, 61(2), 99-110.

MERBACH, M. A., ZIZKA, G., FIALA, B., MERBACH, D., BOOTH, W. E., & MASCHWITZ, U. (2007). Why a carnivorous plant cooperates with an ant-selective defense against pitcher-destroying weevils in the myrmecophytic pitcher plant Nepenthes bicalcarata Hook. f. *Ecotropica*, 13, 45-56.

MLOT, N. J., TOVEY, C. A., & HU, D. L. (2011). Fire ants selfassemble into waterproof rafts to survive floods. Proceedings of the National Academy of Sciences, 108(19), 7669-7673.

MOFFETT, M. W. (2010). Adventures among ants: a global safari with a cast of trillions. Univ of California Press.

MÖGLICH, M. H., & ALPERT, G. D. (1979). Stone dropping by Conomyrma bicolor (Hymenoptera: Formicidae): a new technique of interference competition. *Behavioral Ecology and sociobiology*, 105-113.

MORAIS, H. C. (1994). Coordinated group ambush: A new predatory behavior in Azteca ants (Dolichoderinae). *Insectes sociaux*, 41(3), 339-342.

MORRILL, W. L. (1972). Tool using behavior of Pogonomyrmex badius (Hymenoptera: Formicidae). *Florida Entomologist*, 59-60.

NARENDRA, A., GOURMAUD, S., & ZEIL, J. (2013). Mapping the navigational knowledge of individually foraging ants, Myrmecia croslandi. Proceedings of the Royal Society B: Biological Sciences, 280(1765), 20130683.

NESS, J. H., MORIN, D. F., & GILADI, I. (2009). Uncommon specialization in a mutualism between a temperate herbaceous plant guild and an ant: are Aphaenogaster ants keystone mutualists ?. *Oikos*, 118(12), 1793-1804.

NITYANANDA, V., TARAWNEH, G., ROSNER, R., NICOLAS, J., CRICHTON, S., & READ, J. (2016). Insect stereopsis demonstrated using a 3D insect cinema. Scientific reports, 6(1), 1-9.

NOWBAHARI, E., SCOHIER, A., DURAND, J. L., & HOLLIS, K. L. (2009). Ants, Cataglyphis cursor, use precisely directed rescue behavior to free entrapped relatives. *PloS one*, 4(8), e6573.

OBIN, M. S., & VANDER MEER, R. K. (1985). Gaster flagging by fire ants (Solenopsis spp.): functional significance of venom dispersal behavior. *Journal of chemical ecology*, 11(12), 1757-1768.

OLIVER, T. H., MASHANOVA, A., LEATHER, S. R., COOK, J. M., &

JANSEN, V. A. (2007). Ant semiochemicals limit apterous aphid dispersal. Proceedings of the Royal Society B: Biological Sciences, 274(1629), 3127-3131.

PASSERA, L., RONCIN, E., KAUFMANN, B., & KELLER, L. (1996). Increased soldier production in ant colonies exposed to intraspecific competition. *Nature*, 379(6566), 630-631.

PATEK, S. N., BAIO, J. E., FISHER, B. L., & SUAREZ, A. V. (2006). Multifunctionality and mechanical origins: ballistic jaw propulsion in trap-jaw ants. Proceedings of the National Academy of Sciences, 103(34), 12787-12792.

PEETERS, C., & DE GREEF, S. (2015). Predation on large millipedes and self-assembling chains in Leptogenys ants from Cambodia. *Insectes sociaux*, 62(4), 471-477.

PFEFFER, S. E., WAHL, V. L., WITTLINGER, M., & WOLF, H. (2019). High-speed locomotion in the Saharan silver ant, Cataglyphis bombycina. *Journal of Experimental Biology*, 222(20), jeb198705.

PFEIFFER, M., HUTTENLOCHER, H., & AYASSE, M. (2010). Myrmecochorous plants use chemical mimicry to cheat seed-dispersing ants. *Functional Ecology*, 24(3), 545-555.

PHILLIPS, A., & LAMB, A. (1996). Pitcher-plants of Borneo. Malaysian *Journal of Science*, 17(1), 63-63.

PHONEKEO, S., MLOT, N., MONAENKOVA, D., HU, D. L., & TOVEY, C. (2017). Fire ants perpetually rebuild sinking towers. Royal Society open science, 4(7), 170475.

PIERCE, J. D., REINBOLD, K. A., LYNGARD, B. C., GOLDMAN, R. J., & PASTORE, C. M. (2006). Direct measurement of punch force during six professional boxing matches. *Journal of Quantitative Analysis in Sports*, 2(2).

Plutarque Extrait de «L'intelligence des Animaux>» (46-120 ap J-C)

POISSONNIER, L. A., MOTSCH, S., GAUTRAIS, J., BUHL, J., & DUSSUTOUR, A. (2019). Experimental investigation of ant traffic under crowded conditions. *eLife*, 8, e48945.

POWELL, S. (2008). Ecological specialization and the evolution of a specialized caste in Cephalotes ants. *Functional Ecology*, 22(5), 902-911.

POWELL, S., & FRANKS, N. R. (2007). How a few help all: living pothole plugs speed prey delivery in the army ant Eciton burchellii. *Animal Behaviour*, 73(6), 1067-1076.

RAJAKUMAR, R., SAN MAURO, D., DIJKSTRA, M. B., HUANG, M. H., WHEELER, D. E., HIOU-TIM, F., ... & ABOUHEIF, E. (2012). Ancestral developmental potential facilitates parallel evolution in ants. *Science*, 335(6064), 79-82.

RAVARY, F., LECOUTEY, E., KAMINSKI, G., CHÂLINE, N., & JAISSON, P. (2007). Individual experience alone can generate lasting division of labor in ants. *Current Biology*, 17(15), 1308-1312.

REID, C. R., LUTZ, M. J., POWELL, S., KAO, A. B., COUZIN, I. D., & GARNIER, S. (2015). Army ants dynamically adjust living bridges in response to a cost–benefit trade-off. Proceedings of the National Academy of Sciences, 112(49), 15113-15118.

RICHARD, F. J., FABRE, A., & DEJEAN, A. (2001). Predatory behavior in dominant arboreal ant species: the case of Crematogaster sp.(Hymenoptera: Formicidae). *Journal of insect behavior*, 14(2), 271-282.

RICHARDSON, T. O., SLEEMAN, P. A., MCNAMARA, J. M., HOUSTON, A. I., & FRANKS, N. R. (2007). Teaching with evaluation in ants. *Current biology*, 17(17), 1520-1526.

RICKSON, F. R. (1979). Absorption of animal tissue breakdown products into a plant stem—the feeding of a plant by ants. *American Journal of Botany*, 66(1), 87-90.

ROBINSON, E. J., JACKSON, D. E., HOLCOMBE, M., & RATNIEKS, F. L. (2005). Insect communication:'no entry' signal in ant foraging. *Nature*, 438(7067), 442.

ROCES, F., & HÖLLDOBLER, B. (1995). Vibrational communication between hitchhikers and foragers in leaf-cutting ants (Atta cephalotes). *Behavioral Ecology and Sociobiology*, 37(5), 297-302.

RODRIGUEZ-CABAL, M. A., STUBLE, K. L., GUÉNARD, B., DUNN, R. R., & SANDERS, N. J. (2012). Disruption of ant-seed dispersal mutualisms by the invasive Asian needle ant (Pachycondyla chinensis). *Biological Invasions*, 14(3), 557-565.

ROPARS, G., LAKSHMINARAYANAN, V., & LE FLOCH, A. (2014). The sunstone and polarised skylight: ancient Viking navigational tools ?. *Contemporary Physics*, 55(4), 302-317.

ROSS, G. N. (1966). Life-history studies on Mexican butterflies. IV. The ecology and ethology of Anatole rossi, a myrmecophilous metalmark (Lepidoptera: Riodinidae). Annals of the entomological Society of America, 59(5), 985-1004.

SAKATA, H. (1994). How an ant decides to prey on or to attend aphids. Researches on Population Ecology, 36(1), 45-51.

SAKATA, H. (1995). Density-dependent predation of the ant Lasius niger (Hymenoptera: Formicidae) on two attended aphids Lachnus tropicalis and Myzocallis kuricola (Homoptera: Aphididae). Researches on Population Ecology, 37(2), 159-164.

SÁNCHEZ-PEÑA, S. R., PATROCK, R. J., & GILBERT, L. A. (2005). The red imported fire ant is now in Mexico: documentation of its wide distribution along the Texas-Mexico border. *Entomological News*, 116(5), 363.

SANTAMARÍA, C., ARMBRECHT, I., & LACHAUD, J. P. (2009). Nest distribution and food preferences of Ectatomma ruidum (Hymenoptera: Formicidae) in shaded and open cattle pastures of Colombia. *Sociobiology*, 53(2B), 517-541.

SAVERSCHEK, N., HERZ, H., WAGNER, M., & ROCES, F. (2010). Avoiding plants unsuitable for the symbiotic fungus: learning and long-term memory in leaf-cutting ants. Animal Behaviour, 79(3), 689-698.

SCHATZ, B., & WCISLO, W. T. (1999). Ambush predation by the ponerine ant Ectatomma ruidum Roger (Formicidae) on a sweat bee Lasioglossum umbripenne (Halictidae), in Panama. *Journal of Insect Behavior*, 12(5), 641-663.

SCHATZ, B., LACHAUD, J. P., & BEUGNON, G. (1997). Graded recruitment and hunting strategies linked to prey weight and size in the ponerine ant Ectatomma ruidum. *Behavioral Ecology and Sociobiology*, 40(6), 337-349.

SCHMIDT, J. O. (2014). Evolutionary responses of solitary and social Hymenoptera to predation by primates and overwhelmingly powerful vertebrate predators. *Journal of human evolution*, 71, 12-19.

SCHMIDT, J. O. (2016). The sting of the wild. JHU Press〔ジャスティン・O・シュミット『蜂と蟻に刺されてみた——「痛さ」からわかった毒針昆虫のヒミツ』今西康子訳、白揚社、二〇一八〕.

SCHMIDT, J. O. (2018). Clinical consequences of toxic envenomations by Hymenoptera. Toxicon, 150, 96-104.

SCHMIDT, J. O. (2019). Pain and Lethality Induced by Insect Stings: An Exploratory and Correlational Study. Toxins, 11(7), 427.

SCHMIDT, M., & DEJEAN, A. (2018). A dolichoderine ant that constructs traps to ambush prey collectively: convergent evolution with a myrmicine genus. *Biological Journal of the Linnean Society*, 124(1), 41-46.

SEGRE, P. S., & TAYLOR, E. D. (2019). Large ants do not carry their fair share: maximal load-carrying performance of leaf-cutter ants (Atta cephalotes). *Journal of Experimental Biology*, 222(12), jeb199240.

SEIGNOBOS, C., DEGUINE, J. P., & ABERLENC, H. P. (1996). Les Mofu et leurs insectes. *Journal d'agriculture traditionnelle et de botanique appliquée*, 38(2), 125-187.

SHI, N. N., TSAI, C. C., CAMINO, F., BERNARD, G. D., YU, N., & WEHNER, R. (2015). Keeping cool: Enhanced optical reflection and radiative heat dissipation in Saharan silver ants. *Science*, 349(6245), 298-301.

SMITH, A. A. (2019). Prey specialization and chemical mimicry between Formica archboldi and Odontomachus ants. *Insectes sociaux*, 66(2), 211-222.

STECK, K., WITTLINGER, M., & WOLF, H. (2009). Estimation of homing distance in desert ants, Cataglyphis fortis, remains unaffected by disturbance of walking behaviour. *Journal of Experimental Biology*, 212(18), 2893-2901.

STIEB, S. M., KELBER, C., WEHNER, R., & RÖSSLER, W. (2011). Antennal-lobe organization in desert ants of the genus Cataglyphis. *Brain, behavior and evolution*, 77(3), 136-146.

SUDD, J. H. (1965). The transport of prey by ants. *Behaviour*, 25(3-4), 234-271.

THOMPSON, J. N. (1981). Reversed animal-plant interactions: the evolution of insectivorous and ant-fed plants. *Biological Journal of the Linnean Society*, 16(2), 147-155.

THORNHAM, D. G., SMITH, J. M., ULMAR GRAFE, T., & FEDERLE, W. (2012). Setting the trap: cleaning behaviour of Camponotus schmitzi ants increases long-term capture efficiency of their pitcher plant host, Nepenthes bicalcarata. *Functional Ecology*, 26(1), 11-19.

TOFILSKI, A., COUVILLON, M. J., EVISON, S. E., HELANTERÄ, H.,

ROBINSON, E. J., & RATNIEKS, F. L. (2008). Preemptive defensive self-sacrifice by ant workers. The American Naturalist, 172(5), E239-E243.

TSCHINKEL, W. R. (1999). Sociometry and sociogenesis of colonies of the harvester ant, Pogonomyrmex badius: distribution of workers, brood and seeds within the nest in relation to colony size and season. *Ecological Entomology*, 24(2), 222-237.

TSCHINKEL, W. R., & KWAPICH, C. L. (2016). The Florida harvester ant, Pogonomyrmex badius, relies on germination to consume large seeds. *PloS one*, 11(11), e0166907.

URBANI, C. B., & DE ANDRADE, M. L. (1997). Pollen eating, storing, and spitting by ants. Naturwissenschaften, 84(6), 256-258.

VON UEXKÜLL, J. (1931). Der Organismus und die Umwelt. Verlag nicht ermittelbar.

WCISLO, W. T., & SCHATZ, B. (2003). Predator recognition and evasive behavior by sweat bees, Lasioglossum umbripenne (Hymenoptera: Halictidae), in response to predation by ants, Ectatomma ruidum (Hymenoptera: Formicidae). *Behavioral Ecology and Sociobiology*, 53(3), 182-189.

WEBER, N. A. (1957). The nest of an anomalous colony of the arboreal ant Cephalotes atratus. *Psyche*, 64(2), 60-69.

WEHNER, R. (2003). Desert ant navigation: how miniature brains solve complex tasks. *Journal of Comparative Physiology* A, 189(8), 579-588.

WEHNER, R., MARSH, A. C., & WEHNER, S. (1992). Desert ants on a thermal tightrope. *Nature*, 357(6379), 586-587.

WEISS, K., & SHOLTIS, S. (2003). Dinner at Baby's: Werewolves, dinosaur jaws, hen's teeth, and horse toes. Evolutionary Anthropology: Issues, News, and Reviews: Issues, News, and Reviews, 12(6), 247-251.

WETTERER, J. K. (2010). Worldwide spread of the pharaoh ant,

Monomorium pharaonis (Hymenoptera: For-micidae). *Myrmecol. News*, 13, 115-129.

WHEELER, W. M. (1911). The ant-colony as an organism. *Journal of Morphology*, 22(2), 307-325.

WHEELER, W. M. (1922). Observations on Gigantiops destructor Fabricius and other leaping ants. *The Biological Bulletin*, 42(4), 185-201.

WILSON, E. O. (1971). The insect societies.

WILSON, E. O. (2003). Pheidole in the New World: a dominant, hyperdiverse ant genus (Vol. 1). Harvard University Press.

WITTLINGER, M., WEHNER, R., & WOLF, H. (2006). The ant odometer: stepping on stilts and stumps. *Science*, 312(5782), 1965-1967.

WOJTUSIAK, J., GODZIŃSKA, E. J., & DEJEAN, A. (1995). Capture and retrieval of very large prey by workers of the African weaver ant, Oecophylla longinoda (Latreille 1802). *Tropical Zoology*, 8(2), 309-318.

WYSTRACH, A., & BEUGNON, G. (2009). Ants learn geometry and features. *Current Biology*, 19(1), 61-66.

WYSTRACH, A., & SCHWARZ, S. (2013). Ants use a predictive mechanism to compensate for passive displacements by wind. *Current Biology*, 23(24), R1083-R1085.

WYSTRACH, A., DEWAR, A., PHILIPPIDES, A., & GRAHAM, P. (2016). How do field of view and resolution affect the information content of panoramic scenes for visual navigation ? A computational investigation. *Journal of Comparative Physiology* A, 202(2), 87-95.

YANG, A. S., MARTIN, C. H., & NIJHOUT, H. F. (2004). Geographic variation of caste structure among ant populations. *Current Biology*, 14(6), 514-519.

YANOVIAK, S. P., & FREDERICK, D. N. (2014). Water surface locomotion in tropical canopy ants. *Journal of Experimental Biology*, 217(12), 2163-2170.

YANOVIAK, S. P., DUDLEY, R., & KASPARI, M. (2005). Directed aerial descent in canopy ants. *Nature*, 433(7026), 624-626.

YANOVIAK, S. P., MUNK, Y., & DUDLEY, R. (2011). Evolution and ecology of directed aerial descent in arboreal ants. 944-956.

YAO, I. (2014). Costs and constraints in aphid-ant mutualism. *Ecological research*, 29(3), 383-391.

YOUNG, A. M., & HERMANN, H. R. (1980). Notes on foraging of the giant tropical ant Paraponera clavata (Hymenoptera: Formicidae: Ponerinae). *Journal of the Kansas Entomological Society*, 35-55.

ZEIL, J., & FLEISCHMANN, P. N. (2019). The learning walks of ants (Hymenoptera: Formicidae). openresearch-repository

ZOLLIKOFER, C. (1994). Stepping patterns in ants-influence of body morphology. *Journal of experimental biology*, 192(1), 107-118.

ZOLLIKOFER, C. P. (1994). Stepping patterns in ants. Journal of *Experimental Biology*, 192, 119-127.

著者プロフィール

オドレー・デュストゥール　Audrey DUSSUTOUR
1977年生まれ。フランスのアリ学者、生物学者。単細胞生物研究の第一人者として知られる。アリのコロニーや単細胞生物が構築する分散型のシステムが、周囲の環境とどのように相互作用するかを主な研究領域とする。

アントワーヌ・ヴィストラール　Antoine WYSTRACH
1984年生まれ。フランスのアリ学者、神経行動学者。昆虫の行動研究を専門分野とする。バーチャルリアリティー、3D、神経ネットワークモデルなどの最先端技術を用いた、アリの方向認識に関する研究で知られる。

訳者プロフィール

丸山亮　Ryo MARUYAMA
1986年生まれ。早稲田大学第一文学部仏文専修卒業。訳書にバティスト・モリゾ著『動物の足跡を追って』(新評論、2022年)、シリル・ディオン著『未来を創造する物語──現代のレジスタンス実践ガイド』(竹上沙希子との共訳、新評論、2020年) がある。

日本語監修者プロフィール

丸山宗利　Munetoshi MARUYAMA
1974年生まれ。アリと共生する昆虫の多様性解明を専門とする昆虫学者。九州大学総合研究博物館准教授。著書として『昆虫はすごい』(光文社新書)、『アリの巣をめぐる冒険 昆虫分類学の果てなき世界』(幻冬舎新書) をはじめ多数。

アリの放浪記
多様な個が生み出す驚くべき社会

2025年1月30日　初版第1刷発行

著者　オドレー・デュストゥール、アントワーヌ・ヴィストラール
訳者　丸山 亮
日本語監修　丸山宗利

装幀・組版・カバー写真　鈴木 聖
校正　髙松夕佳
編集　宇川 静（山と溪谷社）

帯写真　iStock.com/Adisak Mitrprayoon

発行人　川崎深雪
発行所　株式会社 山と溪谷社
〒101-0051
東京都千代田区神田神保町1丁目105番地
https://www.yamakei.co.jp/

◎乱丁・落丁、及び内容に関するお問合せ先
山と溪谷社自動応答サービス TEL.03-6744-1900
受付時間／ 10:00-16:00（土日、祝日を除く）
メールもご利用ください。
【乱丁・落丁】service@yamakei.co.jp
【内容】info@yamakei.co.jp
◎書店・取次様からのご注文先
山と溪谷社受注センター TEL.048-458-3455　FAX.048-421-0513
◎書店・取次様からのご注文以外のお問合せ先
eigyo@yamakei.co.jp

DTP・印刷・製本　株式会社シナノ

ISBN978-4-635-23012-4